"十三五"国家重点出版物出版规划项目

现代机械工程系列精品教材

工业机器人基础

主　编　兰　虎　王冬云

副主编　鲁德才　邵金均　鄂世举　宋星亮

参　编　温建明　潘　睿　杨　林　洪　灵

　　　　金　磊　杨　云　林　谊

主　审　张华军

机械工业出版社

本书是根据教育部高等学校自动化专业教学指导委员会新颁布的教学标准，同时参照国家和机械行业颁布的工业机器人系列标准，结合培养应用型工程技术人才的实践教学特点和编者多年来对于机器人工程应用的实践总结及教学经验编写的。

本书内容基于二十大报告中关于"深入实施科教兴国战略、人才强国战略、创新驱动发展战略"的要求，在详细讲授基础理论知识的同时融入探索性实践内容，以增强学生的自信心和创造力，即用学科理论知识促进学生生活跃思维、敢于创新，尽可能地将新思路在实践中进行创造性的转化，推动科学技术实现创新性发展。

全书共 8 章，分为基础导学（制造装备）、制造物流和制造加工三个层次，以提高读者对工业机器人系统集成设计与应用的认知能力为基本出发点，编入了工业机器人的共性基础理论知识（包括系统组成、机械结构、运动分析、轨迹规划、设备选型与生产布局等）和典型工程应用案例（涵盖搬运、码垛、分拣、装配、焊接、涂装等机器人系统集成设计全流程）。同时，各章节也编入了目前国内外与工业机器人相关的著名生产商、集成商信息及技术动态，以方便读者查询和应用。

为方便"教"和"学"，本书配备有电子教案、多媒体课件、习题答案和微视频动画（采用二维码技术呈现，扫描二维码可直接观看视频内容）资源包，凡选用本书作为教材的教师均可登录机械工业出版社教育服务网（http://www.cmpedu.com）注册后免费下载。

本书内容丰富、结构清晰、文笔简洁、术语规范，既可作为普通高等院校机器人工程和智能制造工程等（近）自动化类专业的平台课或选修课教材，也可作为独立学院、高职（专科）院校和成人高等学校等同类专业教材，还可供行业、企业及机器人联盟和培训机构的相关技术人员参考。

图书在版编目（CIP）数据

工业机器人基础/兰虎，王冬云主编. —北京：机械工业出版社，2020.7（2024.8 重印）

"十三五"国家重点出版物出版规划项目　现代机械工程系列精品教材
ISBN 978-7-111-65835-1

Ⅰ.①工…　Ⅱ.①兰…②王…　Ⅲ.①工业机器人-高等学校-教材　Ⅳ.①TP242.2

中国版本图书馆 CIP 数据核字（2020）第 101305 号

机械工业出版社（北京市百万庄大街 22 号　邮政编码 100037）
策划编辑：余　皞　责任编辑：余　皞　徐鲁融
责任校对：张　薇　封面设计：张　静
责任印制：单爱军
北京虎彩文化传播有限公司印刷
2024 年 8 月第 1 版第 6 次印刷
184mm×260mm·18.75 印张·463 千字
标准书号：ISBN 978-7-111-65835-1
定价：58.80 元

电话服务　　　　　　　　网络服务
客服电话：010-88361066　机 工 官 网：www.cmpbook.com
　　　　　010-88379833　机 工 官 博：weibo.com/cmp1952
　　　　　010-68326294　金 书 网：www.golden-book.com
封底无防伪标均为盗版　机工教育服务网：www.cmpedu.com

前 言

　　制造业是实体经济的主体，也是国民经济的脊梁，更是国家安全和人民幸福安康的物质基础。目前，我国制造业的创新能力、整体素质和竞争力与发达国家相比仍有明显差距，可谓大而不强。全力推进"中国制造"向"中国智造"和"中国创造"转变，是新时期我国制造业着力实现的重大战略目标。随着"三个强国、两个一流"战略部署的深入推进，工业机器人在智能制造大环境中发挥着越来越重要的作用，并将对未来相关产业生态、市场格局和工作方式带来前所未有的影响。立足于世界"百年未有之大变局"的时代背景，我国机器人高端技术应用人才缺口估计为 20 万人左右，且每年仍以 20%～30%的速度增长。因此，面向新经济发展需要、制造强国战略需求、制造业战略结构调整，开展新兴、新型工科专业紧缺人才培养迫在眉睫。

　　1. 课程简介

　　本着产教"需供对接"的基本原则，结合自身的校企科研经历，编者系统地梳理了机器人工程与智能制造工程两个新工科专业的机器人专业课程（群），如图 1 所示。目前，国内机器人专业课程（群）的设置大体分为两类，应用型和研究型。前者侧重工业机器人应用系统集成设计和生产线调试，核心课程包括工业机器人基础、工业机器人编程、工业机器人视觉、工业机器人系统集成和智能工业机器人；后者强调机器人机械结构和控制系统研发，核心课程包括机器人技术基础、机器人运动学、机器人传感与控制、机器人机械结构设计和机器人控制系统设计。各高校则结合自身办学层次和人才培养定位酌情选择。原则上，省属本科院校的使命担当之一是服务区域经济社会发展和服务国家战略举措，即着力培养富有时代特点的有担当、有作为的应用型新工科人才。

　　工业机器人基础既是机器人工程专业的学科平台课，又是智能制造工程专业的专业核心课，同时也是培养工业机器人应用系统集成设计和生产线调试类创新型、应用型人才的重要基础性课程。作为新工科专业打通产教融合"最后一公里"课程（堂）改革的试点，本课程以提高学生对工业机器人系统集成设计与应用认知能力为基本出发点，主要讲授工业机器人的基础理论与技术，包括机械结构、运动（学）分析、轨迹规划、系统组成与设备选型等，同时兼顾工程应用及相关离线软件的介绍。通过本课程的学习，学生将对以工业机器人为核心的智能制造系统及其前沿技术发展有一个较为全面而深入的了解，为今后从事工业机器人系统集成设计和生产线调试工作打下坚实基础。

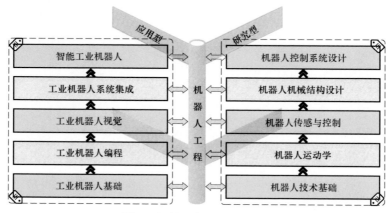

图 1 机器人专业课程（群）

2. 教学目标

立足工业机器人应用系统集成设计和生产线调试复合创新应用人才培养，本课程以全球销量领先的"四大家族"的工业机器人为主要对象，重点介绍工业机器人的产业现状、机械结构、运动（学）分析、轨迹规划、系统组成与设备选型等共性基础知识，并融入课程团队多年的机器人教学、科研和现场实践总结，特别纳入近年国内外最具影响力的机器人技术动态，以及搬运、码垛、分拣、装配、焊接和涂装等机器人生产应用的最新成果，以期培养学生综合运用所学基础理论和专业知识分析解决复杂工程问题的能力。

（1）知识目标

1）了解工业机器人的产业现状。

2）掌握工业机器人的系统组成、机械结构及关键技术指标。

3）掌握机器人运动（学）分析的基本原理。

4）掌握机器人任务轨迹规划及常见动作指令的编程技术。

5）熟悉机器人搬运、码垛、分拣、装配、焊接、涂装等典型作业工艺（周边）设备及生产布局。

（2）能力目标

1）能够识别工业机器人系统组成并指出各组成的功能。

2）能够根据作业对象和环境条件选择一款合适的机器人产品。

3）能够依据机器人工作空间及动作可达性合理布局机器人的空间位置。

4）能够按照工艺需求完成机器人运动轨迹规划。

（3）素养目标

1）宣扬工匠精神，筑牢中国制造技术人才之基。

2）鼓励德技兼修、交叉融通，创新中国制造、中国方案。

3）崇尚科技强国，了解科技前沿，激发学生兴趣和责任担当。

3. 内容体系

工业机器人基础课程内容体系如图 2 所示，分为制造装备、制造物流、制造加工三个阶梯层次，按轨迹控制复杂程度递升，同层次模块之间依照系统集成、运动轨迹的复杂度递增，并为工业机器人编程、视觉、系统集成等后续课程做好内容铺垫。具体来讲，本教材共分为 8 章，第 1、2 章为基础导学（制造装备）篇，侧重机器人基础理论知识的宽度，由浅入深介绍工业机器人的系统组成、机械结构、运动（学）分析、轨迹规划等；第 3~5 章为制造物流篇，介绍机器人搬运、分拣和码垛作业，以工业机器人点位轨迹控制为主，从搬运、上下料时的一次拾放动作到分拣作业时的单层（平面）多次拾放动作再到码垛作业时的多层（立体）多次拾放动作，展现工业机器人应用的高阶性；第 6~8 章为制造加工篇，介绍机器人装配、焊接和涂装作业，以工业机器人连续轨迹控制为主，从装配时的直线轨迹到焊接作业的摆动轨迹再到涂装作业时的蛇形运动轨迹，充分展现工业机器人应用的创新性和挑战性。

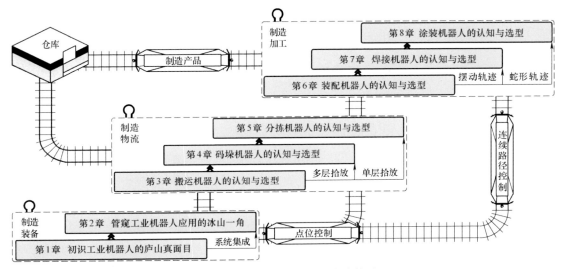

图 2　工业机器人基础课程内容体系

4. 课程思政

工业机器人基础课程思政建设思路如图 3 所示。一方面，本教材章节内容采取工程案例"三级跳"（导入案例→案例剖析→综合练习）教学设计，并且大部分案例题材源自"大国工程""大国重器"，注重中国方案、中国制造，体现中国智慧，激发学生爱国情怀，树立正确的人生观、世界观和价值观。

另一方面，本教材搭建了一条全流程学习育人"双链"。其中，"学习链"涵盖历史沿革、行业术语、导入案例、案例点评、知识准备、产业诉求、案例剖析、本章小结、思考练习和知识拓展 10 个方面；与之呼应的"育人链"为勿忘本、懂行规、品精髓、论古今、握核心、谋发展、归工程、善总结、勤实践和看今朝，致力于将学生培养成具有新时代工匠精神的机器人与智能制造领域的复合创新应用人才。

勿忘本——历史沿革，介绍工业机器人的历史发展和技术变革，有利于学生形成初步的印象，对技术产生敬畏之心。

懂行规——行业术语，阐释工业机器人及相关行业的专业术语，使学生提升工程意识，提高日常学习（术）交流效率。

品精髓——导入案例，通过典型工程案例引入新知识，形成良好的课堂互动氛围，激起学生的学习兴趣。

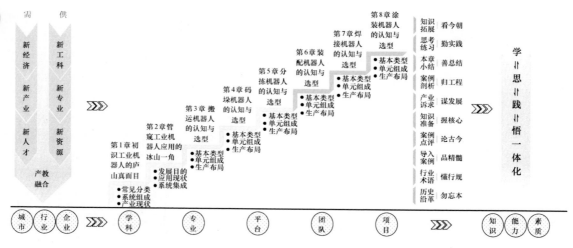

图3 工业机器人基础课程思政建设思路

论古今——案例点评，通过教师、学生对工程案例的自我见解交流，引导学生深刻了解所学机器人的使用场景，在具体的生产过程中承担什么任务，进而对机器人技术形成良好的认知。

握核心——知识准备，通过对以机器人为核心的制造装备进行详细、全方位的拆解和讲述，如系统组成、机械结构、运动（学）分析、集成设计等，使学生掌握核心技术知识。

谋发展——产业诉求，通过行业调查，阐明市场需求，使学生明晰以市场需求（痛点）为导向的课程学习意义之所在。

归工程——案例剖析，通过对一个典型案例的剖析，包括客户需求、方案设计、实施效果等一系列流程的完整过程，以"剖"促"思"，使学生领悟到集成项目设计的整套流程，形成严密的逻辑思维和解决问题的方法。

善总结——本章小结，在每章学习的尾声阶段，引导学生对所学知识进行梳理和总结，便于学生复习本章的重难点，梳理出学习的脉络，巩固知识，提高悟性。

勤实践——思考练习，通过形式丰富的综合练习，检验学生对所学知识的掌握情况，促进应用中的融会贯通。

看今朝——知识拓展，对所学技术知识适当拓展，介绍国内外相关的技术更迭和创新、产业应用等，拓宽学生的学术视野。

本教材由浙江师范大学兰虎和王冬云任主编，上海振华重工（集团）有限公司的张华军担任主审。第1章由浙江师范大学鄂世举编写，第2、7、8章由浙江师范大学兰虎和王冬云编写，第3、4章由浙江师范大学邵金均和哈尔滨理工大学鲁德才编写，第5章由浙江师范大学温建明和宁波摩科机器人科技有限公司宋星亮编写，第6章由浙江师范大学潘睿编写。其他参编人员包括杨林、洪灵、金磊、杨云和林谊。

从内容构思、起草大纲、收集案例、编写样章、组织编委、初稿、修稿、定稿，本教材编写历时五年之久，衷心感谢参与教材编写的所有同仁的付出！特别感谢国家工信部智能制造综合标准化与新模式应用专项"大型海洋工程起重装备智能制造新模式应用"、国家发改委"十三五"应用型本科产教融合发展工程规划项目"浙江师范大学轨道交通、智能制造

及现代物流产教融合实训基地"和教育部产学合作协同育人项目"《工业机器人技术基础》新形态教材建设"等给予的支持！感谢上海振华重工（集团）有限公司的张华军、浙江硕合机器人科技有限公司的洪灵、致籁（上海）机器人有限公司的严晶、宁波摩科机器人科技有限公司的宋星亮、苏州凯尔奇自动化科技有限公司的张雷、佛山华数机器人有限公司的杨林、上海发那科机器人有限公司的林谊、唐山松下产业机器人有限公司的李汉宏等为本教材编写提供的机器人工程应用案例方面的宝贵资料！感谢上海发那科机器人有限公司、杜尔涂装系统工程（上海）有限公司、宁波摩科机器人科技有限公司和佛山华数机器人有限公司等提供的配套微视频教学资源！感谢马可儿、陈瑞发、伍春毅、沈添淇、罗文炜、徐静怡、马仁蠲等研究生和本科生仔细审阅本教材校样并制作多媒体课件！同时，本教材引用了国内外多家工业机器人生产商、系统集成商的产品和技术数据，并在文中予以了重点注明，使得本教材在技术内容上能够跟踪国内外先进成果，在此一并表示衷心的感谢！

　　由于编者水平有限，本教材中难免有不当之处，恳请读者批评指正，可将意见和建议反馈至 E-mail：lanhu@ zjnu. edu. cn。

编　者

目　　录

第 1 章

Chapter

初识工业机器人的庐山真面目

工业机器人（Industrial Robot）指面向工业领域的多关节机械手或多自由度机器人，在工业生产加工过程中通过自动控制来代替人类执行某些单调、繁重和重复的长时间作业。它被誉为"制造业皇冠顶端的明珠"，是衡量一个国家创新能力和产业竞争力的重要标志，已成为全球新一轮科技和产业革命的重要切入点。

　　1920 年，捷克作家 K. Capek 在其科幻剧本《罗素姆万能机器人》中将捷克斯洛伐克语中的"Robota"（意为被奴役的劳工）稍作改动，创造了"Robot"一词，它成了"机器人"的起源，此后一直沿用至今。

　　1954 年，美国人 G. C. Devol 申请了"通用机器人"专利，J. F. Engelberger 基于该专利于 1956 年创立了世界上首家机器人制造公司 Unimation，并制造出世界上首台数字化可编程的极坐标工业机器人"Unimate"，它被称为现代机器人的开端。

1962 年，美国 AMF 公司试制出世界首台可编程圆柱坐标工业机器人"Versatran"。

1979 年，美国 Unimation 公司又推出了 PUMA 机器人，它是一种多关节、全电动驱动、多 CPU 二级控制的工业机器人，后来的工业机器人结构大体是以此为基础的。

1993 年，一台名为"Dante"的八脚机器人试图探索南极洲的埃里伯斯火山，这一具有里程碑意义的行动由研究人员在美国远程操控，开辟了机器人探索危险环境的新纪元。

1999 年，日本 Sony 公司推出的机器狗"AIBO"让科技产品爱好者一见倾心，这款机器狗能够自由地在房间里走动，并且能够对有限的一组命令做出反应。

2000 年，由日本 Honda Motor 公司出品的人形机器人"ASIMO"走上了舞台，它身高 1.3m，能够以接近人类的姿态走路和奔跑。

2004 年，美国国家航空航天局（NASA）的"Spirit Rover"探测器登陆火星，这台探测器在原先预定的 90 天任务结束后继续运行了 6 年时间，总旅程超过 7.7km。

2012 年，美国内华达州机动车辆管理局（NDM）颁发了世界第一张无人驾驶汽车牌照，该牌照被授予一辆丰田普锐斯（Toyota Prius），这辆车使用 Google 公司开发的技术进行了改造。到目前为止，Google 的无人驾驶汽车已经累计行驶 30 多万 km，且未造成任何事故。

机器人术语

机器人（Robot） 具有两个或两个以上可编程的轴，以及一定程度的自主能力，可在一定的环境内运动以执行预期任务的执行机构。按照预期的用途，机器人可划分为工业机器人和服务机器人。

工业机器人（Industrial Robot） 自动控制的、可重复编程的、多用途的自动操作装置，可对其三个或三个以上的轴进行编程控制，它可以是固定式或移动式，在工业自动化过程（包括但不限于制造、检验、包装和装配等）中使用。工业机器人一般包括操作机、控制器和某些集成的附加轴。

控制系统（Control System） 一套具有逻辑控制和动力功能的系统，能控制和监测机器人机械结构并与环境（设备和使用者）进行通信。

示教盒（Teach Pendant） 与控制系统相连，用来对机器人进行编程或使机器人运动的手持式单元。

操作机（Manipulator） 用来抓取和（或）移动物体，由一些相互铰接或相对滑动的构件组成的多自由度机器。

末端执行器（End Effector） 为使机器人完成其任务而专门设计并安装在机械接口处的装置。

机器人手臂（Robotic Arm） 也称主关节轴，操作机上一组相互连接的杆件和主动关节，用以定位手腕。

机器人手腕（Robotic Wrist） 也称副关节轴，操作机上在手臂和末端执行器之间的一组相互连接的杆件和主动关节，用以支承末端执行器并确定其位置和姿态。

服务机器人（Service Robot） 除工业自动化应用外，能为人类或设备完成有用任务的机器人。

个人服务机器人（Personal Service Robot）　用于非营利性任务的、一般由非专业人士使用的服务机器人，如家政服务机器人、个人移动助理机器人和小型健身机器人等。

专业服务机器人（Professional Service Robot）　用于营利性任务的、一般由培训合格的操作员操作的服务机器人，如消防机器人、康复机器人和外科手术机器人等。

直角坐标机器人（Rectangular Robot）　也称笛卡儿坐标机器人，手臂具有三个棱柱关节，其轴按直角坐标配置的机器人。

圆柱坐标机器人（Cylindrical Robot）　手臂至少有一个回转关节和一个棱柱关节，其轴按圆柱坐标配置的机器人。

极坐标机器人（Polar Robot）　也称球坐标机器人，手臂有两个回转关节和一个棱柱关节，其轴按极坐标配置的机器人。

关节机器人（Articulated Robot）　手臂具有三个或更多个回转关节的机器人。

SCARA 机器人（Selectively Compliant Arm for Robotic Assembly Robot）　具有两个平行的回转轴（关节），以便在所选择的平面内提供柔性的机器人。

并联式机器人（Parallel Robot）　手臂含有组成闭环结构的杆件的机器人。

【导入案例】

工业机器人引爆全球制造业智能化革命浪潮

"机器人革命"不是一场独立的革命，而是以数字化、智能化、网络化为特征的第三次工业革命的有机组成部分。如果说第二次工业革命是通过装备的自动化和标准化实现机器对人的体力劳动的替代，"机器人革命"则将推动机器对人的脑力劳动的替代，见图 1-1。其影响不仅限于工业生产效率的提升，更在于从根本上克服传统工业生产方式下产品成本和产品多样性之间的冲突，从而推动从线性产品开发流程向并行产品开发流程的转变，使工业产品性能不断提升、产品功能不断丰富和产品开发周期不断缩减。

美国的"再工业化"。2009 年初，美国开始调整经济发展战略，同年 12 月公布《重振美国制造业框架》。2011 年 6 月和 2012 年 2 月，相继启动《先进制造业伙伴计划》和《先进制造业国家战略计划》，以智能化为主要方向，明确提出通过发展工业机器人提振美国先进制造业，并通过积极的工业政策，鼓励制造企业重返美国。

德国的"工业 4.0"。"工业 4.0"是德国政府 2010 年正式推出的《高技术战略 2020》中的十大未来项目之一。2013 年底，德国电气电子和信息技术协会发布德国首个"工业 4.0"标准化路线图，目标是建立高度灵活的个性化和数字化产品与服务生产模式，推动制造业向智能化转型，以加强德国作为技术经济强国的核心竞争力。

我国的"中国制造 2025"。2015 年 5 月，由工信部等四部委联合起草的中国工业强国战略规划"中国制造 2025"更加注重中国制造业战略的顶层设计和整体设计，提出实施五大工程和十个重点领域，最核心的是实施智能制造工程，力争到 2025 年使我国从"制造大国"转型为"智造强国"。

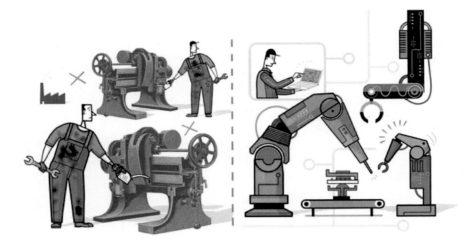

图 1-1　工业机器人"点亮"智能制造

——资料来源：机床商务网，http：//www.jc35.com/

【案例点评】

　　随着我国劳动力成本快速上涨，人口红利逐渐消失，生产方式向柔性、智能、精细转变，构建以智能制造为根本特征的新型制造体系迫在眉睫，对工业机器人的需求将大幅增长，这使得越来越多具有革命性改变意义的新型工业机器人相继问世。当前，工业机器人正通过单元或生产线集成的方式快速融入企业生产过程，为面向新时代的智能制造奠定坚实基础。

【知识讲解】

第 1 节　工业机器人常见分类

　　自 20 世纪 60 年代问世以来，机器人就在不断的更新换代，应用领域持续拓展，新的机型、新的功能不断涌现，所涵盖的内容也越来越多，其完整定义和分类国际上尚无统一标准。按照国际机器人联合会（IFR）的定义，机器人可分为工业机器人和服务机器人两大类。工业机器人是在工业生产中使用的机器人的总称，若被应用于非制造业，则被认为是服务机器人。工业机器人分类有很多标准，限于篇幅，本单元的介绍仅侧重于对工业机器人选型及应用影响较大的三个方面：技术等级、结构形式和安装方式。

1.1　按技术等级分类

　　工业机器人是一种集信息技术、传感技术、精密传动、数字控制、智能技术于一体的综合性高新技术产品。按照技术发展水平，工业机器人可以分为三代。

　　第一代是"示教-再现型"工业机器人（图 1-2a，起源于 20 世纪 60 年代），由操作员事先将完成某项作业所需的运动轨迹、作业条件和作业顺序等信息通过直接或间接的方式对机器人进行"示教",在此过程中,由机器人的记忆单元对上述示教过程进行记录。机器人工作时,会在一定的精度范围内再现被示教的作业内容。目前在工业中得到大量应用的工业机器人多属此类。

第二代为低级"智能型"工业机器人(图 1-2b,诞生于 20 世纪 80 年代),装备有一定的传感装置(视觉、触觉、力觉等),能够获取工作环境和操作对象的简单信息,然后经由计算机处理、分析并做出简单的推理,实现对机器人动作的反馈控制。例如,采用视觉传感器实现无定位物件的导引抓取机器人,或者是采用接触传感器、激光视觉传感器实现焊缝初始寻位与自动跟踪的焊接机器人,亦或是采用力觉传感器实现工件打磨、抛光修正补偿的磨削机器人等。

第三代为高级"智能型"工业机器人(从 20 世纪 90 年代至今),除具有完善的感知能力外,还具有体现高度适应性的规划决策能力。作为发展目标,此类机器人通常装备多种传感器,不仅可以感知自身的状态,而且能够感知外部环境的状态。更为重要的是,它们能够利用计算机处理传感结果并对作业任务进行规划,或根据作业过程中的多信息传感进行逻辑推理、判断决策,在变化的内部状态与变化的外部环境中,自主决定自身的行为。2015 年 4月,瑞士 ABB 机器人公司推出的人机协作双臂工业机器人 YuMi(图 1-2c)是第三代工业机器人的典型代表。第三代工业机器人与第五代计算机密切关联,功能仍处于研究开发阶段,尚未大规模应用。

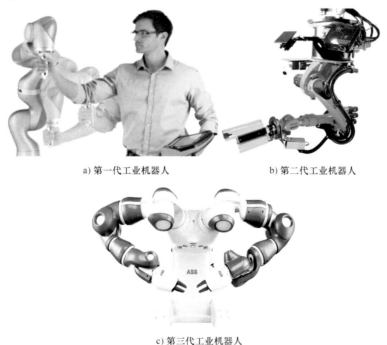

a) 第一代工业机器人　　　　　　　　　b) 第二代工业机器人

c) 第三代工业机器人

图 1-2　工业机器人发展的技术等级

1.2　按结构形式分类

工业机器人是在二维空间具有类似人体下肢机能或在三维空间具有类似人体上肢机能的

多功能机器，其机械结构形式多种多样，比如模仿人体上肢动作的串联式单臂（双臂）机器人和模仿人体下肢动作的自动导引车（AGV）等。从机器人基本动作机构的角度出发，一般采用结构形式（坐标特性）来描述。对于能够与人体上肢（主要是手和臂）执行类似动作的工业机器人而言，可将其分为直角坐标型工业机器人、圆柱坐标型工业机器人、球坐标型工业机器人和关节型工业机器人，见表1-1。其中，直角坐标型工业机器人和关节型工业机器人是目前世界上使用数量较多的两种。

表 1-1　工业机器人的机械结构类型

机器人类型		结构特点	适用场合	结构图示
直角坐标型		该型机器人的运动部分是由空间上相互垂直的三个直线移动轴组成，主要通过三个方向独立的移动来完成机器人手部（末端执行器）的空间位置调整，无法实现空间姿态的变换，所形成的工作空间为长方体。机器人本体结构简单，定位精度高，空间轨迹易于求解，但机体所占空间大，动作范围小，灵活性差，难与其他工业机器人协调工作	机床上下料	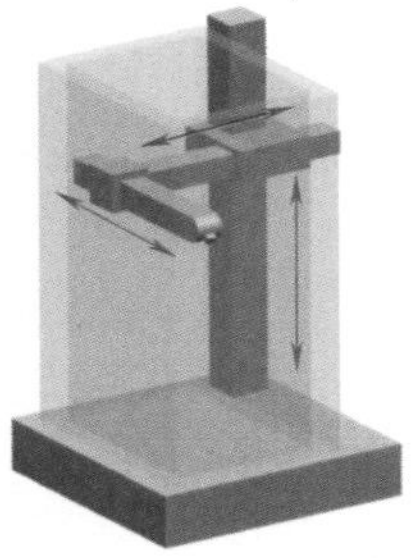
圆柱坐标型		该型机器人的运动部分主要是由一个旋转轴和两个直线移动轴组成，与直角坐标型工业机器人一样具有三个独立自由度，所形成的工作空间为圆柱体的一部分。但其机体所占空间较小，动作范围较大，机器人末端执行器的空间位置精度仅次于直角坐标型机器人	搬运	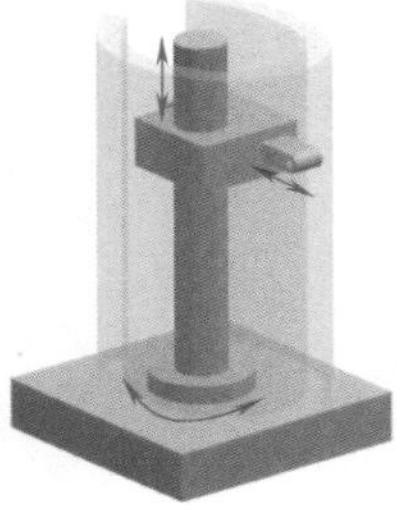
球坐标型		该型机器人又称极坐标型工业机器人，其手臂的运动部分主要是由两个旋转轴和一个直线移动轴组成，可实现回转、俯仰和前后伸缩三种动作，所形成的工作空间是球面的一部分。机器人本体结构较为紧凑，所占空间小于前面两类工业机器人，机器人末端执行器的空间位置精度与臂长成正比	搬运	
关节型	垂直关节型	该型机器人的本体与人手臂类似，一般由四个以上的旋转轴组合而成，通过臂部和腕部的旋转、摆动等动作可以自由地实现三维空间的各种姿态，所形成的工作空间近似一个球体。与前述几类工业机器人相比，垂直多关节型工业机器人的结构紧凑，灵活性大，占地面积小，还能与其他工业机器人协调工作，但机器人结构刚度较低，末端执行器的位置精度较低	搬运、装配、焊接、切割、磨削、涂装、检测	

（续）

机器人类型		结构特点	适用场合	结构图示
关节型	平面关节型	该型机器人又称 SCARA 机器人,与垂直多关节型机器人所不同的是,SCARA 机器人在结构上具有串联配置的能在水平面内旋转的"手臂",其臂部主要是由两个旋转轴和一个直线移动轴组成,而腕部运动主要依靠一个旋转轴实现,所形成的工作空间为圆柱体的一部分。SCARA 机器人结构简单,动作灵活,在水平方向具有柔顺性,在竖直方向拥有良好的刚性,比较适合 3C 行业中小规格零件的插接装配	分拣、装配	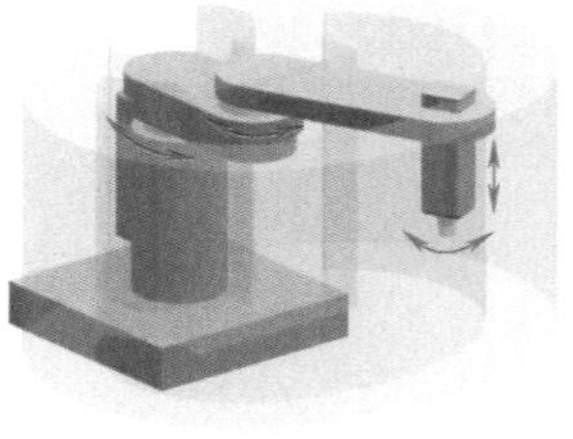
	并联式	该型机器人又称 Delta 机器人、"拳头"机器人或"蜘蛛手"机器人,同垂直多关节机器人和平面多关节机器人采用的串联杆系机构不同,并联式机器人本体采用的是并联机构,其一个轴的运动并不改变另一个轴的坐标原点,所形成的工作空间为球面的一部分。该型机器人具有结构稳定、微动精度高和运动负荷小等优点	高速分拣、装配	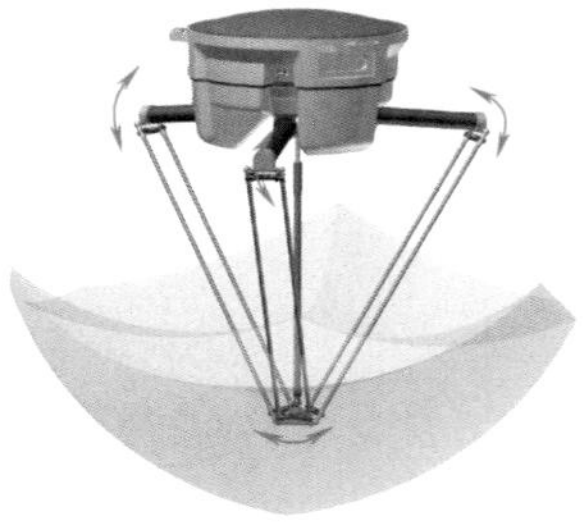

1.3　按安装方式分类

从表 1-1 不难发现,当工业机器人本体的机械结构确定后,其手臂运动所形成的工作空间也基本确定。此时,工业机器人的安装方式成为决定机器人可动范围、可操作性和费效比（投入费用和产出效益的比值）等指标的关键因素。例如,对于落地式安装的关节型工业机器人而言,将机器人安装在行走机构（滑移平台或导轨）上,就可以使机器人同时具有类似人体的上肢的操作机能和下肢的移动机能,利于扩展机器人本体的工作空间,实现机器人在多个生产单元之间交替进行作业,从而有效提高机器人的利用率。综合来看,若按照机器人的安装方式划分,关节型工业机器人主要有固定式和移动式两种,各种安装方式的结构特点及其适用场合见表 1-2。

表 1-2　工业机器人的安装方式

安装方式		结构特点	适用场合	结构图示
固定式	落地式	作为单体工业机器人的主要安装方式,通常是将操作机(机器人本体)的机身与预制的钢质机座相连,安装简便	适合小型零部件加工制造及物料的短距离输送	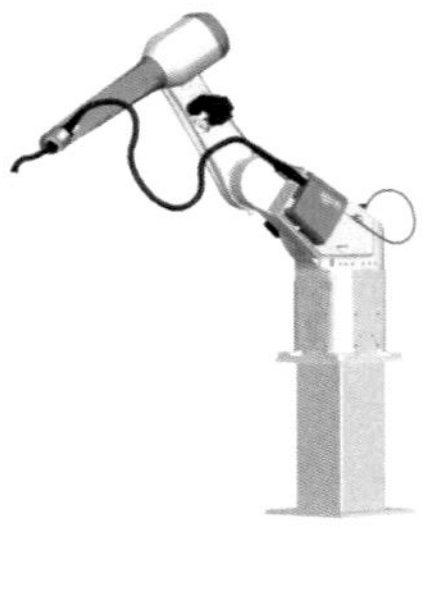

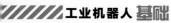
（续）

安装方式		结构特点	适用场合	结构图示
固定式	倒挂（壁挂）式	将工业机器人操作机倒置安装在悬臂梁上（或以任意角度悬挂在墙壁上），安装时需要起吊设备辅助作业	适合安装空间或车间场地有限条件下的小型零部件加工及物料的短距离输送	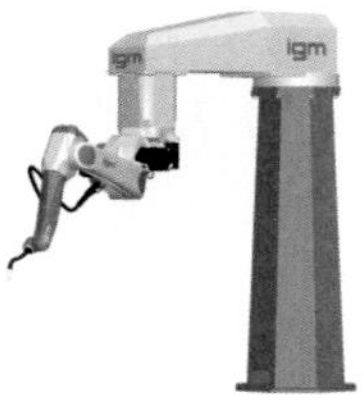
移动式	地装行走式	与落地式工业机器人所不同的是，地装行走式工业机器人的机身直接或间接地安装在直线滑动导轨上，以此扩展机器人的工作空间，通常根据作业行程定制导轨的长度	适合中、大型零部件加工制造及物料的中、长距离输送	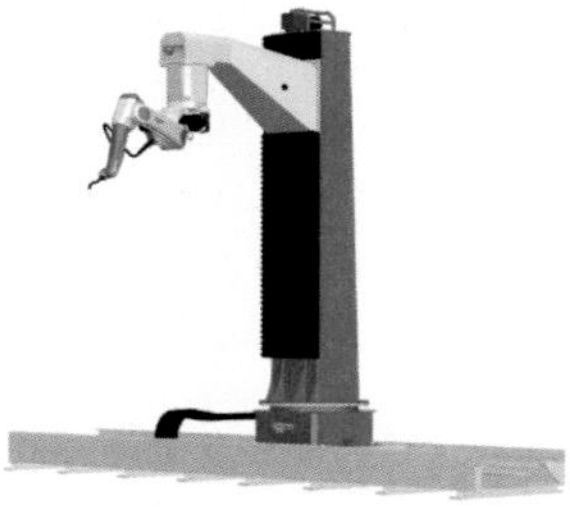
	天吊行走式	将工业机器人操作机倒挂、侧挂或正挂在固定式或移动式龙门架上，一般通过1~4个运动轴拓展机器人的工作空间和增加机器人动作的柔性	适合中、大型零部件加工制造及产品类型较多的场合	
	轮式	同上述地装行走式工业机器人不同，轮式机器人安装在手动、半自动或自动小车上，无需沿特定轨道行走，这对车间因产品调整而改变布局比较有利	适合中、大型零部件加工制造及物料的中、长距离输送	

　　除此之外，参照 JB/T 8430—2014 和 JB/T 5063—2014，工业机器人还可以按应用领域划分为搬运作业（上下料）机器人、焊接机器人、涂装机器人、装配机器人及加工机器人等；按驱动方式划分为液压式机器人、气动式机器人和电动式机器人；按伺服方式划分为伺服型机器人和非伺服型机器人；按作业环境划分为室内一般环境机器人和特殊环境机器人；按负载能力划分为特轻型机器人（额定负载≤1kg）、轻型机器人（额定负载1~10kg）、中型机器人（额定负载10~50kg）、重型机器人（额定负载50~100kg）和超重型机器人（额定负载>100kg）。

第 2 节　工业机器人系统组成

在了解了工业机器人的常见分类及其应用场合之后，想要完成针对某一行业领域的机器人配置选型，还需首先掌握工业机器人及其系统（或单元）的基本构成。如图 1-2a 所示，标准的单体示教-再现型工业机器人系统一般包括工业机器人（操作机、控制器和示教盒）、末端执行器以及为使机器人完成任务所需的一些附属周边设备（如外部操作盒、安全防护装置等）。本节以如图 1-3 所示的生产线线尾仓储物流包装机器人单元为例，该单元主要由工业机器人、末端执行器、进料输送机、托盘输送机、裹包机、卸料输送机等构成，其中工业机器人又包含操作机、控制器和示教盒。若考虑升级单元为"智慧物流"，使该单元能够主动"识别"码放不同包装属性的对象，还需要附加视觉传感器及相关配套工业软件。

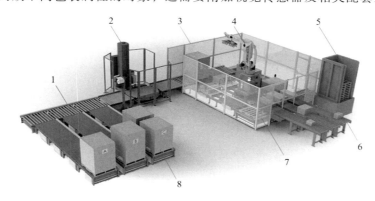

图 1-3　仓储物流包装机器人单元

1—卸料输送机　2—裹包机　3—安全防护装置　4—工业机器人　5—托盘输送机
6—进料输送机　7—空托盘　8—满托盘

2.1　工业机器人

作为一款先进的机电一体化产品，一般的工业机器人如图 1-4 所示，主要由机构模块、控制模块以及相应的连接线缆构成，系统架构如图 1-5 所示。机构模块（操作机）用于机器人运动的传递和运动形式的转换，由驱动机构直接或间接驱动关节模块和连杆模块执行；控制模块（控制器和示教盒）用于记录机器人的当前运行状态，实现机器人的传感、交互、控制、协作、决策等功能，由主控模块、伺服驱动模块、输入输出（I/O）模块、安全模块和传感模块等构成，各子模块之间通过 CANopen、EtherNET、EtherCAT、DeviceNet、PowerLink 等一种或几种统一协议（总线）进行通信，并预留

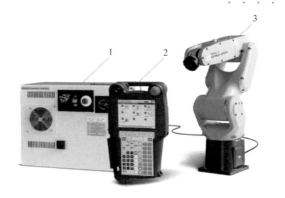

图 1-4　工业机器人的基本组成

1—控制器　2—示教盒　3—操作机

一定数量的物理接口，如 USB、以太网、RS232、RS485、CAN 等。

2.1.1 操作机

操作机（或称机器人本体）是机器人执行任务的机械主体。随着机器人应用领域的拓展，机器人的机构类型、结构尺寸、驱动方式、防护等级不断变化，无法在文中一一介绍，这里仅以 Fanuc 关节型机器人为例展示典型工业机器人的机械结构。

串联式机器人（LR Mate 200iD）的机械结构如图 1-6 所示，按照从下至上的顺序，机座、机身、手臂（大臂和小臂）和手腕等"连杆"部件（采用铸铁、铝合金、不锈钢等材料制造）经由腰、肩、肘、腕等"关节"依次首尾串联起来，属于空间铰接开式运动链。为提高工业机器人的通用性，机器人手腕末端一般被设计成标准的机械接口（法兰或轴），用于安装作业所需的末端执行器或末端执行器连接装置。机器人的每个活动关节都包含一个以上可独立转动或移动的运动轴，将腰、肩、肘三个关节运动轴合称为主关节轴，用于支承机器人手腕并确定其空间位置；将腕关节运动轴称为副关节轴，用于支承机器人末端执行器并确定其空间位置和姿态（以下简称位姿）。

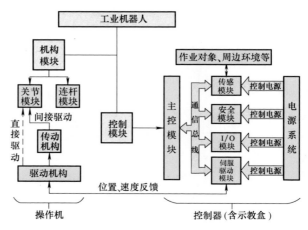

图 1-5　工业机器人的系统架构

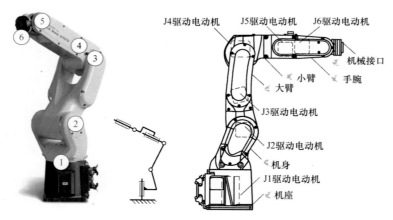

图 1-6　串联式机器人（LR Mate 200iD）的机械结构

1—腰关节（J1-axis）　2—肩关节（J2-axis）　3—肘关节（J3-axis）　4、5、6—腕关节（J4-axis、J5-axis、J6-axis）

由于串联式机器人本体的所有运动杆件并未形成一条封闭的运动链，其手腕端部的结构刚度、承载能力和末端惯性等指标难以兼顾，并联式机器人恰恰可以在结构与性能方面与之形成良好的互补关系。并联式机器人（M-1iA）的机械结构如图 1-7 所示，机器人本体主要由动平台（机械接口），固定平台（机座）以及连接两者的数条结构对称、各向同性的运动支链构成。每条运动支链包含一带转动关节的主动臂和一呈平行四边形结构的从动臂。当主动臂在外转动副（伺服电动机）驱动下摆动时，从动臂随之带动终端动平台或末端执行器

在空间 X、Y、Z 三个方向平动。与串联式机器人不同，并联式机器人采用数根封闭的杆件支承动平台，且手臂可做成碳纤维材质的轻杆，这将有利于提高机构的动力学性能，获取更高的速度和加速度。在实际应用中，用户可以在并联式机器人动平台上安装多种形式的手腕如图 1-8 所示，以满足分拣、装配等作业过程中对手腕端部末端执行器的位姿调整需求。

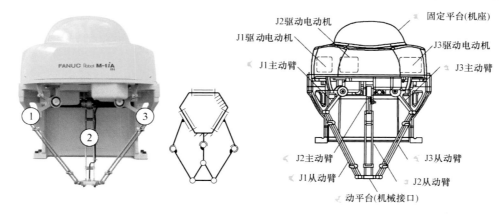

图 1-7　并联式机器人（M-1*i*A）的机械结构

1—运动支链 1　2—运动支链 2　3—运动支链 3

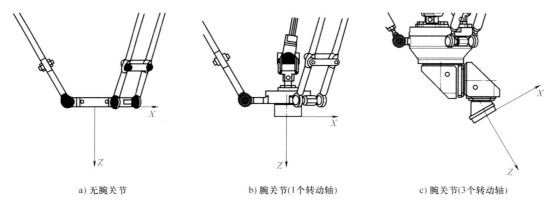

a) 无腕关节　　　　　b) 腕关节(1个转动轴)　　　　　c) 腕关节(3个转动轴)

图 1-8　并联式机器人（M-1*i*A）的手腕

可见，无论串联式机器人，还是并联式机器人，机器人本体主要由关节模块和连杆模块构成，并由定位机构（手臂）连接定向机构（手腕），手腕端部末端执行器的位姿调整可以通过主、副关节的多轴协同运动合成。要让机器人的机械结构运动起来，就需要为机器人的关节配置直接或间接的动力驱动装置。按动力源的类型划分，工业机器人关节的驱动方式可以分为液压驱动、气压驱动和电动驱动三种，它们各自的驱动特点和适用场合见表 1-3。其中，电动驱动是现代工业机器人最为主流的一种驱动方式，且大都是一个关节运动轴安装一台驱动电动机，常用的驱动电动机有步进电动机、伺服电动机等。

伺服电动机是一种将输入电压信号（由伺服驱动模块发出的控制电压信号）转换为轴上的角位移或角速度的旋转执行器，主要分为交流和直流两大类。工业机器人用交流伺服驱动机构一般由交流电动机、耦合在电动机端部用于位置反馈的传感器（编码器，参见本章的知识拓展部分）以及耦合在电动机轴另一端用于锁定位置的保持制动器（抱闸装置）构成,如图1-9a所示。在不通电的情况下,通过合上抱闸装置锁定电动机主轴,以保证机器人的各个关节和连杆模块不因重力而跌落。近年来,随着机构驱动技术的进步,采用直接驱动方案替换耦合到传统伺服电动机的某种形式的机械传动机构(如同步带、行星轮系等),可以带来更高的负载加速度、更低的系统功耗和转动惯量,在轻型工业机器人(如协作机器人)中应用较多。

直流无框力矩电动机是一种特殊类型的永磁无刷同步电动机,如图1-9b所示,其运行平稳、无噪声,在适当的传感器和伺服驱动器的配合下,能实现超高定位精度和超低速伺服运动。与传统电动机不同,力矩电动机采用分装式环形超薄结构,定子不采用齿形叠片设计,而是由光滑的圆筒形叠片构成,转子由多极稀土永磁磁极和环形空心轴构成,机器人的各种管线,如电动机动力电缆、传感器电缆、附加轴电缆、电磁阀、空气导管和用于控制末端执行器的I/O电缆等都可以从电动机中心直接穿过,能够较好地解决机器人管线布局问题。由于布置在转动轴线上,所以管线不会随关节转动或具有最小的转动半径。此外,通过利用外部机构的轴承支承转子,力矩电动机可以直接嵌入设备中,尤其适于对空间尺寸、重量要求苛刻的应用场合。

表1-3 工业机器人的关节驱动

驱动方式	驱动特点	适用场合
液压驱动	具有动力大、力(或力矩)与惯量比大、快速响应、易于实现直接驱动等优点,但液压系统需进行能量转换(电能转换成液压能),速度控制多采用节流调速,效率比电动驱动系统低,且液压系统的油液泄漏会对环境产生污染,工作噪声也较高	适于承载能力大(100kg以上)、惯量大以及在防爆环境下工作的机器人,如搬运(码垛)机器人
气压驱动	具有响应速度快、系统结构简单、维修方便、价格低等优点,但气压装置的工作压强较低,不易精确定位	一般用于机器人末端执行器的驱动,如夹持器
电动驱动	具有体积小、质量轻、响应快、效率高、速度变化范围大、易于控制和定位精确等优点,但使用、维修较复杂,通常为获得较大的力和力矩,需使用减速器进行间接驱动	直流伺服电动机和交流伺服电动机采用闭环控制,一般用于高精度、高速度场合的机器人驱动,如串联式机器人和并联式机器人;步进电动机一般采用开环控制,用于精度和速度要求不高的场合,多用于机器人周边设备驱动,如变位机

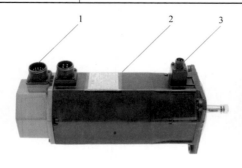

a) 交流伺服电动机

b) 直流无框力矩电动机

图1-9 伺服驱动机构

1—编码器 2—交流电动机 3—保持制动器

通常，伺服电动机的额定转矩或额定功率越大，其结构尺寸越大，这与工业机器人本体结构设计与优化的方向——提高负载（自重比）、提高能源利用率相违背。目前大多数工业机器人使用的伺服电动机额定功率小于 5kW（额定转矩低于 $30N \cdot m$），对于中型及以上关节型机器人而言，伺服电动机的输出转矩通常远小于驱动关节所需的力矩，必须采用"伺服电动机+精密减速器"的间接驱动方式，利用减速器行星轮系的速度转换原理，把电动机轴的转速降低，以获得更大的输出转矩。此外，为尽量降低机器人主关节的负载，还需合理布局驱动机构的安装位置，如将手腕的驱动电动机放置在臂部，并辅以齿形钢带、行星轮系、平行连杆等机械传动方式。

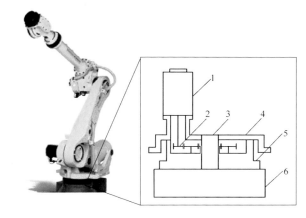

以 R-2000iC/165F 中型工业机器人为例，机器人腰关节（J1-axis）伺服驱动电动机（固定在机身上，图 1-10）的转动经由齿轮直接传送给减速器，减速器的输出部分与机身相连，带动机身转动；同理，肩关节（J2-axis）和肘关节（J3-axis）伺服电动机的转动直接传送到减速器，输出用于移动大臂和小臂，驱动机构简图

图 1-10　R-2000iC/165F 机器人腰关节（J1-axis）驱动机构
1—J1-axis 伺服电动机　2—J1-axis 齿轮　3—支撑件　4—机身
5—J1-axis 减速器（中空型）　6—机座

分别如图 1-11 和图 1-12 所示；与主关节伺服电动机安装在相应关节位置附近不同的是，腕关节（J4-axis、J5-axis 和 J6-axis）的 3 个伺服电动机安装在大臂上端，远离机器人手腕，如

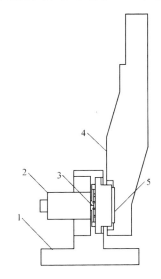

图 1-11　R-2000 iC/165F 机器人
肩关节（J2-axis）驱动机构
1—机身　2—J2-axis 伺服电动机　3—J2-axis 齿轮
4—大臂　5—J2-axis 减速器（紧凑型）

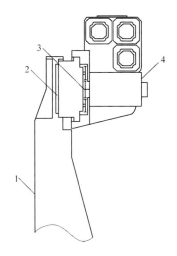

图 1-12　R-2000 iC/165F 机器人
肘关节（J3-axis）驱动机构
1—大臂　2—J3-axis 减速器　3—J3-axis 齿轮
4—J3-axis 伺服电动机（紧凑型）

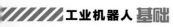

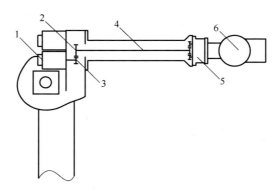

图 1-13　R-2000 iC/165F 机器人腕关节（J4-axis）驱动机构

1—J4-axis 伺服电动机　2—行星轮　3—太阳轮　4—传动轴　5—J4-axis 减速器（中空型）　6—手腕

图 1-13 和图 1-14 所示，电动机轴的转动先后经过行星轮、太阳轮和传动轴输入到减速器，输出用于转动腕关节，实现手腕及端部末端执行器的位姿调整。

　　虽然减速器的类型繁多，但应用于工业机器人关节传动的高精密减速器属 RV 摆线针轮减速器和谐波齿轮减速器最为主流。谐波齿轮减速器体积小、质量轻，适合承载能力较小的关节部位，通常被安装在机器人腕关节处；RV 摆线针轮减速器承载能力强，适合承载能力较大的关节部位，是中型、重型和超重型工业机器人关节驱动的核心部件。同行星齿轮传动相似，谐

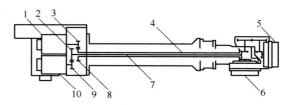

图 1-14　R-2000 iC/165F 机器人腕关节（J5-axis 和 J6-axis）驱动机构

1—J5-axis 伺服电动机　2—J6-axis 太阳轮
3—J5-axis 行星轮　4—J5-axis 传动轴
5—J6-axis 减速器（紧凑型）　6—J5-axis
减速器（紧凑型）　7—J6-axis 传动轴
8—J5-axis 太阳轮　9—J-axis 行星轮
10—J6-axis 伺服电动机

波齿轮传动（图 1-15，由美国发明家 C. Walt Musser 于 20 世纪 50 年代中期发明创造）主要由三个基本构件组成，即一个有内齿的刚轮，一个工作时可产生径向弹性变形并带有外齿的柔轮，以及一个装在柔轮内部、呈椭圆形、外圈带有柔性滚动轴承的波发生器。三个构件中可任意固定一个，则其他两个一为主动一为从动。当作为减速器使用时，谐波齿轮传动通常采用刚轮固定、波发生器主动（输入）和柔轮从动（输出）的形式。

　　谐波齿轮减速器应用金属弹性力学的独创动作原理如图 1-16 所示。柔轮在椭圆形的波发生器的作用下产生变形，处在波发生器长轴两端处的柔轮轮齿与刚轮轮齿完全啮合；此时，处在波发生器短轴两端处的柔轮轮齿与刚轮轮齿完全脱开，圆周上其他区段的柔轮轮齿与刚轮轮齿则处于啮合和脱离的过渡状态（不完全啮合状态）。波发生器长轴旋转的正方向一侧，称为啮入区（图 1-16a 右侧）；波发生器长轴旋转的反方向一侧，称为啮出区（图 1-16a 左侧）。当波发生器向某一方向连续转动时，柔轮的变形持续改变，使得柔轮轮齿与刚轮轮齿的啮合状态随之改变，啮入、完全啮合、啮出、完全脱开、再啮入……，不断循环，产生所谓的错齿运动，从而实现主动波发生器与柔轮的运动传递。

　　由于柔轮的外齿数比刚轮的内齿数少几个（一般为 2 个），当波发生器转动一周时，柔

轮向与波发生器相反的方向仅转动几个齿的角度，所以能够实现大的减速比（单级谐波齿轮传动比可达 30~500）。与一般齿轮传动相比，谐波齿轮传动具有体积小、重量轻、传动比大、传动平稳、传动精度高和回差小等特点，在机器人的关节传动中应用较为普遍，多作为机器人腕关节的减速及传动装置。

目前，用于工业机器人本体制造的谐波齿轮减速器主要来自日本 Harmonic Drive（哈默纳科），其产品销量占据全球市场份额的 15% 左右。国内苏州绿的生产的谐波齿轮减速器成功打破了国外技术壁垒，构筑起了绿的谐波齿轮减速器的自主品牌，建立起了完善的谐波齿轮减速器生产线，可生产 17 个系列 500 余种精密谐波齿轮减速器产品，已逐渐替代进口，并已将产品打入国际主流机器人厂商供应链。但在精度、寿命、稳定性和噪声等方面与同类进口产品仍有技术差距。

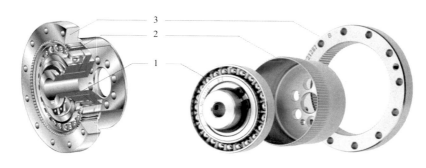

图 1-15　谐波齿轮传动的基本构成
1—波发生器　2—柔轮　3—刚轮

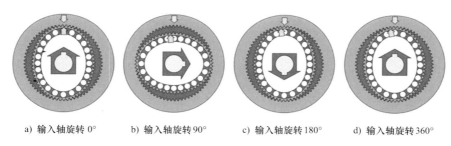

a) 输入轴旋转 0°　　b) 输入轴旋转 90°　　c) 输入轴旋转 180°　　d) 输入轴旋转 360°

图 1-16　谐波齿轮减速器的工作原理

RV 摆线针轮减速器与谐波齿轮传动不同，RV 摆线针轮减速器是两级减速机构，如图 1-17 所示，它由一级（圆柱齿轮）行星齿轮减速机构串联一级摆线针轮减速机构组合而成，主要零部件包括太阳轮、行星轮、曲柄轴（转臂）、摆线轮（RV 齿轮）、销和外壳等。

RV 摆线针轮减速器的工作原理如图 1-18 所示。当固定外壳而转动输入轴时，输入轴的旋转通过轴上的太阳轮传递给周向分布的 2~3 个行星轮，并按齿数比进行减速；同时，每个行星轮连接一个双向偏心轴（曲柄轴），后者再带动两个径向对置的 RV 摆线齿轮在有内齿的固定外壳上滚动。由于外壳内侧仅比 RV 齿轮多一个针齿，因此，如果曲柄轴转动一周，则 RV 齿轮就会向与曲柄轴相反的方向转动一个齿。这个转动由 RV 齿轮再通过周向分布的 2~3 个非圆柱销轴传递到盘式输出轴。

与谐波齿轮减速器相比，RV 摆线针轮减速器同样具有传动比大、传动精度高、同轴线传动、结构紧凑等特点，此外其最显著的特点是刚性好、转动惯量小。以日本企业生产的机器人谐波齿轮减速器和 RV 摆线针轮减速器进行比较，在相同的输出转矩、转速和减速比条件下，两者的体积几乎相等，但后者的传动刚度高出前者 2~6 倍。折算到输入轴上，后者的转动惯量要小一个数量级以上，但重量却大出 1~3 倍。由于具有高刚度、小转动惯量和较大的重量，RV 摆线针轮减速器特别适用于机器人（肩部和肘部）的旋转关节，这时大的自重可由臂部、肩部传递到机身及底座上，高刚度和小转动惯量就可得到充分发挥，进而降低振动、提高响应速度和降低能耗。

目前，用于工业机器人本体制造的 RV 摆线针轮减速器主要来自日本 Nabtesco（纳博特斯克），其产品销量占据全球市场份额的 60%左右。国内目前做得比较好的有南通振康和昆山光腾智能，山东帅克也在积极追赶，但与国外同类产品相比，仍存在精度差、寿命短和质量不稳定等技术差距。

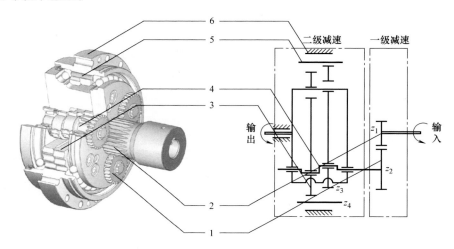

图 1-17　RV 摆线针轮减速器的基本构成

1—行星轮　2—太阳轮　3—摆线轮　4—曲柄轴　5—销　6—外壳

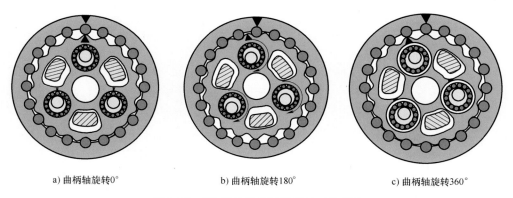

a) 曲柄轴旋转0°　　　　　b) 曲柄轴旋转180°　　　　　c) 曲柄轴旋转360°

图 1-18　RV 摆线针轮减速器的工作原理

2.1.2　控制器

如果将操作机看成是工业机器人的"肢体"，那么控制器（俗称控制柜，机器人的控制部分）则是工业机器人的"大脑"。作为机器人"思维和判断"的中心，控制器是实现机器人传感、交互、控制、协作、决策等功能的硬件以及若干应用软件的集合，是机器人"智力"的集中体现。在工程实际中，控制器的主要任务是根据任务程序指令及传感器反馈信息支配机器人本体完成规定的动作和功能，并协调机器人与周边设备的通信。依据广义体系结构定义或者控制系统的开放程度，工业机器人控制器可分为三类，即专用（封闭式）控制器、开放式控制器和混合型控制器，具体见表1-4。出于技术保密考虑，机器人制造商提供给系统集成商或企业用户的基本都是封闭式或混合型机器人控制器。

表 1-4 工业机器人控制器的结构类型

结构类型	结构特点
封闭式	由开发者或生产厂家基于自己的工业机器人的独立结构进行设计生产,并采用专用计算机、专用机器人语言、专用操作系统或专用微处理器,虽然可靠性高,但使用者和系统集成商难以对系统进行扩展,集成新的硬件或软件模块非常困难,系统功能的升级只能依赖于特定的生产厂家
开放式	具有模块化的结构和标准的接口协议,硬件和软件结构完全对外开放,使用者和系统集成商可以根据需要进行替换和修改,而不需要依赖开发者或生产厂家,同时它的硬件和软件结构能方便地集成外部传感器、功能模块、控制算法、用户界面等
混合型	介于封闭式和开放式之间,其底层的控制功能一般由生产厂家提供,采用基于模块的实现方式,模块内部的结构和实现细节一般不对用户开放或只有限地开放,以保护厂商的知识产权和相关利益,但模块会提供各种功能接口,用户可以通过接口,对模块的功能和行为特性进行定制,并通过接口实现多个模块之间的互操作和协同工作

以 Fanuc 机器人控制器 R-30iB 为例，如图 1-19 所示，该型号系列的控制器拥有四种不同的外形尺寸，即 A 控制柜、B 控制柜、Mate 控制柜和 Mate 控制柜（Open-Air）。除 B 控制柜外，其他的 R-30iB 控制柜均是紧凑型、可叠放的，易于实现机器人集成。A 控制柜尺寸较小（体积仅为 B 控制柜的 32%），非常适合空间受限的工业环境，最多可扩展 2 个外部附加轴。Mate 控制柜与 Mate 控制柜（Open-Air）独立而功能强大，前者适用于轻型工业机器人的控制，尤其是 M 系列和 LR Mate 机器人；后者适用于 M-1iA、M-2iA、M-3iA 并联式机器人和 LR Mate 串联式机器人的控制，容易集成到其他控制柜里。一套 R-30iB Mate 控制器最多可以控制 4 台机器人，从第 2 台起，只需要追加机器人机构模块（操作机）和驱动伺服电动机的伺服放大器即可完成机器人单元的组建，如图 1-20 所示。相比之下，B 控制柜采用了相同的技术，但预留空间较大，可扩展多个伺服放大器、I/O 模块等，最多能同时控制 56 根轴。

图 1-19 工业机器人控制器 (R-30iB)

1—B 控制柜 2—A 控制柜 3—Mate 控制柜 4—Mate 控制柜（Open Air）

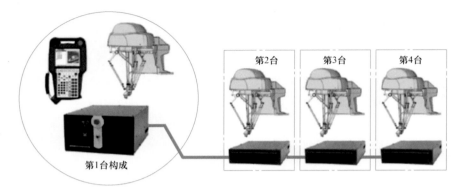

第2台　第3台　第4台

第1台构成

图 1-20　一套机器人控制器控制多台（套）机器人（R-30iB）

控制柜 R-30iB 的内部硬件构成如图 1-21 所示。遵循模块化划分原则（见 GB/T 33262—

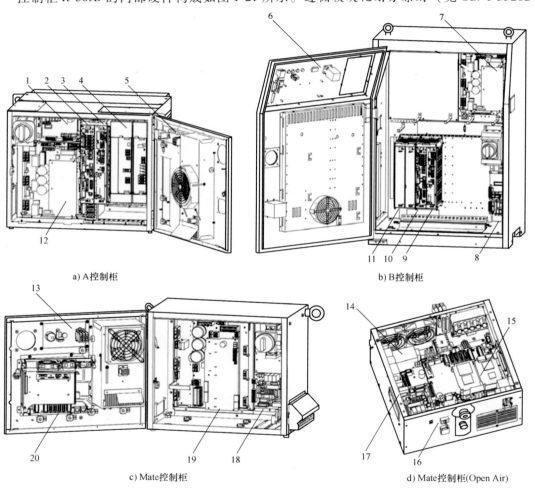

a) A控制柜

b) B控制柜

c) Mate控制柜

d) Mate控制柜(Open Air)

图 1-21　工业机器人控制器的结构（R-30iB）

1、8、17、18—安全模块（急停板）　2、10、15、20—主控模块（主板）　3、9—电源供给单元

4—伺服驱动模块（外部附加轴伺服驱动板，可选项）　5、6、13、16—操作面板

7、12、14、19—伺服驱动模块（机器人本体轴伺服驱动板）　11—I/O模块（可选项）

2016《工业机器人模块化设计规范》），可将工业机器人控制器划分为以下模块：主控模块、伺服驱动模块、I/O 模块、安全模块和传感模块。其中，主控模块通常采用两个微处理器，通过总线与上位机（如可编程逻辑控制器 PLC 和工业控制计算机 IPC）、伺服驱动模块、I/O 模块、视觉模块、力控制等模块通信。

　　同手机、电脑等电子产品类似，硬件决定性能边界，软件发挥硬件性能并定义产品的行为。经过半个多世纪的发展，工业机器人的"硬件进化"速度大为减缓，主流制造商的机器人控制器硬件配置基本相同，通过"软件革命"驱动工业机器人的创新发展成为主流趋势。目前不少优秀的工业软件公司利用从机器人制造商定制的专用机器人，搭配自己开发的应用软件包在某个细分领域独领风骚，如德国杜尔（Dürr）、克鲁斯（CLOOS）等。在全球工厂自动化行业领先的发那科（Fanuc）机器人公司凭借其强大的研发、设计及制造能力，基于自身硬件平台为用户提供革命性的软件系统、控制系统及视觉系统，具体见表 1-5，用户可借助内嵌于机器人控制器中的应用开发软件包快速建立机器人系统，"硬邦邦"的工业机器人正日益变身"软件产品"。

表 1-5　工业机器人控制器的应用软件（以 Fanuc 为例）

功能模块	应用软件包
控制	Dual Check Safety Function：用于伺服电动机角位移和角速度的检测与诊断 Robot Link：用于多台机器人的协调控制 Coordinated Motion Function：用于外部附加轴的协调控制 Line Tracking：用于移动输送线同步 Integrated Programmable Machine Controller：用于控制内置软 PLC
通信	DeviceNet Interface：用于机器人作为主站或从站时的 DeviceNet 总线通信 CC-Link Interface（Slave）：用于机器人作为从站时的 CC-Link 总线通信 PROFIBUS-DP（12M）Interface：用于机器人作为主站或从站时的 PROFIBUS-DP 总线通信 Modbus TCP Interface：用于机器人作为主站或从站时的 Modbus TCP 总线通信 EtherNet/IP I/O Scan：用于机器人作为主站时的 EtherNet/IP 以太网通信 EtherNet/IP Adapter：用于机器人作为从站时的 EtherNet/IP 以太网通信 PROFINET I/O：用于机器人作为主站或从站时的 PROFINET 以太网通信 EtherCAT Slave：用于机器人作为从站时的以太网通信 CC-Link IE Field Slave：用于机器人作为从站时的 CC-Link IE Field 以太网通信
传感	iRCalibration：用于视觉辅助单轴（全轴）零点标定和工具中心点（TCP）标定 iRVision 2D Vision Application：用于工件位置和机器人抓取偏差 2D 视觉补偿 iRVision 3D Laser Vision Sensor Application：用于工件位置和机器人抓取偏差 3D 激光视觉补偿 iRVision Inspection Application：用于机器人视觉测量 iRVision Visual Tracking：用于视觉辅助移动输送带拾取、装箱、整列等作业 iRVision Bin Picking Application：用于视觉辅助散堆工件拾取 Force Control Deburring Package：用于力控去毛刺
工艺	HandlingTool：用于搬运作业 PalletTool：用于码垛作业 PickTool：用于拾取、装箱、整列等作业 ArcTool：用于弧焊作业 SpotTool：用于点焊作业 DispenseTool：用于涂胶作业 PaintTool：用于喷漆作业 LaserTool：用于激光焊接和切割作业

2.1.3 示教盒

示教盒又称示教编程器、示教器（Teach Pendant，TP）。顾名思义，它是与机器人控制器相连，用于机器人手动操作、任务编程、诊断控制以及状态确认的手持式人机交互装置。作为选配件，用户可通过 PC 或平板电脑替代示教盒进行机器人运动控制和程序编辑等操作。由于国际上暂无统一标准，目前已投入市场的示教盒多数属于品牌专用，如图 1-22 所示，如瑞士 ABB 机器人配备的 FlexPendant、我国 KUKA 机器人配备的 smartPAD、日本 Fanuc 机器人配备的 iPendant、意大利 COMAU 机器人配备的 WiTP 等，它们的基本功能大同小异，操作方式各有侧重。考虑到 Fanuc 数控系统用户的操作习惯，R-30iB 控制器配置的 iPendant 示教盒，除采用彩色液晶显示屏（640×480 像素）外，仍保留 68 个物理"硬键"和 2 个 LED 指示灯，如图 1-22a 所示。同日系示教盒的"硬键"理念不同，欧系的示教盒更专注触摸式"软键"，操作方式以触屏代替按键的交互式感知输入为主，仅对重要按键（12 个左右）予以保留，更为直观、简洁，便于机器人作业人员（操作员、编程员和维护技术人员等）快速、有效地操作，如图 1-22b 所示。另外，COMAU 研制的无线触摸式示教盒 WiTP 如图 1-22c 所示，其与机器人控制器之间的通信使用的是公司专利技术——"配对-解配对"安全程序，只需在每个配备无线局域网（WLAN 或 WiFi）的机器人控制器上运行安全"热插拔"程序，即可实现一个机器人示教盒控制多台机器人本体，或者多个编程员共同控制一个设备，无需再考虑线缆的铺设问题，同时还可提高编程员在控制区域内的灵活性（信号可达范围约 100m）。

目前，工业机器人已成为工业自动化和智能制造的重要支撑，也是数控机床走向自动化

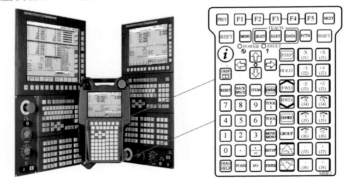

a) 按键式(日系)

b) 有线触摸式(欧系)　　　　　　　　c) 无线触摸式(欧系)

图 1-22　工业机器人示教盒

更高阶段的重要一环。如何将工业机器人轻松加入日益全面的自动化生产中，使用户可以通过数控系统用户界面统一查看、控制、诊断机床和机器人，实现工件和刀具的快速处理、回退、示教等操作，就需要一种简单灵活的解决方案。德国西门子和我国 KUKA 两家公司针对这一需求，合作推出了 SI-NUMERIK Integrate Run MyRobot 工艺包。通过 SINUMERIK Integrate Run MyRobot/Handling 和 KUKA.PLC mxAutomation 软件功能，西门子机床系统 SI-NUMERIK 840D sl 可将 KUKA 机器人无缝集成到生产过程中

图 1-23　通过数控操作面板查看、控制、诊断机器人

而无需示教盒，凭借 SINUMERIK Operate 数控操作面板即可实现机床和机器人的统一控制，企业内机器人作业人员的培训费用得以降低，且由机器人进行工件装卸、换刀等操作，生产自动化变得更加简单。基于 SINUMERIK Integrate Run MyRobot/Machining 和 KUKA CNC SI-NUMERIK，用户通过操控 SINUMERIK Operate 面板可以实现机器人铣削、钻削、雕刻、去毛刺、铆接等加工应用，如图 1-23 所示。

2.2　末端执行器

末端执行器是安装在机器人手腕机械接口（如法兰）处直接执行作业任务的装置，相当于人的手，它对提高工业机器人的柔性和易用性有着举足轻重的地位。在绝大多数情况下，末端执行器的结构和尺寸都是为特定用途而专门设计的，属于非标（非标准化的）部件。根据 GB/T 19400—2003，工业机器人末端执行器可以划分为夹持型末端执行器和工具型末端执行器。夹持型末端执行器简称夹持器，如图 1-24a 所示，是一种夹持物体以便移动

a) 夹持型末端执行器　　　　　　　　　b) 工具型末端执行器

图 1-24　工业机器人末端执行器

或放置它们的末端执行器,包括抓握型夹持器和非抓握型夹持器两种;工具型末端执行器如图 1-24b 所示,是指本身能进行实际工作,如焊枪(炬)、割枪、喷枪、胶枪、钻头、研磨头、去毛刺装置等,但由机器人手臂移动或定位的末端执行器。

在现代工业生产中,同一生产线上的产品种类不断增多,同一工位上的工业机器人需要经常面对不同的抓取对象,甚至是易碎物品。对于人类来说,抓取物体只是一个非常简单的操作任务,但对于工业机器人而言,拥有一双有良好柔性且能抓取易碎物品的"万能"手爪却是"美好愿望",其设计和开发一直是业界的一大难题。随着仿生、材料、控制等学科前沿技术的不断进步,多用途工业机器人夹持器的实现并非遥不可及。如图 1-25 所示的三指手爪、万能灵巧手和软体手爪正在逐步提高机器人夹持器在工业环境中的实用性。不过实际的工业生产应用中,企业仍多从制造成本和过程稳定性角度考虑,以结构简单、通用性不强、可快速更换的专用机器人夹持器为主。

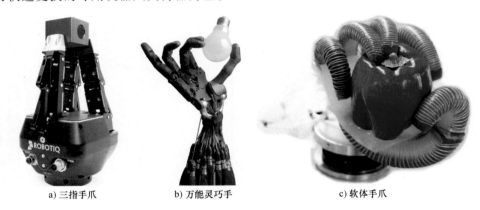

a) 三指手爪　　　　　b) 万能灵巧手　　　　　c) 软体手爪

图 1-25　工业机器人夹持器

对于工具型末端执行器而言,为适应作业对象及加工工艺的变化,可以通过配置"工具库"的形式提高工业机器人的通用适应性。如图 1-26 所示是由德国 Binzel 研制的焊接机器人枪颈自动更换装置 ATS-Rotor,类似数控加工中心的刀库,该装置配置有 5 个可更换枪颈(可使用不同熔焊枪颈备件),根据焊接作业情况或焊接效果要求,机器人可循环接近 ATS-Rotor,以更换上不同的枪颈或重新加工后的枪颈。仅当所有 5 个可更换枪颈全部用完后,才有必要对机器人的焊接单元实施人工干预,给 ATS-Rotor 重新配备枪颈。由于是在机器人单元外更换枪颈上的备件和易损件,更换期间机器人可以继续生产,这意味着工厂设备的利用率能够得到提高。

2.3　传感器

人类自发明机器人以来,就以使其替代人力完成某种单一重复性的或者某些复杂多变的生产任务为目标。除依靠"肢体"和"大脑"外,工业机器人还需要先

图 1-26　焊接机器人枪颈更换装置 ATS-Rotor

进的传感装置来丰富自己的"知觉",以提升对自身状态和外部环境的"感知"能力,实现"感知-决策-行为-反馈"的闭环工作流程。综合当前科学技术发展水平和现场应用情况,工业机器人采用的传感器功能主要是模拟人体感觉器官所具有的视觉、听觉和触觉等。概括来讲,工业机器人传感器可以分为两类:一是内部传感器,指用于满足机器人末端执行器的运动要求及碰撞安全而安装在操作机(机器人本体)上的位置、速度、碰撞等传感器,如旋转编码器、力觉传感器、防碰撞传感器等;二是外部传感器,指第二代和第三代工业机器人系统中用于感知外部环境状态所采用的传感器,如视觉传感器、超声波传感器、接触(接近觉)传感器等。关于常见的工业机器人传感器的基本原理及应用场合见表1-6。

表 1-6　常见的工业机器人传感器

传感器类型		工作原理	应用场合	结构图示
内部传感器	旋转编码器	又称码盘,按照码盘的刻孔方式不同,可分为增量式和绝对式两类:增量式编码器是将角位移转换成周期性的电信号,再把这个电信号转变成计数脉冲,用脉冲的个数表示位移的大小;绝对式编码器的每一个位置对应一个确定的数字码,因此它的示值只与测量的起始和终止位置有关,而与测量的中间过程无关	主要用来测量机器人操作机各运动关节(轴)的角位置和角位移	
	力觉传感器	通过检测弹性体变形来间接测量所受力,目前已有的六维力觉传感器可实现全方向力信息的测量,一般安装于机器人的关节处	主要用来测量机器人自身与外部环境之间的相互作用力	
	防碰撞传感器	在机器人操作机或末端执行器发生碰撞时提前或同步检测到这一碰撞,防碰撞传感器发送一个信号给机器人控制器,机器人会立即停止动作或者改变动作避免碰撞发生	主要用来检测机器人操作机和末端执行器与工件、夹具及周边设备之间发生的碰撞,是一种机器人过载保护装置	
外部传感器	视觉传感器	利用光学元件和成像装置获取外部环境图像信息的仪器,是整个机器人视觉系统的信息的直接来源,通常用图像分辨率来描述视觉传感器的性能	主要的工业应用包括机器人引导(定位、纠偏、实时反馈)、物品检测(防错、计数、分类、表面伤缺检测)和测量(距离、角度、平面度、全跳动、表面轮廓等)	

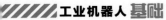
（续）

传感器类型		工作原理	应用场合	结构图示
外部传感器	超声波传感器	将超声波信号（振动频率高于20kHz的机械波）转换成其他能量信号（通常是电信号）的传感器。常用的超声波传感器主要由压电晶片组成，既可以发射超声波，也可以接收超声波。其主要性能指标包括工作频率、工作温度、灵敏度、指向性等	主要用于对金属的无损探伤和超声测厚，还可用于包装、制瓶、塑料加工等行业的液位监测、透明物体和材料探测、距离测量等	
	接触（接近）觉传感器	采用机械接触式或非接触式（光电式、光纤式、电容式、电磁感应式、红外式、微波式等）原理感知相距几毫米至几十厘米的对象物或障碍物的距离、相对倾角甚至表面性质的一种传感器	主要用来感知机器人与周围对象物或障碍物的接近程度，判断机器人是否会接触物体，避免碰撞，实现无冲击接近和抓取操作	

随着科学技术和计算机技术的进步，工业机器人的性能和智能化水平正在不断地提高，其应用领域从工业结构环境拓展至深海、空间和其他人类难以进入的非结构环境，这使得机器人的作业环境变得越来越复杂。为获得良好的环境感知能力，满足机器人完成复杂作业任务的需求，仅依靠单一传感器提供的信息已然"捉襟见肘"，装配机器人、焊接机器人及加工机器人等除采用传统的位置、速度、加速度等传感器外，还应用视觉、力觉、触觉等多传感器融合配置技术来进行环境建模和决策控制。对存在复杂非线性关系的多传感器信息进行数据融合逐步发展成为现代工业机器人环境感知系统研究领域的热点关键技术，目前在产品化系统中已有成熟应用。

2013年11月，全球工业应用机械手臂厂商精工爱普生公司展示了其研发的自主性双臂机器人原型机，如图1-27所示。自主性双臂机器人的研发初衷并非是要集成到一个系统中或是安插到一个工位上执行普通工业机器人的任务，而是希望它能像人类工人一样，独立执行装配和输送等简单任务，从而助力企业进一步扩大自动化生产线的作业范围。该款机器人具备视觉和力觉感应功能，就像人类拥有眼睛一样，可准确识别物品在三维空间中的位置及方向，也可模拟人类对机械手臂的臂力进行动态力度调节，安全无损地输送及装配物品。另外，每个机器人手臂都配置一款多功能末端执行器，可对不同形状、不同尺寸的物品实施抓取、固定和插拔操作。

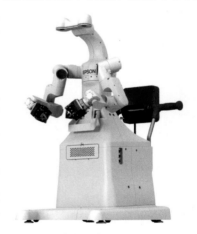

图1-27　爱普生自主性双臂机器人

2.4　周边设备

一般来讲，工业机器人系统是一套机电高度融合，与工艺及所生产产品强相关，定制化程度比较高的自动化集成产品。而工业机器人本质上是一个灵活、高效的执行机构，给它安装什么样的"手"（末端执行器），为它配置什么样的周边设备，让它循迹什么样的路径，它就可以完成什么样的任务。通过"机器人+"自动化集成技术，可以转换成各种机器人柔性加工系统，如机器人焊接系统、机器人打磨系统、机器人雕刻系统等，以适应当今多品种、小批量的混线生产模式。

　　集成外部操作盒、回转变位机、雕刻电动轴及雕刻软件包的机器人雕刻系统如图 1-28 所示，它适用于轻质材料的切削、磨削、钻孔加工，以及木材、尼龙、复合材料的产品造型等。集成了焊接电源、送丝装置、焊炬/枪、铝模板工装、焊接烟尘净化器、清枪剪丝装置等硬件以及焊接软件包的机器人焊接系统如图 1-29 所示，它适用于批量下料精度在 0.5mm

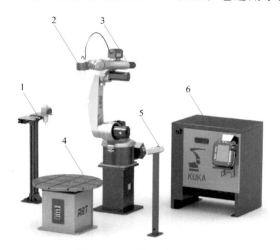

图 1-28　机器人雕刻系统

1—末端执行器支架　2—雕刻电动轴（末端执行器）　3—操作机　4—回转变位机（周边设备）

5—外部操作盒　6—控制器+示教盒

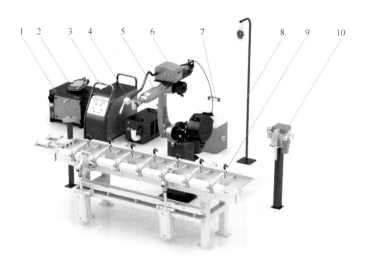

图 1-29　机器人焊接系统

1—外部操作盒　2—控制器+示教盒　3—焊接电源　4—焊炬/枪（末端执行器）　5—操作机

6—送丝装置　7—焊接烟尘净化器（周边设备）　8—平衡器（周边设备）

9—铝模板工装（周边设备）　10—清枪剪丝装置（周边设备）

左右的碳钢、不锈钢、铝合金等金属薄板材料的焊接。其中，铝膜板工装简单实用，各定位及压紧机构可调，且采用模块化快速装夹机构，能适应多规格工件，柔性化程度高，操作方便快捷。可见，机器人在制造领域的应用发展实则为标准设备融入非标准设备的过程，这需要解决机器人与工艺设备、工装夹具、物料传送装置等周边设备的集成与协同控制问题，并考虑系统的功能分布与任务并行等。

综上所述，一套简单的工业机器人系统主要是由机械、控制和传感三部分组成，分别负责机器人的动作、思维和感知。机械部分包括主体结构（执行机构）和驱动系统，通常所指为操作机，它是机器人完成作业动作的机械主体；控制部分包括控制器和示教盒，用以对驱动系统和执行部件发出指令信号，并进行控制；传感部分则主要实现机器人自身及外部环境状态的感知，为控制决策提供反馈。

第 3 节　工业机器人产业现状

近年来，以机器人科学为代表的智能产业蓬勃兴起，使得机器人产业正经历前所未有的快速发展阶段，在技术研发、本体制造、零部件生产、系统集成、应用推广、市场培育、人才建设、产融合作等方面取得了丰富成果，为制造业提质增效、换档升级提供了全新动能。机器人产业是一个集系统集成、先进制造和精密配套为一体的产业，目前仍存在核心关键技术有待提高、市场发展环境需进一步规范等问题，如何设计一套令人满意的工业机器人及自动化技术解决方案，仍需深入了解机器人产业体系和全球市场格局，以便帮助企业在转型升级中摆脱成本、市场、资源与环境等方面的压力。

3.1　全球市场格局

2013 年以来，工业机器人的市场规模正以年均超过 10% 的速度稳步增长。IFR 报告显示，2018 年中国、日本、韩国、美国和德国等国家的工业机器人销量总计约占全球销量的 3/4，这些国家对工业自动化改造升级的需求激活了工业机器人市场，也使全球工业机器人使用密度大幅提升。目前在全球制造业领域，工业机器人使用密度已经达到 99 台/万人，尤其工业发达国家的机器人使用密度超过 800 台/万人。自 2013 年起，中国持续蝉联全球第一大工业机器人应用市场，2018 年销量达到 15.4 万台（套），占全球市场份额近四成，机器人使用密度为 140 台/万人，虽已超过全球平均水平，但与发达国家仍有较大差距。

从工业机器人的制造与应用角度来看，整个工业机器人产业链主要由核心零部件生产、机器人本体制造、系统集成（含经销商、代理商、贸易商、工程商等）以及行业应用（终端客户）四大环节构成。机器人核心零部件生产企业处于产业链的上游，负责提供五大机器人关键零部件，包括高精密减速器（占工业机器人成本 30% 左右）、高性能机器人专用伺服电机及驱动器（占工业机器人成本 20% 左右）、高速高性能控制器（占工业机器人成本 10% 左右）、传感器和末端执行器。虽然国内工业机器人研发及产业化起步较晚（20 世纪 70 年代），但将突破机器人关键核心技术作为科技发展重要战略，目前国内厂商已攻克高精密减速器、高性能机器人专用伺服电动机及驱动器、高速高性能控制器等关键核心零部件领域的部分难题，核心零部件国产化的趋势逐渐显现。例如，陕西秦川机床生产的 RV 摆线针轮减速器，已形成 17 种规格 60 多种速比的产品系列，年产突破万台；深圳大族激光开发的谐波齿轮减速器已可实现客户定制化生产，并且精度与 Nebtesco 国际品牌相当；苏州绿的研制的谐波齿轮减速器完成 2 万小时的精度寿命测试，超过国际机器人精度寿命要求的 6000 小时。中游是机器人本体制造企业，负责设计本体、编写软件，采购或自制零部件，以组装方式生产本体（占工业机器人成本 20%~30%），然后通过经销商、代理商、贸易商等销售给系统集成商；下游是系统集成商，直接面向终端客户，国内企业主要集中在这个环节上。当然，有的工业机器人本体制造企业和代理商也会兼做系统集成商。表 1-7 列出了工业机器人产业链中比较有影响力的"隐性冠军"企业。

表 1-7　国内外工业机器人产业链"隐性冠军"企业

国家	产业链上游			产业链中游	产业链下游
	减速器	伺服电机及驱动器	控制器	本体制造	系统集成
国外	日本 Nabtesco、Sumitomo、Harmonic Drive 韩国 SEJIN 斯洛伐克 Spinea	日本 Fanuc、Yaskawa-Motoman、Panasonic、Mitsubishi、SANYO 德国 Lenze、Beckhoff、Bosch Rexroth、Siemens 奥地利 B&R	日本 Fanuc、Yaskawa-Motoman、Panasonic、Nachi 瑞士 ABB	日本 Fanuc、Yaskawa-Motoman、OTC、Panasonic、Kawasaki、Nachi 韩国 Hyundai 瑞士 ABB 德国 Reis 意大利 COMAU 美国 Adept	日本 Fanuc、Yaskawa-Motoman 瑞士 ABB 德国 Dürr、Reis、CLOOS、Dematic、Eisenmann 意大利 COMAU 奥地利 IGM 美国 Adept
国内	陕西秦川机床 苏州绿的 南通振康 浙江恒丰泰 上海机电 山东帅克 北京中技克美 深圳大族激光	沈阳新松 华中数控 广州数控 南京埃斯顿 深圳汇川技术 深圳英威腾 上海新时达	沈阳新松 华中数控 广州数控 南京埃斯顿 深圳汇川技术 深圳固高科技 深圳众为兴 上海新时达 KUKA	沈阳新松 哈尔滨博实 安徽埃夫特 南京埃斯顿 广州数控 常州快克 苏州铂电 华中数控 上海沃迪 上海新时达 广东伯朗特 KUKA	沈阳新松 哈尔滨博实 江苏天奇 安徽埃夫特 安徽巨一自动化 湖北华昌达 南京埃斯顿 广州数控 昆山华恒焊接 华中数控 上海海得控制 KUKA

纵观表 1-7 不难看出，日本和欧洲是全球工业机器人市场的两大主角，并且基本实现高精密减速器、高性能机器人专用伺服电动机及驱动器、高速高性能控制器、传感器和末端执行器五大核心零部件完全自主化。尤其是日本，自 20 世纪 60 年代末从美国引进机器人技术后，已发展成为机器人第一大生产国，拥有浓厚的机器人文化，其生产的工业机器人约占全球 60% 的市场份额，代表企业有 Fanuc、Yaskawa-Motoman、Panasonic、OTC、Kawasaki、Nachi 等；欧洲则占据全球工业机器人生产约 30% 的市场份额，代表企业有瑞士 ABB、德国 Reis、意大利 COMAU 等。

相比之下，自"中国制造 2025"强国战略实施以来，在一系列政策支持及市场需求的拉动下，国内机器人相关企业已达 7600 余家，遍布于全国六大集聚区，即京津冀、长三角、珠三角、东北、中部和西部地区。国内主要机器人产业集聚区域结合各自资源禀赋，在经济发展水平、工业基础、市场成熟度与人才环境等关键因素的推动影响下，形成错位发展的典型特征，具体见表 1-8。

　　长三角地区作为国内机器人产业发展的高地，形成了从上游的减速器制造、零部件控制系统到中游的本体制造再到下游的系统集成服务的相对完整的产业链条，技术储备及产品创新全国领先。珠三角地区依托区域内良好的应用市场基础，重点发展机器人系统集成业务，加速推动本地制造业转型升级。京津冀地区人才活跃程度、政策支撑力度与金融激励环境较好，以打造智能机器人创新平台为主要方向，人工智能等新兴技术对机器人产业的拉动作用突出。东北地区依然保持工业及特种机器人的优势发展地位，产业链条较为完备，凭借龙头企业和核心科研机构的研发优势掌握大量核心技术与知识产权。中部地区拥有一批国内知名的机器人特色企业，着重建设规模化生产示范基地，通过战略布局与政策扶持形成机器人产业集聚效应；西部地区重点引进海内外机器人龙头企业，借助其领先的生产经营模式与强大的产业吸附功能，带动本区域内众多中小机器人初创企业快速成长。同时也应注意到，当前我国机器人产业仍存在诸如围绕系统集成（产业下游）的价格竞争较为普遍，自主品牌发展面临性价比与资金供应的现实挑战，资本的收益性与风险性并存等问题，需要行业从业者与主管部门高度重视。

表 1-8　国内各区域机器人产业发展水平

区域	机器人产业发展特色
长三角地区	机器人产业园 22 家，产业链布局优势显著。工业基础较好，机器人制造集成与应用市场起步较早，形成以上海、昆山、无锡、常熟、徐州、南京为代表的产业集群。目前，长三角地区已经建立国内相对功能完善、系统健全的机器人产业生态体系，形成具有国际竞争力的研发高地，在产业链构建、市场需求、创新资源布局等方面均走在全国前列
珠三角地区	机器人产业园 11 家，产业发展效益全国领先。机器人产业具有较强的发展基础，以深圳、广州、佛山、东莞为代表的产业集群在创新力与影响力方面位于全国前列。珠三角地区制造业企业分布较为集中，电子制造、食品包装、陶瓷生产等劳动密集型产业汇集使该区域成为我国劳动力输入最为集中的地区之一，为"机器换人"提供了广阔的应用市场
京津冀地区	机器人产业园 9 家，区域协同助推产业智能化发展。在国家政策的大力引导扶持下，凭借突出的区位优势以及良好的制造业基础，北京、天津、河北机器人产业形成高速发展、错位竞争、优势互补的基本格局。京津冀协同发展战略实施以来，三地在机器人产业链、智力资源、创新平台、应用开发和政策环境等方面各自发挥技术优势与产业专长，北京重点布局智能机器人产业创新体系和生态环境，天津围绕机器人整机及配套零部件生产集群方面展开重点建设，河北在系统集成及特种机器人领域形成一批有影响力的特色企业，产业集聚发展态势显著
东北地区	机器人产业园 5 家，龙头企业发挥核心带动作用。作为我国最重要的老工业基地之一，具有良好的资源区位优势与制造业发展基础。近年来，各级政府纷纷将以机器人为代表的新兴高端制造业作为东北经济未来转型升级、提质增效发展的关键抓手，哈尔滨、沈阳、抚顺等地在机器人产业发展方面已积累一定基础和优势。一批国内知名机器人龙头企业及研究机构坐落于此，有效带动东北地区工业机器人产业发展壮大
中部地区	机器人产业园 11 家，依托后发优势打造产业集群。中部地区机器人产业发展时间虽晚于东部沿海地带与东北地区，但凭借地方政府有效的宏观战略布局和政策支持，积极推动包括机器人整机和关键零部件在内的产品研发、产业化应用、集成应用示范、公共服务平台建设等各项工作，并投入专项资金重点支持企业创新及产品推广，再加之部分区域较为坚实的制造业应用基础支撑，已逐步在芜湖、洛阳、武汉、长沙、湘潭等地形成产业集聚，建立起功能相对完善、结构日趋合理的机器人产业链条，逐渐发挥出机器人领域产业发展的后发优势

（续）

区域	机器人产业发展特色
西部地区	机器人产业园 10 家,正在特色发展的进程中探索与积累。主要在重庆、成都、西安等地布局建设机器人产业园区和典型企业,总体来说规模相对较小,集聚效应还在培育之中。西部地区发展机器人产业同样遵循先引进后自主研发的发展模式,计划通过培育本区域内机器人与智能制造企业,打造集研发、整机制造、系统集成、零部件配套和应用服务于一体的机器人及智能装备产业链。西部地区各地方政府通过积极出台一系列机器人产业发展规划与指导意见,以本体制造和系统集成为主要发展方向,加快机器人关键共性技术的研发与应用,组织实施一批机器人产业集群协同创新重大项目,重点扶持本地特色机器人企业成长,激发区域内机器人应用市场潜力

3.2　产业发展模式

　　自 1954 年世界上第一台工业机器人诞生以来,全球工业发达国家已建立起完善的工业机器人产业体系,核心技术与产品应用均处于领先地位,并形成了少数几家占据全球主导地位的工业机器人企业。最值得一提的就是被誉为世界工业机器人"四大家族"的瑞士 ABB、德国 KUKA（2017 年被我国美的集团收购）、日本 Fanuc 和日本 Yaskawa-Motoman。

　　1）**瑞士 ABB**。电气化时代的开拓者,涉足机器人领域,具备电气技术优势。ABB 的前身是瑞典的 ASEA 公司,ASEA 是瑞典电气设备领域的供应商。1961 年,ASEA 成立电子事业部,标志着该公司从一家强电设备制造商转型为一家电气、电子公司,强电、弱电得到平衡发展;1978 年,ASEA 研发成功并推出第一批工业机器人;1980 年,巴内维克出任 ASEA 执行董事兼 CEO,在他的带领下,公司注重向高技术拓展,在机器人和电子工业领域加大投入,尽管机器人开发成本高昂,甚至影响公司整体利润,但巴内维克坚定地看好机器人的发展空间;1988 年,ASEA 与瑞士 BBC 合并成立了 ABB,仍然重点发展机器人业务,进而造就了今天公司在机器人领域的强大地位。

　　2）**德国 KUKA**。从焊机系统提供商延伸到机器人领域。1905 年,KUKA 的业务从照明领域扩展到焊接设备领域;1956 年,KUKA 为冰箱和洗衣机的生产开发制造了第一台自动化焊接机,同时向大众汽车公司供应第一条多点焊接生产线;1971 年,KUKA 首次交付用于奔驰汽车生产的机器人焊接传输系统;1973 年,第一台 KUKA 机器人"Famulus"的问世使 KUKA 成功进入机器人生产领域,这是世界首台电动机驱动的六轴关节型机器人;1995 年,KUKA 公司分家为 KUKA 机器人公司和 KUKA 柔性系统制造有限公司,常说的 KUKA 即指 KUKA 机器人公司;现今,KUKA 专注于向工业生产过程提供先进的自动化解决方案。相对于均有"副业"的其他三大著名工业机器人企业,KUKA 是最专注于机器人业务的公司,2017 年被我国美的集团收购。

　　3）**日本 Fanuc**。优势在于数控机床和伺服电动机。1956 年,Fanuc 公司从富士通数控部门独立出来,起初它专注于机床加工控制系统的研发和生产;1959 年,Fanuc 成功研制出电液步进电动机;由于电液步进电动机的液压阀效率低,加上随动性能较差,1973 年,Fanuc 果断引进美国 Gette 公司的直流伺服电动机制造技术,提升伺服电动机和驱动系统的开发能力;基于伺服和数控基础,1974 年,Fanuc 研发的首台工业机器人问世,并于 1976 年投放市场,此后公司一直致力于机器人技术上的领先与创新,是世界上首家使用机器人来做机器人的公司,也是世界上首家提供集成视觉系统的机器人企业。2011 年,Fanuc 机器人全球装机量已超 25 万台，市场份额稳居第一。

4）**日本 Yaskawa-Motoman**。以伺服、变频器起家，奠定工业机器人制造基础。Yaskawa-Motoman 的代表产品是创造高附加值的机械及支持其信息化的机械控制器，实现节能和机械自动化的变频器及伺服电动机。自 1915 年公司创立以来，Yaskawa-Motoman 一如既往地推进电动力的应用和工业自动化事业的发展，并且以工业机器人、工业自动化等技术和产品为工业用户（尤其是装备制造用户）提供解决方案。1958 年，Yaskawa-Motoman 开发的 Minertia 电动机改写了电动机的历史，开拓了超高速、超精密的运动控制领域。1977 年，Yaskawa-Motoman 运用独创的运动控制技术开发出日本首台全电气式产业用机器人 "Motoman"。此后，Yaskawa-Motoman 相继开发了焊接、装配、涂装、搬运等各类自动化作业机器人。

根据以上工业发达国家工业机器人企业的发展经验可以看出，它们起初均是机器人产业链上下游的相关企业，以本体业务为核心，同时兼做集成业务，甚至核心零部件业务。此外也可以总结出，工业机器人产业发展可以划分为五个阶段：技术准备期、产业孕育期、产业形成期、产业发展期和智能化时期。美、日、欧工业机器人产业发展已经完成了前四个阶段并形成各自的产业模式，见表 1-9，美国的优势在系统集成，日本强调产业链分工，欧洲更为重视本体加集成的整体方案。而中国的机器人产业应走什么道路？如何建立自己的发展模式？确实值得探讨。中国工程院在《我国制造业焊接生产现状与发展战略研究总结报告》中认为，中国机器人产业还处于产业形成和发展期，应从 "美国模式" 着手，在条件成熟（真正突破机器人本体大规模国产化）后逐步向 "日本模式" 靠近。

表 1-9　工业发达国家工业机器人产业模式

国家	产 业 模 式
美国	集成应用，采购与成套设计相结合。美国国内基本上不生产普通的工业机器人，企业需要机器人时通常由工程公司进口，再自行设计、制造配套的外围设备，完成交钥匙工程
日本	产业链分工发展，分层面完成交钥匙工程。机器人制造厂商以开发新型机器人和批量生产优质产品为主要目标，并由其子公司或社会上的集成工程公司来设计制造各行业所需的机器人成套系统，并完成交钥匙工程
欧洲发达工业国家	一揽子交钥匙工程。机器人的生产和用户所需要的系统设计制造，全部由机器人制造厂商自己完成

3.3　产业政策环境

美国是工业机器人的诞生国，但受制于当时的技术发展成熟度、社会经济环境和国家产业政策等，其工业机器人本体产业发展缓慢，并在 20 世纪 80 年代被日本反超。早在 20 世纪 60 年代，美国的 Unimation 公司就生产出世界上第一台工业机器人 Unimate。从 20 世纪 70 年代开始，美国的经济形态发生重大转变，劳动密集型产业和低技术型产业陆续转移至日本、韩国、新加坡和一些其他东南亚国家，传统制造业在整个经济中日益萎缩。此外，机器人本体净利润较低，且价格下降较快，成为促使美国不重视工业机器人本体制造，而将更多精力投入到系统集成领域的主要原因。80 年代之后，面对日本在工业机器人产业的蓬勃发展势头，美国政府感到形势紧迫，制定并执行了一些相关政策，一方面鼓励工业界发展和应用工业机器人，另一方面制定计划增加工业机器人的研究经费，并将工业机器人视为美国 "再工业化" 的重要特征，这确保了美国机器人技术在国际上的领先地位。

　　日本素有"机器人王国"之称，工业机器人的发展令人瞩目。20世纪60年代末，日本正处于经济高速发展时期（年增长率达11%），加之第二次世界大战结束不久，国内劳动力出现严重不足。此时，美国研制成功的工业机器人无疑对日本工业发展有巨大的吸引力。1967年，日本 Kawasaki 公司从美国 Unimation 公司引进了机器人相关技术，并在国内建立起生产车间。此后，日本政府制定并实施了一系列扶植政策和法规，主要集中在改善国内市场需求状况和刺激生产等方面，尤其是政府对中、小企业的一系列经济优惠政策，如由政府银行提供优惠的低息资金，鼓励集资成立机器人长期租赁公司，政府出资购入机器人后长期租给用户，使用者每月只需付较低廉的租金，大大减轻了企业购入机器人所需的资金负担；政府把示教-再现型工业机器人作为特别折扣优惠产品，企业购买除享受新设备通常的40%折扣优惠外，还可再享受13%的价格补贴；国家出资对小企业进行应用机器人的专门知识和技术的指导等。在政府的各种扶植政策的刺激下，企业投资机器人的意愿强烈且持续，日本工业机器人产业迅速发展起来。到20世纪80年代中期，日本工业机器人的生产和出口已远超美国，位居世界首位。在日本机器人产业链中，机器人制造商与上游零部件供货商、下游客户间紧密联系，机器人产业链上下游相扶相依趋势显著，彼此的密切配合也加速了产业的创新。

　　分析美国、日本机器人产业的兴衰，给我们带来很多启示，世界工业发达国家纷纷将发展工业机器人上升为国家战略，如在导入案例中提及的德国"工业 4.0"、美国"先进制造"等。我国提出的"中国制造 2025"战略的核心是智能制造，而代表高附加值的工业机器人将是其实现的重要载体。为此，国家和地方各级政府不断推出各种政策，积极推动工业机器人产业的发展，具体见表 1-10。

表 1-10　国家推动工业机器人产业发展的政策列表

发布时间	发布部门	政策规划	主要内容
2015 年	国务院	《中国制造 2025》	战略任务和重点之一就是大力推动高档数控机床和机器人突破发展。围绕汽车、机械、电子、危险品制造、国防军工、化工、轻工等工业机器人、特种机器人，以及医疗健康、家庭服务、教育娱乐等服务机器人应用需求，积极研发新产品，促进机器人标准化、模块化发展，扩大市场应用。突破减速器、伺服电动机、控制器、传感器与驱动器等关键零部件及系统集成设计制造等技术瓶颈
2016 年	工业和信息化部 发展改革委 财政部	《机器人产业发展规划（2016—2020 年）》	"十三五"期间聚焦"两突破""三提升"，即实现机器人关键零部件和高端产品的重大突破，实现机器人质量可靠性、市场占有率和龙头企业竞争力的大幅提升。具体目标如下：自主品牌工业机器人年产量达到 10 万台，六轴及以上工业机器人年产量达到 5 万台以上；培育 3 家以上具有国际竞争力的龙头企业，打造 5 个以上机器人配套产业集群；工业机器人速度、载荷、精度、自重比等主要技术指标达到国外同类产品水平，平均无故障时间达到 8 万小时；机器人用精密减速器、伺服电动机及驱动器、控制器的性能、精度、可靠性达到国外同类产品水平，在六轴及以上工业机器人中实现批量应用，市场占有率达到 50% 以上；完成 30 个以上典型领域机器人综合应用解决方案，并形成相应的标准和规范，实现机器人在重点行业的规模化应用，机器人密度达到 150/万人以上

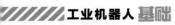

（续）

发布时间	发布部门	政策规划	主要内容
2016 年	工业和信息化部	《信息化和工业化融合发展规划（2016—2020）》	发展智能装备和产品，增强产业核心竞争力。做强智能制造关键技术装备，加快推动高档数控机床、工业机器人、增材制造装备、智能检测与装配装备、智能物流与仓储系统装备等关键技术、装备的工程应用和产业化
2016 年	工业和信息化部 财政部	《智能制造发展规划（2016—2020 年）》	提出了十个重点任务：一是加快智能制造装备发展；二是加强关键共性技术创新；三是建设智能制造标准体系；四是构筑工业互联网基础；五是加大智能制造试点示范推广力度；六是推动重点领域智能转型；七是促进中小企业智能化改造；八是培育智能制造生态体系；九是推进区域智能制造协同发展；十是打造智能制造人才队伍
2016 年	国务院	《"十三五"国家战略性新兴产业发展规划》	加快推动新一代信息技术与制造技术的深度融合，探索构建贯穿生产制造全过程和产品全生命周期，具有信息深度自感知、智慧优化自决策、精准控制自执行等特征的智能制造系统，推动具有自主知识产权的机器人自动化生产线、数字化车间、智能工厂建设，提供重点行业整体解决方案，推进传统制造业智能化改造；构建工业机器人产业体系，全面突破高精度减速器、高性能控制器、精密测量等关键技术与核心零部件，重点发展高精度、高可靠性中高端工业机器人
2016 年	工业和信息化部	《工业机器人行业规范条件》	工业机器人本体生产企业，年主营业务收入总额不少于 5000 万元，或年产量不低于 2000 台（套）；工业机器人集成应用企业，销售成套工业机器人及生产线年收入总额不低于 1 亿元
2017 年	工业和信息化部	《高端智能再制造行动计划（2018—2020 年）》	加强高端智能再制造关键技术创新与产业化应用，进一步突破航空发动机与燃气轮机、医疗影像设备关键件再制造技术，加强盾构机、重型机床、内燃机整机及关键件再制造技术推广应用，探索推进工业机器人、大型港口机械、计算机服务器等再制造
2017 年	工业和信息化部	《促进新一代人工智能产业发展三年行动计划（2018—2020 年）》	深化发展智能制造，提升高档数控机床与工业机器人的自检测、自校正、自适应、自组织能力和智能化水平。到 2020 年，具备人机协调、自然交互、自主学习功能的新一代工业机器人实现批量生产及应用
2018 年	工业和信息化部 国家标准化管理委员会	《国家智能制造标准体系建设指南（2018 年版）》	按照"共性先立、急用先行"的原则，制定识别与传感、控制系统、工业机器人等智能装备标准，主要用于规定工业机器人的系统集成、人机协同等通用要求，确保工业机器人系统集成的规范性、协同作业的安全性、通信接口的通用性

整体而言，我国机器人产业链的发展已较为完善，区域发展各具特色，依托当地的产业园区、产业小镇等已产生新一轮产业集聚，业务布局加快延伸，资本促进作用明显。但机器人产业发展存在的问题依然明显，如研发能力不足、销量及利润率普遍不高等。展望国内机器人产业的发展趋势，一是系统集成是目前主流，核心零部件是成本瓶颈；二是有较强技术能力的集成公司会先于机器人制造企业发展；三是在一段时间内工业机器人市场还是以国外主流产品为主；四是能攻克高精密减速器、高性能机器人专用伺服电动机及驱动器、高速高性能控制器等核心零部件生产技术的国内公司有望实现进口替代。

【本章小结】

工业机器人是能模仿人体上下肢功能（主要是动作功能）、有独立的控制系统、可以改变工作用途和重复编程的自动操作装置。从世界上第一台工业机器人的诞生至今不足百年，伴随着工业生产的需要及相关技术的进步，工业机器人已经发展到第三代——从可编程的示教-再现型工业机器人，到有一定环境自适应能力的传感型机器人，再到目前正在研究的智能型人机协作机器人。

工业机器人可以按照技术等级、坐标型式、安装方式、驱动方式、应用领域和作业环境等进行分类。从零部件的功能来看，工业机器人主要由机械、控制和传感三部分组成。操作机是工业机器人机械系统的主体，一般由众多活动的、相互连接在一起的关节（轴）组成，机器人各个关节（轴）的运动可以通过伺服电动机有针对性的调控来实现，而伺服电动机受控于机器人控制器，并通过减速器与操作机的各部件相连。同时，为提升机器人对自身状态及外部环境状态的感知能力，可安装关节位置、力（力矩）、视觉、触觉等传感器，给机器人控制器提供决策反馈，满足机器人产业的实际应用需求。

工业机器人主要供应商集中在欧洲、日本，瑞士 ABB、我国 KUKA、日本 Fanuc 及 Yaskawa-Motoman 四家占据了全球工业机器人 50% 以上的市场份额。国内工业机器人产业难点在于机器人成本与可靠性问题、机器人单体规模化生产和关键核心零部件的突破，系统集成是目前主流。

【思考练习】

1. 填空

如图 1-30 所示为某企业购置的一套单体垂直关节型焊接机器人工作站，可实现碳钢和不锈钢的自动化焊接生产。请结合图示系统完成以下填空。

（1）图示工业机器人选用的是 KUKA 机器人公司的产品。出于机器人型号多样性、可靠性和性价比等方面考虑，企业拟更换机器人品牌，选择其他工业机器人公司的产品。工业机器人业界所指的"四大家族"，除 KUKA 外，还包括_____、_____和_____。

（2）图示工业机器人是目前在工业生产和自动化领域使用成熟的第一代示教-再现型工业机器人，操作员可通过_____进行机器人手动操纵、程序编写、参数配置及状态监控等。

（3）为避免机器人本体及末端执行器在实际操作或自动运行过程中与工件、夹具、工作台等发生碰撞时损坏，可在工业机器人最后一个关节（轴）与末端执行器之间安装_____。

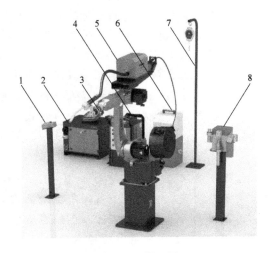

图1-30　题1图

1—外部操作盒　2—控制器+示教盒　3—操作机+末端执行器　4—焊接电源　5—送丝装置　6—焊接烟尘净化器
7—平衡器　8—清枪剪丝装置

2. 选择

（1）如图1-31所示为丹麦Universal Robots（优傲机器人）研发的人机协作式工业机器人，其机器人本体属于_____，可实现手臂回转、手臂仰俯、手臂伸缩、手腕旋转、手腕弯曲和手腕扭转等动作。机器人末端安装有_____末端执行器，可完成多种类型零部件、半成品和成品的抓取输送作业。

①垂直关节型；②平面关节型；③并联式；④搬运类；⑤加工类；⑥测量类

能正确填空的选项是（　　）。

A.①④　　　　　　B.②⑤　　　　　　C.③⑥　　　　　　D.②④

图1-31　题2（1）图

（2）如图1-32所示是奥地利IGM机器人公司推出的双工位机器人自动化焊接系统，主要用在大型结构件的焊接制造场合。图示工业机器人采用的安装方式是_____。

能正确填空的选项是（　　）。

A. 落地式   B. 地装行走轴式

C. 天吊行走轴式（龙门式）   D. 轮式

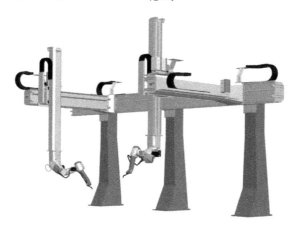

图 1-32 题 2（2）图

3. 判断

2015 年，瑞典 Hexagon Metrology AB（海克斯康）推出了适用于汽车制造车间现场的新一代自动化测量系统——360° SIMS（Smart Inline Measurement Solutions）智能在线测量解决方案，如图 1-33 所示，可实现车身、零部件的全曲面和关键特征检测，其创新点在于固定式光学传感器、光学拍照式传感器与工业机器人的有机整合，将智能、自动化与在线测量推到一个新的高度。看图并做出以下判断。

图 1-33 题 3 图

（1）图示汽车车身的智能在线机器人测量系统主要由机械、控制和传感三部分组成，控制器负责轨迹生成、伺服控制、数据融合以及提供各种智能控制方法等，它通过各种控制板卡硬件和控制应用软件的组合来操控机器人运动。 （　　）

（2）对于生产中大量使用的工业机器人而言，机器人各个关节（轴）的运动可以通过驱动系统（包括动力装置和传动机构）进行有针对性的调控，并且机器人驱动系统已由液压驱动、气压驱动向全电力驱动发展。 （　　）

（3）为满足汽车车身全曲面和关键特征的测量需求，图示工业机器人采用了地装行走轴的方式，且机器人末端所安装的视觉传感器主要用于机器人自身状态的检测。　　　（　　　）

【知识拓展】

机器人既是先进制造业的关键支撑装备，也是改善人类生活方式的重要切入点。相比在工业领域使用率较高的工业机器人，服务机器人则是机器人家族中的一个年轻成员。国际机器人联合会（IFR）对服务机器人的初步定义是，服务机器人是一种半自主或全自主工作的机器人，它能够为人类健康或设备良好状态提供有帮助的服务，但不包含工业性操作。服务机器人通常但并不总是可移动的。某些情况下，服务机器人会包含一个可移动平台，上面安装有一条或数条"手臂"，其操控模式与工业机器人相同。IFR将服务机器人按照用途分为专业服务机器人和个人（家庭）服务机器人两类。伴随智慧生活、现代服务和特殊作业对机器人的需求，服务机器人发展迅速，目前，全球至少有48个国家在发展机器人，其中半数以上国家涉足服务机器人开发。以外科手术机器人、反恐防爆机器人为代表的专业服务机器人形成了较大产业规模，空间探测机器人、抢险救援机器人、军用机器人和农业机器人等特种作业机器人实现了应用，家政服务、教育娱乐、助老助残、康复训练等领域也已研制出一系列具有代表性的个人（家庭）服务机器人。

1. 专业服务机器人

面对公共安全、救灾救援、科学考察、医疗手术等领域的迫切需求，我国和美国、日本、欧洲的科技强国纷纷将发展水下作业机器人、空间探测机器人、抢险救援机器人、反恐防爆机器人、军用机器人、农业机器人、医疗机器人及其他特殊用途机器人摆在本国科技发展的重要战略地位，相关的研究机构或机器人公司已取得了重要突破。

抢险救援机器人可满足自然灾害、火灾、核事故、危险品爆炸等突发情况对灾情侦察和快速处理的需求，在高温高压、有毒有害等特殊环境下，可完成人员搜索、灾情探测定位、定点抛投、排障、灭火和救援等任务。目前，由江苏八达重工机械股份有限公司生产的世界最大双臂轮履复合智能型抢险救援机器人"BDJY38SLL"已经投入使用如图1-34a所示，其整机重37.8t，臂长11.7m，单臂负载4~8t，具备生命探测、图像传输、故障自诊断等功能，机器人不仅可以轮履复合切换行驶，还可以油、电双动力切换驱动双臂，双手在坍塌废墟中实现无死角剪切、破碎、切割、扩张、抓取等10项遥控协调作业，做到"进得去、稳得住、拿得起、分得开"，最大效率地抢救人民生命财产。

反恐防爆机器人一般为轮式或履带式，体积不大，转向灵活，这样便于在狭窄空间作业，操作人员可以在几百米外通过线缆或WiFi控制机器人动作，某型反恐防爆机器人如图1-34b所示。此类机器人一般装有用来对爆炸物进行观察的多台高清摄像机、用来将爆炸物的引信或雷管拆卸下来的一个多自由度机械臂，此外还装有猎枪，利用激光指示器瞄准后，可将爆炸物的定时装置及引爆装置击毁；有的机器人还装有高压水枪，可以切割爆炸物。

水下机器人，也称无人水下潜水器（UUV），是一种可在水下移动、具有视觉和感知系统、通过遥控或自主操作方式、使用机械臂或其他工具代替或辅助潜水员去完成水下工程、救助打捞、管线调查及海洋科考等任务的装置。按照与水面支持系统间联系方式的不同，UUV可分为两种。一是有缆水下机器人，或者称为遥控水下机器人（ROV），需要通过电缆从母船接受动力和人工远程操作干预，电缆对ROV像脐带对胎儿一样至关重要，但大大限

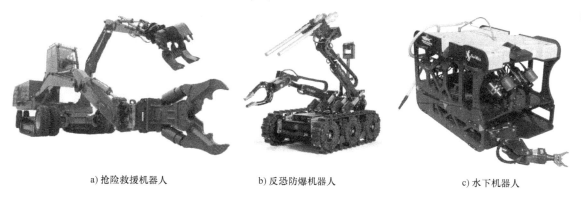

a) 抢险救援机器人　　　　　　　　b) 反恐防爆机器人　　　　　　　　c) 水下机器人

d) 仿生机器人　　　　　　　　　e) 外科手术机器人

图 1-34　专业服务机器人

制了机器人的活动范围和工作效率。加拿大 Shark Marine 公司研发的 "Sea-Wolf 3" 多用途轻型水下机器人如图 1-34c 所示，就是 ROV 的代表性产品，系统搭配有 2 个高清（或标清）摄像头和 1 个静态相机，控制台采用 21.5 英寸触摸显示屏，可以同时显示来自 2 个摄像头上的视频图像，并提供自动深度探测、自动航向引导、路径跟踪、目标跟踪和位置保持等功能。二是无缆水下机器人，或者称为自治水下机器人（AUV），其自身拥有动力能源和智能控制系统，能够依靠自身的控制系统进行决策与控制，完成人类赋予的工作使命。例如，由法国 ECA Robotics 公司研发的大型多功能工作级 AUV "Alister 18"，其长 3.5～4.6m，质量 290～440kg，额定工作深度 600m，系统可搭载侧扫声呐、相干声呐、避碰声呐、合成孔径声呐、多波束测深仪、声学照相机、高清摄像机等多种传感器和设备，正常航速（3 节）下的续航时间达 24h，比较适合海底信息收集、快速环境评估、海洋测绘、海洋调查等远距离、大深度工作，但需要专用作业船支持。

仿生机器人是模仿生物结构及其运动方式的一种机器人，现已逐渐在反恐防爆、太空探索、抢险救灾等不适合由人来承担任务的环境中凸显出良好的应用前景。仿生机器人按照其工作环境可分为三种：一是陆面仿生机器人，如日本的 "ASIMO"、美国的 "ATLAS" 和 "Petman" 仿人机器人，美国的 "Bigdog" 和 "Cheetah" 仿生多足移动机器人，日本的 "ACM-R5"、美国的卡耐基梅隆仿生蛇形机器人以及德国的 "BionicKangaroo" 袋鼠仿生跳跃机器人等。二是空中仿生机器人，如美国的纳米 "蜂鸟" 和机器 "苍蝇"、德国的仿生海鸥"Smartbird"和仿生蜻蜓"BionicOpter"，如图1-34d所示，仿生蜻蜓的两对扑动翅膀与身体连接处可以旋转，它依靠翅膀拍动的振幅、频率及角度改变身体的姿态，可实现与蜻蜓相同的前飞、急转弯、悬停等几乎所有动作；三是水下仿生机器人，如美国的仿生金枪鱼"Robotuna"和新加坡的仿生蝠鲼"RoMan-Ⅱ"等。

外科手术机器人一般由外科医生控制台、床旁机械臂系统和成像系统三部分组成，利用机器人做手术时，外科医生只需坐在手术室的控制台前，观测和操纵装配有摄像机和其他外科工具的机械臂确认手术位置，实施切断、止血及缝合等动作，医生的双手并不碰触患者，该技术可让医生在地球的一端对另一端的患者实施手术。如图1-34e所示是美国Intuitive Surgical、IBM和Heartport公司及麻省理工学院联手开发的达芬奇手术机器人，代表了当今世界外科手术机器人的最高水平，截至2014年12月31日，全球范围共安装了3266台达芬奇手术机器人系统，其中美国2223台，欧洲549台，亚洲350台，其他地区144台。

2. 个人（家庭）服务机器人

在家政服务、助老助残、健康护理、康复训练、教育娱乐等领域，个人（家庭）服务机器人的需求不断扩大，扫地机器人、安保机器人、智能假肢与外骨骼机器人、陪护与康复训练机器人、教育娱乐机器人、公共服务机器人等逐渐走进人们的生活。

作为未来智能家居的标配，扫地机器人能凭借一定的人工智能，采用刷扫或真空吸尘的方式，自动将地面杂物吸纳进入自身的垃圾收纳盒，从而完成清洁房间的任务。扫地机器人的机身为无线机器，以圆盘型为主，如图1-35a所示，前方配置有感应器，可侦测障碍物，如碰到墙壁或其他障碍物，会自行转弯。通过遥控器或机身上的操作面板可以预约打扫，并规划清扫区域。美国iRobot公司的扫地机器人"Roomba"代表着这一类型产品的未来，国内科沃斯公司被誉为中国的"iRobot"，其"地宝"扫地机器人的价格约为"Roomba"的一半，上市后迅速占领了国内市场。

在家用安保巡检机器人方面，美国WowWee机器人公司开发的"ROVIO"移动巡航摄像机器人如图1-35b所示，可通过内置摄像机实时查看家中是否漏水、着火、煤气泄漏等，并与家庭用户进行视频、音频互动。同时，消费者可利用个人电脑和智能手机等设备对机器人进行远程遥控。日本Tmsuk机器人公司与Alacom安保公司合作开发的"T34"机器人配备有探测装置，可根据人体温度和声音侦察周围情况，并将相应图像实时显示在用户的手机屏幕上。一旦发现可疑入侵人员，它可在用户的遥控指挥下，朝可疑人员喷撒一张蜘蛛网式的套网。

在个人辅助机器人方面，传统的轮椅、助行和代步工具正被智能轮椅（智能轮椅式机器人）、智能助行器（智能助行机器人）所代替。日本Cyberdyne公司研发的机器人"Robot Suit HAL"是一款用户可全身穿戴的外骨骼机器人，如图1-35c所示，手臂外骨骼可以帮助佩戴者抬起100kg的重物，下肢外骨骼用于帮助腿部无力的佩戴者提供腿部助力，站立、步行、攀爬、抓握、举重物等日常生活动作几乎都可以借助它来完成。此款机器人最吸引人的地方是意念控制，它具有能按照佩戴者的意志而动作的随意制御功能，同时还具有机械性的自律制御功能，与人的脑神经和筋骨系统形成一个整体结构，并作为人体的一部分发挥相应的功能。此外，由Lockheed Martin公司开发的面向战场需求的外骨骼机器人"HULC"能够辅助士兵抱起重达90kg的负载并以16km/h的速度突击。Independence Technology公司开发的"iBOT4000"能够实现跨越台阶、上下楼梯等功能。

a) 扫地机器人

b) 安保巡检机器人

c) 外骨骼机器人

d) 健康护理机器人

e) 娱乐机器人

f) 餐饮机器人

图 1-35　个人（家庭）服务机器人

　　针对老人、高位截瘫患者和其他伤病人员的护理需求，在无人看护的情况下，如图 1-35d 所示的健康护理机器人具有智能感知识别、自主移动等能力，通过与被护理者进行交流，辅助完成取药、送水、翻书、摆放座椅等工作，并提供多样性的护理服务。例如，"ROBEAR" 是日本 RIKEN 和 Sumitomo Riko 公司设计的一款熊型护理机器人，高 150cm，体重约 140kg，能够将病人从床上"抱"到轮椅上，还可为病人的站立和行走提供支撑；国内哈尔滨工程大学研发的"护士助手"护理机器人利用预先存储的医院建筑物地图，可以自由地在医院中行动，既不需要有线制导，也不需要事先计划路线，一旦编好程序，它随时可以完成为病人送饭，运送医疗器材、设备、病历、报表、信件、药品、试验样品及试验结果等任务。

　　教育娱乐机器人如图 1-35e 所示，是由生产厂商专门开发的以科普观赏、激发学习兴趣、培养综合能力为目标的机器人成品、套装或散件。从市场现状来看，教育娱乐机器人产品的应用情境分为两类。一是针对家庭幼教的儿童玩具机器人和教育伙伴机器人，前者以日本 Sony 公司的"AIBO"、日本 Vstone 公司的"Robovie"、日本 Kyosho 公司的"Manoi"、日本 ZMP 公司的"Nuvo"等小型玩具机器人为代表，购买者能够在一定平台下操纵这些玩具机器人行走、奔跑、打斗、跳舞或做体操等。日本 NEC 公司的"PaPeRo"是教育伙伴机器人的代表，它能够说出大约 3000 个日常生活所用的单词和 650 个短语、辨识主人的面孔，还能够在交流中配合使用身体语言及手势。二是针对公共教育、娱乐、竞赛定制的教学机器人、舞蹈机器人、足球机器人等套装，其多学科交叉融合的特性为培养能力强、素质高、复

合型的工程人才提供了一个良好的平台，此类产品国外有乐高机器人、RB5X、IntelliBrain-Bot 等，国内有能力风暴机器人、广州中鸣机器人、Sunny618 机器人、通用 ROBOT 教学机器人等。

公共服务机器人如图 1-35e 所示，其范围最为广泛，只要能够为公众或公用设备提供服务的机器人都属于此范畴，一般具备自主行走、人机交互、讲解、导引等功能。例如，在展览会场、办公大楼、旅游景点为客人提供信息咨询服务的迎宾机器人，在政府机关、博物馆、旅馆进行接待的接待机器人，在旅游景点、展览馆进行导游导览的导游机器人，在商场、房地产销售大厅负责导购的导购机器人，以及在酒店、餐厅进行点餐送餐的餐饮机器人等。"旺宝"是我国科沃斯商用机器人有限公司研发的一款公共服务机器人，它具有先进的人工智能技术，能够呈现丰富多变的表情，提供新奇的机器人交流服务体验，实现不同于人工服务的吸引、服务顾客的营销效果，也能辅助人工进行咨询、分流及导购等工作。

 【参考文献】

[1] 计时鸣，黄希欢. 工业机器人技术的发展与应用综述 [J]. 机电工程，2015，32（01）：1-13.

[2] 孟明辉，周传德，陈礼彬，等. 工业机器人的研发及应用综述 [J]. 上海交通大学学报，2016，50（S1）：98-101.

[3] 吴向阳，戴先中，孟正大. 分布式机器人控制器体系结构的研究 [J]. 东南大学学报（自然科学版），2003，33（S1）：200-204.

[4] 王天然，曲道奎. 工业机器人控制系统的开放体系结构 [J]. 机器人，2002，24（03）：256-261.

[5] 夏飞虎. 基于以太网和 WinCE 的工业机器人示教器系统研究与设计 [D]. 济南：山东大学，2016.

[6] 王田苗，陶永，陈阳. 服务机器人技术研究现状与发展趋势 [J]. 中国科学：信息科学，2012，42（09）：1049-1066.

[7] 宋章军. 服务机器人的研究现状与发展趋势 [J]. 集成技术，2012，1（03）：1-9.

[8] 王国彪，陈殿生，陈科位，等. 仿生机器人研究现状与发展趋势 [J]. 机械工程学报，2015，51（13）：27-44.

[9] 徐玉如，李彭超. 水下机器人发展趋势 [J]. 自然杂志，2011，33（03）：125-132.

[10] 黄荣怀，刘德建，徐晶晶，等. 教育机器人的发展现状与趋势 [J]. 现代教育技术，2017，27（01）：13-20.

[11] 高远. 娱乐教育机器人市场统计 [J]. 机器人技术与应用，2008，（05）：41-43.

第2章

Chapter

管窥工业机器人应用的冰山一角

自 20 世纪诞生之日起，凭借其善于以标准化流程大批量制造标准产品的优势，工业机器人一直充当着产业变革的急先锋和承担者的角色。"机器人大军"的参与，提高了生产效率、改善了产品质量、降低了人力成本、提升了安全水平，从而助力了企业、行业、产业的智能化转型升级。

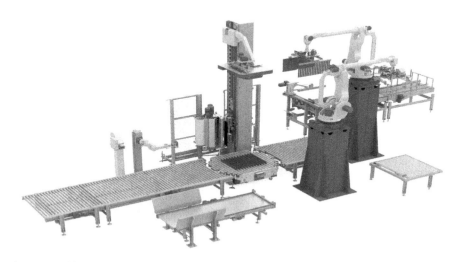

1940 年，美国作家 I. Asimov 提出了"机器人学"（Robotics）这一概念，同时为保护人类，他提出了"机器人三原则"。

2008 年 6 月，日本 Fanuc 机器人公司全球机器人销量突破 20 万台，成为全球工业机器人的龙头；2014 年 9 月，日本 Yaskawa-Motoman 机器人公司累计出货工业机器人数量达 30 万台；截至 2015 年 11 月底，Fanuc 机器人的全球装机量已达到 40 万台。

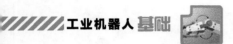

1973 年，日本 Hitachi 公司推出首台利用动态视觉传感器辅助进行物体搬运的工业机器人，能够识别模具上的螺栓位置，并跟随模具同步移动完成拧螺栓任务。

1978 年，德国 REIS 公司开发出首台具有独立控制系统的 6 轴机器人 RE15，用于进行压铸金属件的装卸。

1998 年，瑞士 Güdel 公司开发出 "RoboLoop" 系统，这是当时世界上唯一的应用工业机器人的弧形轨道龙门吊传输系统。RoboLoop 概念是使一个或多个搬运机器人能够在一个封闭的系统内沿着弧形轨道循环操作，从而为工厂自动化创造可能。

2006 年，德国 Neobotix 公司推出移动式搬运机器人 MM-500，拥有可快速变化的 7 轴机械手臂，特别适用于轻型零件的装载、运输、存储等全过程自动化生产。

2007 年，德国 KUKA 机器人公司研制出世界上最大、力量最强的 6 轴工业机器人 KR 1000 titan，具有 1000kg 的承载能力及 3200mm 的工作半径，并载入吉尼斯世界纪录。

2011 年，日本 Fanuc 机器人公司推出新款机器人 R-1000iA，在配置 2D、3D 视觉功能后，可在大范围区域定位工件和补偿工件位置、角度的变化，非常适用于汽车零部件、中小型金属制品等的焊接、搬运。

2015 年，日本 Hitachi 公司推出 Dual-Arm 移动式搬运机器人，集自动导引车（AGV）、双手臂机器人、传感系统于一体，可实现仓储物流的柔性化、智能化搬运。

机器人术语

工业机器人系统（Industrial Robot System） 由（多）工业机器人、（多）末端执行器和为使机器人完成其任务所需的某些机械、设备、装置、外部辅助轴或传感器构成的系统。

工业机器人单元（Industrial Robot Cell） 包含相关机器、设备、安全防护空间和保护装置的一个或多个机器人系统。

工业机器人生产线（Industrial Robot Line） 由在单独的或相连的安全防护空间内执行相同或不同功能的多个机器人单元和相关设备构成。

位姿（Pose） 空间位置和姿态的合称。操作机的位姿通常指末端执行器或机械接口的位置和姿态。

路径（Path） 一组有序的位姿。

轨迹（Trajectory） 基于时间的路径。

自由度（Degree of Freedom） 用以确定物体在空间中独立运动的变量（最大数为 6）。

额定负载（Rated Load） 正常操作条件下作用于机械接口或移动平台且不会使机器人性能降低的最大负载，包括末端执行器、附件、工件的惯性作用力。

工作空间（Working Space） 手腕参考点所能掠过的空间，是由手腕各关节平移或旋转的区域附加于该手腕参考点的。工作空间小于操作机所有活动部件所能掠过的空间。

位姿准确度（Pose Accuracy） 从同一方向趋近指令位姿时，指令位姿和实到位姿均值间的差值。

位姿重复性（Pose Repeatability） 从同一方向重复趋近同一指令位姿时，实到位姿间的不一致程度。

路径准确度（Path Accuracy） 指令路径和实到路径均值间的差值。

路径重复性（Path Repeatability）　对同一指令路径，多次实到路径间的不一致程度。

末端执行器连接装置（End Effector Coupling Device）　位于手腕末端的法兰或轴，以及把末端执行器固定在手腕端部的锁紧装置及附件。

末端执行器自动更换系统（Automatic End Effector Exchange System）　位于机械接口和末端执行器之间的能自动更换末端执行器的装置。

任务程序（Task Program）　为定义机器人或机器人系统特定的任务所编制的运动和辅助功能的指令集。

任务编程（Task Programming）　编制任务程序的行为。

示教编程（Teach Programming）　通过手动引导机器人末端执行器，或手动引导一个机械模拟装置，或用示教盒来移动机器人逐步通过期望位置的方式实现编程。

离线编程（Off-line Programming）　在与机器人分离的装置上编制任务程序后再输入到机器人中的编程方法。

操作员（Operator）　指定从事机器人或机器人系统启动、监控和停止等预期操作的人员。

编程员（Programmer）　指定进行任务程序编制的人员。

试运行（Commissioning）　安装后，设定、检查机器人系统并验证机器人功能的过程。

 【导入案例】

工业机器人"出手"助力汽车制造业智能升级

汽车产业是我国国民经济重要的支柱产业，具有产业链长、关联度高、就业面广、消费拉动力强的特点，在国民经济和社会发展中发挥着重要作用。当前全球汽车产业已进入相对成熟期，市场微增长成为"新常态"。在"新常态"下，汽车制造商间的品牌竞争进一步深化和具体化，各品牌在产品质量、成本控制、核心技术方面将火力全开，以争夺增长缓慢的市场份额。

随着以电动汽车、氢燃料电池汽车为代表的新能源汽车的出现，汽车产业的产品形态和生产方式正在发生深刻变革，新的市场需求和商业模式加速涌现，产业格局和生态体系大幅调整，汽车制造商亟须"智造"升级。工业机器人是企业建设自动化生产线、数字化车间和智能工厂的基础核心装备之一，是企业通向"工业 4.0"道路上的一块重要基石。在北京宝沃、一汽大众、广汽新能源等生产车间里，随处可见一群工业机器人"舞动身姿"工作生产（图 2-1），助力企业在产品标准化、生产效率提升及人力成本控制方面夺取制高点，实现多车型混流式柔性智能生产。

不过，在汽车智能制造技术方面，世界工业发达国家，尤其是欧美工业发达国家和日本占据着主导地位。我国虽然在各个环节都有企业从事相关技术开发和产品制造，但仍有待加强，尤其是面向工厂的自动化硬件产品，尚不能为汽车制造企业提供完整的支撑。高质量发展是我国汽车产业提升竞争力的根本。如何兴利除弊，加快推进我国制造业转型升级，尽快从"中国制造"转变为"中国智造"，已经成为摆在我们面前最重要的任务。

图 2-1　汽车车身自动化焊装生产线

——资料来源：测控网，http：//www.ck365.cn/

【案例点评】

当前工业机器人正处在由"机器"向"人"进化的关键期，人的形体、人的智慧、人的灵巧性正被赋能给机器人。一旦智能性、易用性、安全性和交互性等方面的技术取得突破，智能化的"机器人大军"将向我们走来。届时，实际生产中太脏、太累、太危险、太精细、太粗重、太无聊等人类干不了或干不好的工作，都将成为机器人大显身手的舞台，同时机器人也将进入人类生活的多个领域而不仅限于制造业。

【知识讲解】

第1节　发展工业机器人的目的

通过上一章的介绍，我们对工业机器人的内涵、类型、系统以及产业等有了基本的认知，下面可以思考两个问题：为什么要大力发展工业机器人？企业投资工业机器人能取得何种回报？下面从宏观（社会和经济）、微观（企业）两个维度予以说明。

从社会角度看，当前人类社会发展面临许多问题，如人口红利消失、环保政策重压与低成本制造追求的矛盾；人才链、创新链与产业链、价值链的供需矛盾；极端环境下的科学探索、资源开采、救援维修与人的有限生存能力矛盾等，无一不需要机器人替代人"上天入海"，完成人不愿干、干不了、干不好的工作。

从经济角度看，制造业是国民经济的重要组成部分，是立国之本、兴国之器、强国之基。打造具有国际竞争力的制造业，是提升综合国力、保障国家安全、建设世界强国的必由之路。近年来，发达国家纷纷实施"再工业化"和"制造业回归"战略，如德国的"工业4.0"、美国的"工业互联网"等，无不尝试通过发展工业机器人与智能制造新兴产业重塑制造业，以期重获先进制造活动的话语权和主动权。与世界发达经济体相比，中国制造业仍未走出"大而不强"的困局，在自主创新能力、资源利用效率、产业结构水平、信息化程度、质量效益等方面差距明显，将工业机器人与智能制造作为中国制造向中国创造、中国速度向中国质量、中国产品向中国品牌转变的主攻方向，成为我国制造业转型升级和跨越发展的战略选择。

　　站在企业角度看，企业是市场经济活动的主要参与者，是构成国民经济躯体的一个个细胞，其生产经营活动是以盈利为目的的，而投资生产或投资引进工业机器人就可以帮助企业直接或间接地实现这一目的。为此，瑞士 ABB 机器人公司就曾总结出投资机器人的十大理由如图 2-2 所示，包括：①降低运营成本；②提升产品质量与一致性；③改善员工的工作环境；④扩大产能；⑤减少原料浪费，提高成品率；⑥增强生产柔性；⑦满足安全法规，改善生产安全条件；⑧降低投资成本，提高生产效率；⑨减少人员流动，缓解招工压力；⑩节约生产空间。无疑，导入案例提及的汽车制造商选择以机器人为代表的"数字劳动力"替代人力进行生产，是企业实现提质增效、降本减存的有效途径。

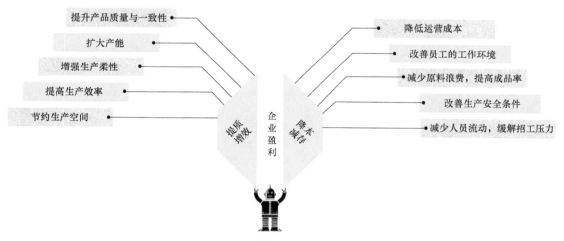

图 2-2　企业投资工业机器人的目的

　　简而言之，在不违背"机器人三原则"⊖的前提下，发展工业机器人是让机器人协助或替代人类做不愿干、干不了、干不好的工作，把人从劳动强度大、工作环境差、危险系数高的工作中解放出来，助力生产自动化、数字化、网络化和智能化，实现以企业盈利为宗旨的提质增效和降本减存。

第 2 节　工业机器人的应用现状

　　理解了企业投资工业机器人的目的何在，我们应进一步了解工业机器人的行业应用情况，结合不同领域的特点和现状，剖析工业机器人技术及其产业应用。在新科技革命和产业变革的推动下，全球制造业自动化及智能化改造升级激发了工业机器人技术的快速发展和市

　　⊖　"机器人三原则"是由美国科幻与科普作家艾萨克·阿西莫夫（Isaac Asimov）于 1940 年提出的机器人伦理纲领：一是机器人不得伤害人类，也不得见人类受到伤害而袖手旁观；二是机器人应服从人类的一切命令，但不得违反第一原则；三是机器人应保护自身的安全，但不得违反第一、第二原则。

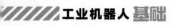

场规模的持续扩大。国际机器人联盟（IFR）统计数据显示，2013 年以来，全球工业机器人的市场规模年均增速近 10%，而我国工业机器人的市场规模年均增速更是近 20%，如图 2-3 所示。2018 年全球制造业平均每万名产业工人拥有工业机器人的数量达 99 台（套），工业机器人的应用从点（个别汽车制造企业）向线（汽车制造行业）发展，并已延伸至面（除汽车制造业外的一般工业）。所服务的行业遍及汽车、电子、家具、医药、食品、烟草制品、金属制品、橡胶和塑料制品等国民经济的 37 个行业大类和 107 个行业中类。

纵观工业机器人六十余载的"开疆拓土"，随着其易用性、稳定性以及智能水平的不断提升，工业机器人的应用正由搬运（上下料）、码垛（拆垛）、分拣等操作型任务向装配、焊接、涂装等加工型任务拓展。根据中国机器人产业联盟（CRIA）的统计数据，全球每卖出 5 台工业机器人，其中 3 台工业机器人便应用于汽车生产制造，所以不妨聚焦汽车制造业，一睹工业机器人"钢铁大侠"的风采。

汽车制造业曾经被誉为制造业的"皇冠"，工业机器人则被誉为"制造业皇冠上的明珠"。工业机器人善于以标准化流程制造标准产品，因此在汽车整车及其零部件制造中得到广泛应用，全球平均每万名汽车产业工人拥有工业机器人的数量达近千台。在现代化冲压车间里，位于自动冲压生产线线首的两台多功能工业机器人可以"同步调"地完成金属板料的自动拆垛，并将其依次送入清洗、涂油工序，随后各冲压工序间的搬运机器人便会通过简单的拾取和摆放动作，将板料从前一台压力机输送到后一台压力机，保障汽车覆盖件生产的高效、安全和高品质，如图 2-4 所示。在焊装车间，成百上千的冲压件经车身下部总成焊装、车身骨架总成焊装以及白车身总成焊装等工序后，初步形成一辆车的主体结构。一般来

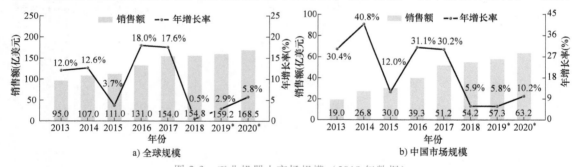

a) 全球规模　　　　　　　　　　b) 中国市场规模

图 2-3　工业机器人市场规模（2018 年数据）

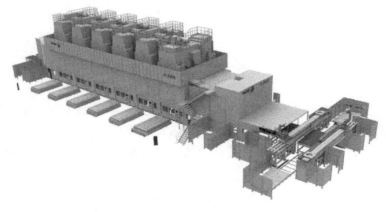

图 2-4　汽车覆盖件自动冲压生产线的机器人拆垛（上下料）

讲，汽车制造商焊装车间的自动化率可达
90%以上，车身部件的抓取、定位、焊接等
作业均由工业机器人完成，如图 2-1 所示，
且目前已有制造商采用机器人智能在线监
测系统实时监测各部件的焊装质量是否达
到"严丝合缝"的要求。在涂装车间，通
过与自动开关盖（门）机器人的密切配合，
喷涂机器人能够自动完成车身内外的油漆
喷涂，如图 2-5 所示，此时的汽车车身不再
以"素颜"示人，而是披上光鲜亮丽的
"外衣"，开始拥有属于自己的个性。在总

图 2-5 自动开关盖机器人与喷涂机器人配合
的汽车车身喷漆

装车间，如图 2-6 所示一辆辆 AGV（自动导引车）会背驮着属于自己的"宝贝铁疙瘩"，先
后见证车身与底盘结合的"婚礼"仪式、车门与车身的"快速配对"以及经过重重考验最
终"修成正果"的一辆辆崭新的轿车驶下生产线。

图 2-6 汽车总装车间

可见，工业机器人在汽车整车制造流程型企业的应用，基本实现企业生产的自动化。然
而，因其具有"高科技"的朦胧面纱，工业机器人经常出现在"替代人类"的话题里，让
人不禁有所忌惮。殊不知，在生产线可能连续 24 小时忙碌的工业机器人，却经常被抱怨
"太笨了""一根筋""不知变通""头脑简单四肢发达"……，诚然传统工业机器人只能在
固定的环境下，依赖精确的重复定位能力从事重复性的工作，而不能适应动态复杂的环境，
或者跟人类合作完成一项工作。

但随着物联网、大数据、云计算和人工智能等新一代信息技术与制造业的日益深度
融合，全球制造业格局正面临重大调整，全球首个全流程无人仓（图 2-7）、世界最大全
自动化无人码头（图 2-8）、全球首个轮胎行业"工业 4.0"工厂……，工业机器人愈加
显著地表现出网络化、智能化的发展趋势，机器人龙头企业纷纷落子工业互联网。例如，
KUKA 基于云技术建立了 KUKA Connect 平台，ABB 推出 ABB Ability 工业云平台，Fanuc
研发了 FIELD（Fanuc Intelligent Edge Link & Drive，图 2-9）工业互联网平台，它们都强调
"人、机器和 IT 协同"，能实时采集机器人工作状态和运行数据，根据数量、品种、交货
期等指标的变更，灵活调整生产节奏，削减企业总成本，以达到推动精益生产和提高企
业价值的效果。

图 2-7　全流程无人仓

图 2-8　全自动化无人码头

图 2-9　Fanuc 工业互联网平台 FIELD

第 3 节　工业机器人的系统集成

如上所述，作为实现自动化、智能化、绿色化生产的重要工具，工业机器人被广泛用于汽车、电子、家具和仓储等行业，从事搬运、码垛、分拣、装配、焊接、涂装、抛光等工作，逐步形成"机器人+实体产业"的新业态、新模式。从上一章可以了解到，工业机器人系统集成项目是一类机电高度融合，与所生产产品及制造工艺强相关，定制化程度比较高的自动化项目。此类非标（非标准化的）机器人系统集成项目一般具有如下特点。

1）多样性和不确定性。完成同样的任务，有多种不同的系统实现方法，不同的企业考虑的侧重点不同，需求存在较大的差异。有的企业看重设备的主要性能，能接受设备价格适当偏高，而有的企业比较重视价格，在基本满足使用性能的基础上希望能省则省。

2）设备创新性。工业机器人系统集成产品不是从市场上直接买到就完全满足企业需求的设备，系统集成商需要全新开发，有一个从无到有的创新过程。

3）功能定制化。与标准设备和其他标准件不同，工业机器人系统集成项目基本是先有需求，后有产品，系统集成商需要根据企业要求提供个性化产品和服务。

4）开发周期短。工业机器人系统集成项目往往是用户产能爬坡、遇到瓶颈时提出的设备改造需求，一旦提出需求，给出的交货期通常较短。

5）价格差异大。不同的方案价格差异较大，如采用不同的零配件将会影响工业机器人系统集成项目的成本。

6）风险系数高。相较于标准设备项目，工业机器人系统集成项目的开发风险较高，取决于系统集成商的技术实力和对需求的评估。评估越充分，风险越小，反之风险越大。

为让企业认同所提供的行业应用解决方案，工业机器人系统集成商通常要进行机器人应用的二次开发和配套周边设备的集成设计，其工作流程主要包括项目咨询、方案设计（本章侧重点）、设计制造、样机试验、现场安装和调试生产，如图 2-10 所示。

项目咨询
根据客户提供的产品图纸，充分掌握产品形状、材质、尺寸、精度要求、产量节拍等信息，并到车间现场实地考察、核实，论证项目可行性。

调试生产
包括现场编程、模拟运行、路径优化、故障率考核、陪产、客户终验收、售后服务等。

方案设计
包括机器人选型、机器人末端执行器设计、夹具设计、总控制系统设计和布局仿真等。

现场安装
包括设备就位、布管布线等。

设计制造
包括项目设计、制造、组装和安装调试等。

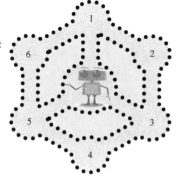

样机试验
包括试生产、企业预验收和出库发货等。

图 2-10　工业机器人系统集成项目的工作流程

3.1　项目咨询

全面、细致、深入了解企业需求是工业机器人系统集成项目展开的第一步，其重要性不言而喻。企业的需求是非标系统设计的依据和目标，也是系统交付后的验收标准，可将其分为显性需求和隐形需求。显性需求既包含设备主要功能参数，也包含其他附属功能或辅助功能要求，以及客户的个性化要求，这些需求是最重要的，应尽可能数据化，不能数据化的也应描述清楚。隐形需求是企业没有明确提出但根据设备通用规范或行业规范必须满足的要求，包括噪声、安全、防静电、防尘防爆、使用材料、外观形状和颜色、人因工程等。对于显性需求，系统集成商需要与企业沟通需求的合理性；而对于隐形需求，则需要对相关行业的制造规范和标准有一定的了解，提前与企业沟通，明确是否需要。然后根据企业提供的产品图纸，充分掌握产品形状、材质、尺寸、精度要求、产能或订单预期等资料信息，并到工厂车间现场实地考察，进一步了解、交流、核实具体情况，论证项目的可行性及可操作性，减少和避免项目的开发风险。

3.2　方案设计

系统集成项目的方案设计，是项目实施的前提，也是项目成败与否的关键所在。在充分了解和掌握企业需求的情况下，工业机器人系统集成商可以提出机器人系统集成的设计方案或改造方案，该步骤包括工业机器人、工艺设备及周边设备的选型，以及末端执行器、工装夹具、总控制系统的设计等。

3.2.1　工业机器人选型

据不完全统计，工业机器人"四大家族"各自生产销售的机型就多达上百种。如何在琳琅满目的机器人中选择一款适用的机型？又如何合理评价某一型号机器人产品的优劣？这需要对工业机器人的主要性能指标有深入了解。目前已有一些国家标准对工业机器人的性能指标做出了规定，如 GB/T 14283—2008 规定了点焊机器人的 14 项性能指标，GB/T 20723—2006 规定了弧焊机器人的 20 项性能指标，GB/T 20722—2006 规定了激光加工机器人的 25 项性能指标等。在不同的应用领域，工业机器人的技术性能和参数不尽相同，但关键性能指标均包括：轴数、额定负载、工作空间、位姿准确度及重复性、最大单轴（路径）速度。

（1）轴数　轴数是对工业机器人动作灵活性的度量。一般来讲，轴数越多，工业机器人的动作越灵活，相应的机械结构和运动控制也会更加复杂，所以轴的数量选择应视机器人应用而定。如果只是进行一些简单的搬运和移载工作，那么 3 轴直角坐标机器人或 4 轴关节型机器人就足以胜任；当需要机器人在一个狭小的空间内工作，且需要机械臂来回扭曲反转时，6 轴垂直关节型机器人或许是不二选择，其中的一种如图 2-11a 所示；而针对汽车焊装生产线的高密度摆放需求，同时避免机器人动作干涉问题，此时合理的选择是 7 轴垂直关节型机器人，其中的一种如图 2-11b 所示。此外，一些工业机器人是在通用型号基础上的定制和改进，例如，日本 Fanuc 的 R-1000iA/120F-7B 是在 6 轴关节型机器人上追加一根 J2 手臂可调节的轴，即使被安装在贴近工件的位置也可保持较大的动作范围，利于实现生产线的紧凑化，如图 2-12 所示。需要注意的是，垂直关节型工业机器人本体的各关节轴通常仅有一个自由度，即机器人的自由度等于它的轴数，但不超过六自由度。事实上，轴数多一点并不只为灵活性。如果后期想调整工业机器人的应用，可能会需要更多的轴，可以说是"'轴'到用时方恨少"。

a) 6轴工业机器人R-1000iA/80F　　　　b) 7轴工业机器人R-1000iA/120F-7B

图 2-11　六自由度垂直多关节机器人

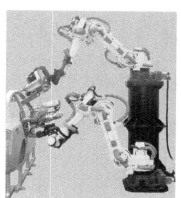
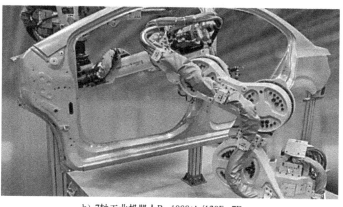

a) 6轴工业机器人R-1000*i*A/80F　　　　b) 7轴工业机器人R-1000*i*A/120F-7B

图 2-12　汽车车身的机器人柔性点焊作业

（2）额定负载　额定负载是指在正常操作条件下作用于工业机器人手腕端部机械接口，且不会使工业机器人性能降低的最大负载，包括工件、末端执行器及其连接装置（图 2-13a）在内的惯性作用力。机器人选型应以额定负载为基本参考，并增加 10%~20% 的可扩展余量作为额定负载的估算数据。目前全球销售的关节型工业机器人的额定负载一般为 0.5~2300kg，能生产额定负载超过 500kg 的重型机器人的制造商寥寥无几，仅"四大家族"具备生产能力。需要注意的是，工业机器人能承载的附加于额定负载上的负载（附加负载），并不直接作用在工业机器人手腕端部的机械接口处，而作用在工业机器人本体的其他部分，一般是在手臂上。如图 2-13b 所示是将弧焊工艺设备（送丝装置）安装在 J3 手臂上的 ARC Mate 100*i*D，这会影响机器人手腕的负载能力，此时系统集成商或企业用户应参考类似表 2-1 的参数表核实手腕各关节处所允许负载的转矩和转动惯量。如果超出允许量，工业机器人作业过程中很可能由于超载而发生报警。

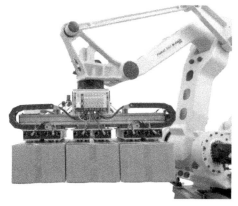

a) M-410*i*C/185　　　　　　　　　b) ARC Mate 100*i*D

图 2-13　工业机器人的负载核算

（3）工作空间　工作空间是对机器人运动范围或动作可达性的度量，它是指机器人手腕参考点[⊖]所能掠过的空间，不包括末端执行器和工件运动时所掠过的空间，一般用图形表

⊖　手腕参考点，也称手腕中心点、手腕原点，手腕中两根最内侧副关节轴（即最靠近主关节轴的两根）的交点；若无此交点，可在手腕最内侧副关节轴上指定一点。

示。工作空间的大小取决于机器人本体型式及机械杆件的几何参数，但小于机器人本体所有活动部件所能掠过的空间，如图2-14~图2-16所示。显而易见，垂直关节型机器人能以最小的连杆参数获取最大的工作空间，这也是此构型工业机器人在制造业得到广泛应用的主要原因。目前，"四大家族"生产的垂直关节型机器人的最大水平动作范围为3500~4700mm，最大垂直动作范围为4200~6500mm。此外，机器人制造商也会根据产品应用领域的不同为同型号的机器人提供不同的动作范围。

表2-1 工业机器人的负载参数（以Fanuc机器人为例）

型　　号	M-410*i*C/185		（手腕）额定负载		185kg
J2手臂附加负载	550kg		J3手臂附加负载		30kg
手腕允许负载转动惯量	88kg·m²				
型　　号	ARC Mate 100*i*D		（手腕）额定负载		12kg
手腕允许负载转矩	J4-axis	22.0N·m	手腕允许负载转动惯量	J4-axis	0.65kg·m²
	J5-axis	22.0N·m		J5-axis	0.65kg·m²
	J6-axis	9.8N·m		J6-axis	0.17kg·m²

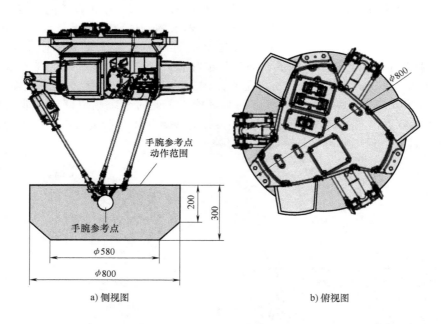

a) 侧视图　　　　　　　　b) 俯视图

图2-14 并联式工业机器人的动作范围（M-2*i*A/3S）

（4）位姿准确度及重复性 由于实际应用中的工业机器人绝大多数是基于模型控制的，数字模型与物理实体不可避免地存在误差，这将造成机器人控制器用来运算的数字模型与机器人实体位姿（空间位置和姿态的合称）的差异度。因此，除度量工业机器人动作的范围和灵活性外，其动作的精度亦在评价范畴，包括位姿准确度、位姿重复性、路径准确度和路径重复性等。位姿准确度是指从同一方向趋近指令位姿时，指令位姿和实到位姿均值间的差值；位姿重复性指的是从同一方向重复趋近同一指令位姿时，多次实到位姿的不一致程度；

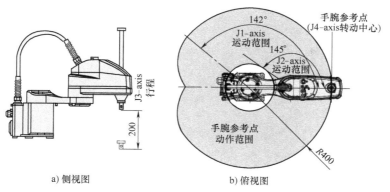

a) 侧视图　　　　　　　　b) 俯视图

图 2-15　平面关节型工业机器人的动作范围（SR-3*i*A）

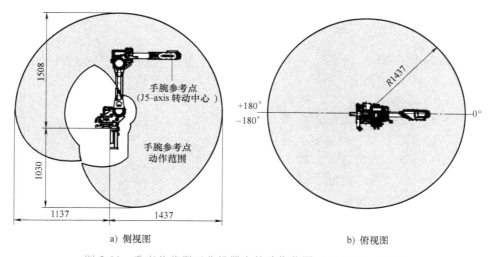

a) 侧视图　　　　　　　　b) 俯视图

图 2-16　垂直关节型工业机器人的动作范围（ARC Mate 0*i*B）

路径准确度指的是指令路径和实到路径均值间的差值；路径重复性指的是对于同一指令路径，多次实到路径间的不一致程度。工业机器人运动控制用到的模型主要有两类，运动学模型和动力学模型，其动作精度误差亦来源于此，如图 2-17 所示。例如，受限于机床加工精度及加工成本，机械部件在设计时一般都会留有公差，可能会导致在装配过程中关节理论轴线与实际轴线不一致，相邻连杆之间的相对位置与设计存在偏差等。上述运动学及动力学误差耦合的结果是，工业机器人具有位姿准确度较低、位姿重复性较高的精度特点，两者一般相差 1~2 个数量级，所以机器人制造商在产品主要技术性能和参数中基本仅提供位姿重复性，通常用"±"表示。从目前的技术水平看，关节型工业机器人的位姿重复性介于

⊖　机器人运动学描述和研究的是机器人末端和各个关节位置的几何关系。运动学正解是已知一机械杆系关节的各坐标值，求该杆系内两个部件坐标系间的数学关系；而运动学逆解则是已知一机械杆系两个部件坐标系间的关系，求该杆系关节各坐标值的数学关系。

⊖　机器人动力学描述和研究的是机器人关节位置和驱动力矩之间的力学关系。动力学正解是已知一机械杆系关节的各驱动力矩，求该杆系相应的运动参数，包括关节位移、速度和加速度；而动力学逆解则是已知一机械杆系运动轨迹点的关节位移、速度和加速度，求该杆系关节的各驱动力矩。

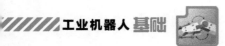

±0.01～±0.5mm 之间。此参数的选择取决于应用场景，弧焊机器人、激光焊接（切割）机器人的位姿重复性（±0.02～±0.08mm）高于点焊机器人的位姿重复性（±0.1～±0.3mm）和搬运机器人的位姿重复性（±0.2～±0.5mm）。

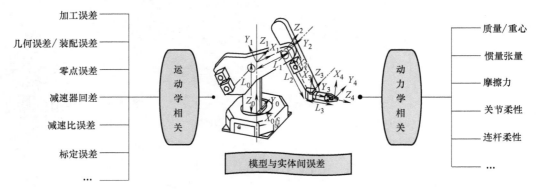

图 2-17　工业机器人模型与实体间误差

（5）最大单轴（路径）速度　单关节（单轴）速度是单个关节（轴）运动时指定点所产生的速度，通常用°/s表示；路径（合成）速度是在各轴联动的情况下，工具中心点⊖沿路径每单位时间内位置的变化，通常用 mm/s、cm/min 表示。工业机器人的运行速度是影响生产效率或企业产能的重要指标，机器人制造商提供的产品性能参数表基本都会列出最大单关节（单轴）速度。只是速度对于不同的客户，要求也不一样，这取决于完成任务所需的循环时间。以机器人焊接作业为例，弧焊作业要求的速度较低（单丝焊工艺为50cm/min 左右，双丝焊工艺为 100cm/min 左右），而垂直关节型工业机器人工具中心点的最大路径（合成）速度可达 2000mm/s 以上，此时机器人的最大运行速度仅影响机器人末端焊炬（枪）的初始定位、空行程和结束返回时间；而针对轻工业物料的高速搬运（移载）场合，平面关节型工业机器人和并联式工业机器人工具中心点的最大线速度是垂直关节型工业机器人的 3～5 倍，如 Fanuc 的 M-1*i*A 机器人可以做到每分钟200～300 个标准循环（25mm→200mm→25mm→25mm→200mm→25mm），如图 2-18 所示。

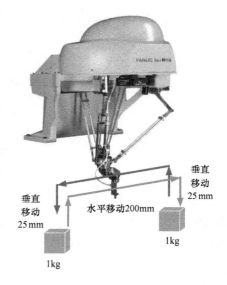

图 2-18　并联式工业机器人的标准循环

在选择工业机器人的型号时，应根据企业的要求以及企业对机器人品牌的熟悉程度，再综合上述工业机器人的关键性能指标进行筛选，以便选择一款性价比合理的机器人产品。同时，除关注工业机器人的"肢体"性能，还应注意机器人"大脑"的"智力"和"容量"，以及"互联互通"能力等。

⊖　工具中心点（TCP）是关节型工业机器人的定位和定向基准点，也是机器人的执行点或控制点，出厂默认位于机器人手腕末端机械接口（法兰）的中心。

3.2.2　工艺设备选型

工业机器人系统集成是一个非常大的领域，面对全球庞大的制造业的转型升级浪潮，在每个细分工业行业或领域内，都需要相应的机器人系统集成商进行升级改造。工业机器人作为核心执行设备，给它配置何种工艺设备，它就可以完成相应的工艺流程，如搭配弧焊电源、送丝装置、焊炬（枪）等，如图 2-19 所示，机器人就能完成弧焊作业。关于工艺设备的选型，若是系统改造项目，系统集成商需要确认现有工艺设备是否为数字化设备，又是否预留与机器人通信的外围接口，以及适合哪些机器人品牌等；而如果是新建项目，则需要对细分领域的现阶段制造工艺有深入了解，既不要在落后的工艺基础上实施自动化改造，也不要在不具备数字化、网络化基础时实施智能化改造。目前不少的机器人项目因为前期工艺不成熟，又急急忙忙上自动化项目，结果往往不尽如人意。"没有金刚钻，别揽瓷器活"工业机器人集成的核心在工艺，工艺的核

图 2-19　机器人焊接工艺设备

心在设备，所以工艺设备的选型至关重要。立足设备的功能要求而不包揽制造工艺，或许是机器人系统集成商的明智选择。

3.2.3　机器人末端执行器设计

正如第 1 章所述，工业机器人末端执行器分为工具型末端执行器和夹持型末端执行器两种。对于工具型末端执行器而言，机器人系统集成商只需根据工艺设备的选型配置情况，酌情选择适合机器人用的自动作业工具（标准件），并查阅机器人机构说明书的机械接口说明，设计作业工具与机器人手腕末端法兰连接的附属配件，如焊枪（炬）支架，如图 2-20 所示；对于夹持型末端执行器而言，目前市面上不乏 SCHUNK、ATI、SMC、ROBOTIQ 等机器人末端执行器"隐形冠军"制造商，但其产品价格比较高昂，也无法适合所有的抓持对象，所以机器人系统集成商一般是针对特定的任务进行设计，以完成特定对象的抓持。如图 2-21 所示，企业客户需要实现圆形物料的上下料任务，机器人系统集成商专门设计出一款性价比较高的两指气动抓握型手爪。该手爪主要由气缸（标准件）、手指（定制件）和转接板（定制件）构成。在整个设计过程中，转接板上定位孔的设计需同时考虑机器人法兰盘和气缸已有的定位孔尺寸，手指的设计需同时考虑抓持对象和气缸尺寸。同时，为扩大机器人集成系统对产

图 2-20　工具型末端执行器
附属连接配件

品对象或制造工艺变化的适应性，机器人系统集成商可以采用末端执行器快速更换装置，如图 2-22 所示。

55

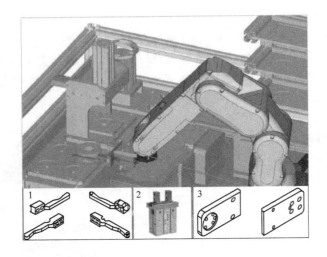

图 2-21　两指气动抓握型末端执行器设计
1—手指　2—气缸　3—转接板

3.2.4　辅助功能设备选型

　　企业购买和配置工业机器人等自动化设备的目标是提质增效,力争实现连续生产,物料的输送、工件的协调变位和末端执行器的维护等过程要素需要引起重视。例如,焊接飞溅是机器人弧焊作业难以避免的现象,容易造成焊枪(炬)喷嘴堵塞,影响气体保护效果和焊接接头质量,所以弧焊机器人系统一般配置焊枪(炬)清理装置,如图 2-23

图 2-22　机器人末端执行器快速更换装置

所示,通过程序控制自动实现定期清渣、喷油、剪丝等动作。此外,输送机作为批量自动化生产的基础设备,如图 2-24a 所示,能够按照规定路线以连续或间歇的方式运送散状或成件的物品(料),配合产品制造工艺流程,形成流畅连贯的流水作业运输线。依据使用环境及输送对象的不同,带式、螺旋、滚筒、链条等类型输送机的选型设计与应用会有较大的差别。

　　针对复杂曲面类零件、异形件及(超)大型结构件的制造加工,仅靠机器人本体的自由度和工作空间,难以保证机器人动作的灵活性和可达性。此时,机器人系统集成商可以通过增添附加轴(包含基座轴和工装轴)的方法提高系统集成方案的实用性。基座轴是将机器人本体安装在某一移动平台(如线性滑轨)上,形成混联移动式机器人,通过

图 2-23　机器人焊接辅助功能设备

外部增添的 1~3 个运动轴来实现类似人腿部的功能，拓展机器人的工作空间，实现机器人在（多）工位或（多）设备间来回穿梭作业。工装轴主要是指工件定位器，又称变位机，包括单轴、双轴、三轴及复合型变位机，如图 2-24b 所示，它能将待加工工件移动或转动至合适的位置，辅助机器人在执行任务过程中保持良好的末端执行器姿态，确保产品质量的稳定性和一致性。

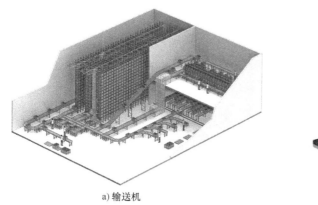
a) 输送机

b) 变位机

图 2-24　物料输送机和工件定位器

3.2.5　产品工装夹具设计

受当前科技水平的限制，工业机器人的应用侧重于结构化的生产环境，即作业对象在被夹持或与工业机器人发生交互作用前，应保证其按照一定的次序和（或）精度摆放，这需要辅助一定的工装夹具做支撑，如图 2-25 所示。需要强调的是，与上述机器人夹持器比较而言，两者的功能定位有所不同。机器人夹持器是安装于机器人手臂末端直接作用于工作对象的装置，具有夹持、运输、放置工件到某一个空间位置的功能；而工装夹具，顾名思义，则是在生产过程中用来装夹、紧固工件的装置，其目的在于保持工业机器人、末端执行器、工件具有确定的相对位置，利于机器人在一定的精度范围内重复再现动作。当然出于工业机器人在生产应用中高效与优质并重的特性，工装夹具的设计应遵循高效、通用、经济、模块化、可组合的基本原则，方能达到系统集成的预期目标。

3.2.6　总控制系统设计

在完成了工业机器人、工艺设备、辅助功能设备和工装夹具等的选型或设计后，机器人系统集成商需要完成它们的功能集成与协调控制，即设计控制系统的硬件架构与工作流程。在硬件架构方面，小型柔性制造系统（FMS）和柔性制造单元（FMC）由于设备互联节点较少，基本采用 I/O 点对点方式实现可编程逻辑控制器（PLC）与机器人控制器（RC），以及 PLC 与周边设备的主从控制通信。如图 2-26 所

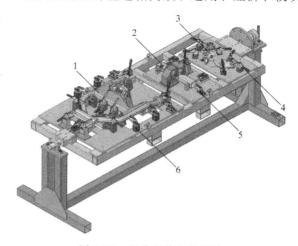

图 2-25　产品工装夹具设计
1~3—产品零部件　4~6—定位夹具

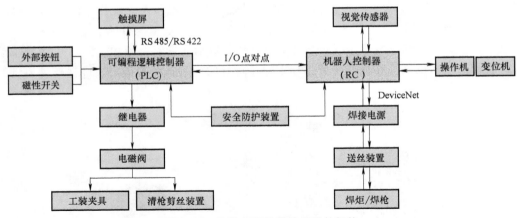

图 2-26　机器人弧焊系统的硬件架构

示为某一汽车零部件生产用的机器人弧焊系统的硬件架构，主控制器（PLC）用于工装夹具、安全防护装置、辅助功能设备、人机交互设备（触摸屏）等设备的生产过程控制，从控制器（RC）负责机器人本体、变位机、末端执行器等设备的运动控制以及与外部传感器的通信。两控制器之间通过 I/O 点对点方式传递过程状态信息。同时，RC 和焊接电源实时互传焊接电流、电弧电压、送丝（抽丝）状态、保护气体通断等数字信息。通过 DeviceNet（一种现场总线通信）替代传统的 4~20mA 模拟信号和普通开关量信号的传输，利于生产现场的数字式串行多点通信。随着物联网技术的飞速发展，柔性制造线（FML）和柔性制造工厂（FMF）可以借助高速率、低时延、广连接、高可靠性的 5G 无线通信实现"人、机、物"的万物泛在互联和人机深度交互。

纵观在物流、加工、装配、检测等工业领域中的应用，工业机器人系统工作模式无外乎以下两种：一是机器人抓持工件而工艺设备固定的模式；二是机器人持握工具而工件固定的模式。前面提到的机器人弧焊系统宜采用第二种工作模式，其工作流程如图 2-27 所示。一个工作循环的具体描述如下。

（1）**系统开始**　启动机器人焊接系统，可以人工按下启动按钮，也可由上位机远程控制机器人焊接系统开始工作。

（2）**工件就位**　工件进入机器人的工作空间内，可以人工将工件放置到机器人工作空间内的固定的上下料工作台上，亦可由自动化输送线将工件运送至机器人的工作空间内。

（3）**就位完毕判断**　为保障系统安全，需利用传感系统自动判断待焊工件是否已到达机器人的工作空间内。

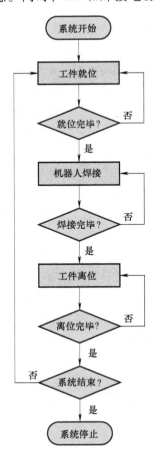

图 2-27　机器人弧焊系统的工作流程

如果判断工件已准确到达预定位置，机器人开始工作；否则，机器人等待。

（4）**机器人焊接**　工件就位后，机器人开始动作并控制焊接设备实现工件的焊接。

（5）**焊接完毕判断**　为保障系统安全，需根据程序运行状态以及报警信息判断待焊工件是否已完成焊接作业，如果判断为已完成，工件准备离位；否则，说明此焊接周期还没有完成，机器人继续工作。

（6）**工件离位**　工件焊接完毕后，离开机器人的工作空间，可以人工取走工件，亦可通过自动化装置将工件运走。

（7）**离位完毕判断**　为保障系统安全，需利用传感系统自动判断待焊工件是否已经离开机器人的工作空间。如果判断为离位完毕，则为开始下一个焊接周期进行系统结束判断；否则，说明此焊接周期还没有完成，机器人等待。

（8）**系统结束判断**　对于批量工件的焊接作业，需要判断是否进行下一个工件的焊接，如需要，则系统不能结束，判断为否，机器人进入下一个焊接周期；否则，系统停止工作。

3.2.7　生产布局与运动仿真

完成以上六步，机器人系统集成商需要进行系统、单元或生产线的生产布局与运动仿真，其主要目的在于：①在有限的空间下，依据产品制造工艺流程，合理规划设备布局及安装方式，检验机器人动作的可达性，以及机器人与工艺设备、周边设备的干涉情况，如图 2-28～图 2-30 所示；②评估设计方案的产能和经济性；③录制方案动画，便于与企业客

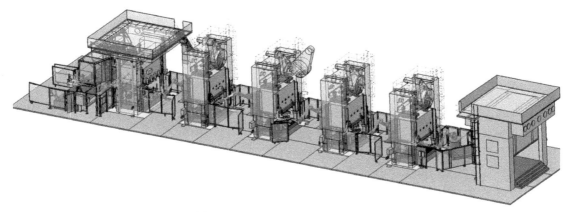

图 2-28　机器人上下料生产线布局

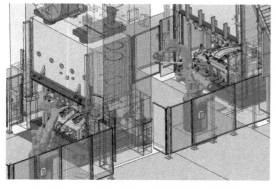

图 2-29　工业机器人的动作可达性检验

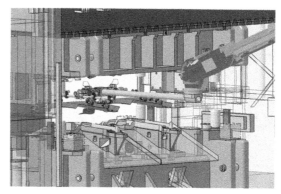

图 2-30　工业机器人与工艺设备及周边设备的干涉性检验

户沟通交流。若在仿真过程中发现机器人的动作可达性较低，可通过调整机器人的安装位置和方式进行优化，优化后如仍然不可达，此时可考虑更换机器人机型。

3.3 设计制造

3.3.1 项目设计

在与客户沟通确认后，系统集成商便会对设计方案进行完善和细化，进入机械结构和系统电气详细设计阶段，设计结果如图 2-31 和图 2-32 所示。系统集成商会带着详细设计完成的图样与客户进行会签评审，再进行二维出图和生成物料清单（BOM），之后由采购部门负责工业机器人、工艺设备、辅助功能设备、触摸屏、传感器等标准件的采购。

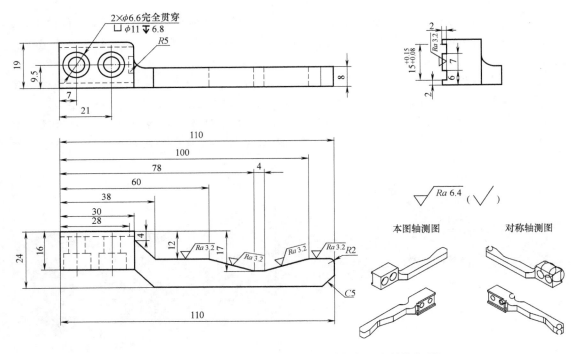

图 2-31 机械结构详细设计（两指气动抓握型末端执行器）

3.3.2 制造组装

根据设计图样定制机器人末端执行器、产品工装夹具、控制柜等周边设备的零部件，然后将制造加工完成的周边设备零部件组装成部件成品。

3.3.3 安装调试

首先，由机械装调组根据研发部门的机械设计工程师的图样进行设备的机械安装和机械硬件调试；然后，由电气装调组根据研发部门的电气设计工程师的图样进行设备的电气接线和基本电气调试；最后，由电气工程师编写相应的控制器程序、机器人程序等，保证系统能够正常运转和模拟运行，并按照技术协议要求调试检验，直至符合要求。在一些高端复杂项目中，也需要软件工程师介入来编写 MES（制造执行系统）、上位机或客户端的程序。

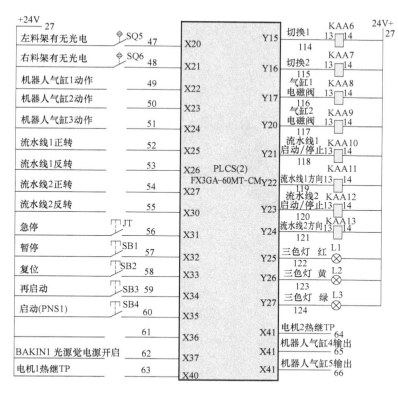

图 2-32　电气详细设计（机器人搬运）

3.4　样机试验

3.4.1　试生产

待设备调试完毕，系统集成商需在客户的见证下完成样机试运行，并试生产一定数量的产品，根据工艺要求制订合理的工艺方案，直至符合产品要求。

3.4.2　客户预验收

根据双方签订的《技术协议》进行预验收。

3.4.3　出库发货

将安装调试后的设备封装出库，运送到企业客户的生产现场。

3.5　现场安装

3.5.1　设备就位

与安装调试阶段相同，按设计图纸的布局要求，将工业机器人、工艺设备和周边设备等安装就位。

3.5.2　布管布线

遵照电气施工规范和布线原则，合理进行强弱电的布管布线施工，如电源动力线缆、控制信号线缆等的布线施工。在机器人需要工作在高温或其他恶劣环境的场合，连接技术就会有特

殊要求，此时工业机器人管线包或将起到关键作用。机器人管线包如图 2-33 所示，是为保护工业机器人电缆而设计，所有组件采用耐油、阻燃、柔性的材料，不仅可以保护连接工业机器人的电缆不被磨坏，还可以在不破坏原护套及电缆接头的情况下轻松更换内部管线。

图 2-33　工业机器人管线包

3.6　调试生产

3.6.1　现场编程

　　因人工智能技术与工业机器人技术的深度融合"尚欠火候"，又由于生产现场的复杂性和作业可靠性的高要求，绝大部分工业机器人只能重复性地执行"学会"的动作，需要"导师"的示范，此过程即为工业机器人任务编程。目前常用的工业机器人任务编程方式有两种，示教编程和离线编程。示教编程是通过"手把手"的方式或用"示教盒"直接或间接地指导机器人如何做动作，由机器人控制器的存储单元将上述动作过程的关键位姿信息记忆下来，随后便可在一定的精度范围内独立地重复再现运动轨迹和行为动作。离线编程是在专业软件环境下，利用计算机图形学原理建立工业机器人系统的三维模型，通过一些规划算法来获取作业规划轨迹。由于示教编程方式实用性强，操作简便，因此终端用户大都采用这种方式在机器人现场进行编程，如图 2-34a 所示。值得注意的是，离线编程过程不影响机器人工作，如图 2-34b 所示，而且该方式能够实现复杂运动轨迹的编程，一部分用户尝试"离

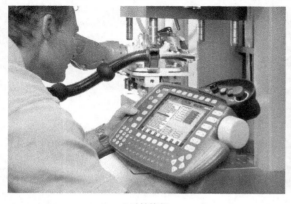

a) 示教编程

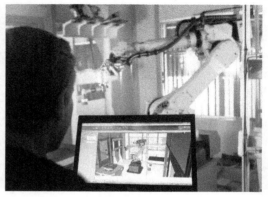

b) 离线编程

图 2-34　工业机器人现场编程

线+在线"的融合编程方式，即前期先在离线环境下完成机器人任务编程，然后将程序上传至机器人控制器，再辅以人工校正。

3.6.2　低速生产

完成工业机器人现场编程后，将运行速度倍率设定为 30%，低速试生产运行。

3.6.3　路径优化

结合试生产运行情况，优化机器人运动路径，包括优化完成任务所要经过的一系列路径点（程序点）的位姿、速度、定位类型等程序指令要素，并将速度倍率调高至 90%，高速试生产运行。

3.6.4　故障率考核

在高速试生产模式下，进一步检测机器人的自动化连续运行能力，以及产品质量信息。

3.6.5　培训陪产

在此阶段，系统集成商主要需要对企业客户进行机器人编程与操作培训（培训操作员和编程员），了解工业机器人系统、单元或生产线的运行情况并处理问题，同时提交配套的技术文件，包括系统使用说明书、机械结构说明书、控制系统维修说明书等资料。

3.6.6　客户终验收

根据双方签订的《技术协议》进行终验收。

3.6.7　售后服务

在质保期内，机器人系统集成商应按"三包"要求，免费提供配件和上门维修服务。质保期以外的普通故障，应以电话、传真或电子邮件的形式指导客户尽快恢复生产；在客户无法自己解决故障时，可以上门服务并酌情收取服务费和材料费。此外，根据工业机器人制造商出厂时的要求，客户应注意定期检查、保养清洗、更换润滑油和电池等。

【案例剖析】

中国是一个海洋资源大国，大型海洋工程起重机械在海洋开发、能源建设、重大工程、物流贸易等领域发挥着重要作用，是海洋强国、一带一路等国家战略不可或缺的关键支撑装备。其中，大型港口起重机（图 2-35）已连续 20 多年保持全球市场占有率超八成，是我国具有优势地位的高端海洋工程装备。据不完全统计，每台（套）港口起重机由上万个零部件构成，产品结构复杂，制造环节繁多（图 2-36）。在装备制造和交付过程中，需要频繁进行升降、运移和绑扎作业，因此产品结构被设计为存在大量的吊耳，如图 2-37 所示。由于装备大、重、非标的特点，吊耳作为钢结构受力关键位置的加强结构件，其制作质量将直接影响部件、总成装配吊装移位和交付运输的作业安全。

1. 客户需求

某企业是全国也是世界上最大的港口机械重型装备制造商。在其生产基地，港口起重机吊耳组件虽已实现集中制作，做到固定车间、

图 2-35　大型港口起重机

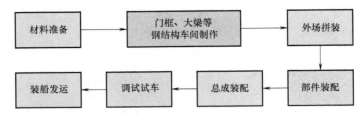

图 2-36　大型港口起重机制造工艺流程

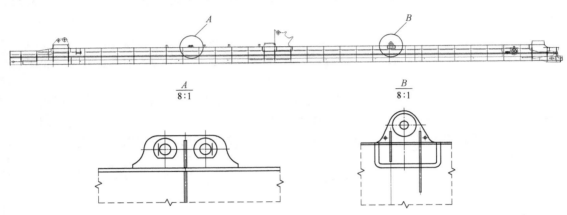

图 2-37　大型港口起重机大梁及其吊耳组件

固定工位生产,达到"工位化"要求,但现场生产仍为"作坊式",如图 2-38 所示,需要"人海战术"确保产能和进度计划,制造工艺落后,环境污染严重,工人劳动强度大,焊接质量不稳定。近年来,随着社会对工人的工作环境及健康状况越来越关注,焊工、打磨工等高危工种"招工难、用工荒"的局面愈发突显,加之人力成本逐年攀升,使得产品价格优势和企业产能需求均无法得到有效保障。作为港口机械重型装备制造的国际龙头企业,打破现有生产模式,推行机器人自动化、智能化焊接,将是企业提质降本、减工增效的不二选择。

　　从产品结构图纸分析,港口起重机吊耳组件主要由一块耳板和两块重磅板焊接而成如图 2-39 所示,其常见结构形式有三种,分别是弧形(含直边)吊耳、圆形吊耳和椭圆形吊耳,具体几何尺寸范围见表 2-2,可见吊耳组件结构简单、大小适中,利于机器人焊接。从产品制造工艺看,吊耳组件采用的是普通 Q355 低合金高强度钢,焊接接头形式为中厚板角接接头(2FG),机器人熔化极气体保护焊(GMAW)可达性好。从产能统计数量分析,每台(套)港口起重机需制作 60套左右吊耳组件,按照每年交付

图 2-38　传统"作坊式"吊耳组件生产现场

300 台（套）大型港口起重机计算，全年共计生产 18000 套吊耳，产能较大，适合工业机器人批量化生产。从产品焊接质量看，吊耳组件焊后须进行 100%VT（目视检验）和 100%MT（磁粉探伤），要求整条焊缝成形均匀、美观，无表面缺陷，焊接接头硬度≤325HV$_{10}$，质量要求详见表 2-3。

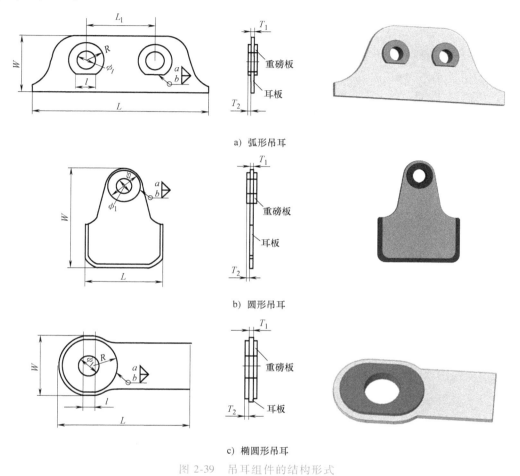

a) 弧形吊耳

b) 圆形吊耳

c) 椭圆形吊耳

图 2-39　吊耳组件的结构形式

表 2-2　吊耳组件的几何尺寸　　　　　　　　　　　　（单位：mm）

参数名称	耳板			重磅板				
	厚度 T_1	长度 L	宽度 W	厚度 T_2	内径 ϕ_1	外径 ϕ	直边长度 l	间隔长度 L_1
尺寸范围	10~60	200~1800	200~1000	20~60	60~250	80~650	80~160	310

表 2-3　吊耳组件的焊接质量要求

技术指标	具体要求	备注
焊缝成形	焊缝成形均匀、美观，无表面缺陷，VT 检验合格率≥99.9%，焊缝余高≤3mm	满足 AWS D1.1/D1.1M:2010《钢结构焊接规范》要求
接头探伤	100%磁粉探伤（MT）	
力学性能	焊接接头显微硬度≤325HV$_{10}$	

综上分析，港口起重机吊耳组件具有产能适中、结构简单、尺寸合理、形状相似的特点，符合应用工业机器人系统（单元）的基本条件。然而，也应清醒地认识到，吊耳组件的结构形式、几何尺寸（如板厚、内外径等）、坡口参数（如坡口角度、坡口深度等）以及焊脚要求等存在一定的差异性，在此场景下应用工业机器人面临着较大的挑战。例如，传统示教-再现型焊接机器人往往需要示教编程，且较为繁琐，鉴于吊耳组件规格较多，型号不一，若全部一一进行焊前任务编程，需要耗费大量的时间，无法保证预期生产任务进度，也难以满足企业的刚性需求。在诸如此类的应用场景中，需要给工业机器人装上一双"明亮的眼睛"，通过感知、识别、决策、执行、反馈的闭环工作流程，实现上述异环形吊耳组件的免示教智能化焊接。

2. 方案设计

为满足港口起重机吊耳组件机器人智能化焊接顺畅、优质、高效的要求，经充分调研、沟通和论证，初步方案是将传统人工模式下的组件装配、定位焊接、工件翻身、焊接打磨等"地摊式单一工位"改造成组件装配及定位焊接、自动上下料、机器人焊接和自动180°翻身4个工位，"再造"工艺流程如图2-40所示。根据优化后的工艺流程，重新规划了工位和区域设置的吊耳组件机器人智能化焊接系统生产布局，如图2-41所示。同时，表2-4列出了系统各工位（区域）的详细功能。

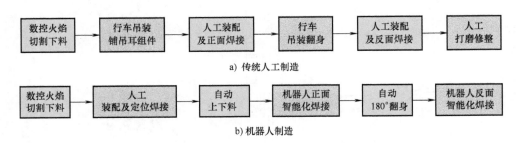

图2-40 吊耳组件制作工艺流程优化

表2-4 吊耳组件机器人智能化焊接系统工位（区域）配置及功能描述

工位（区域）名称	工位（区域）功能描述
数控来料区	用于存放吊耳组件及转运框，按位置摆放在指定区域，不需再次装卸料，并且转运框可重复使用
吊耳装配区	设置两个装配工作平台，平台上有与焊接平台相同大小的吊篮工装，吊耳组件在吊篮内装配，装配完成后吊篮整体被吊装至进料缓存区7、11，实现多套吊耳组件同时进行上下料，减少吊装作业时间
出料缓存区	在机器人焊接工位两侧各设置一个缓存区，实现两个机器人焊接工位的出料需求
进料缓存区	在机器人焊接工位两侧各设置一个缓存区，实现两个机器人焊接工位的进料需求
机器人焊接工位	设置两个焊接工位，当一个工位进行机器人焊接时，另一个工位进行吊耳组件自动上下料，双工位交替进行，实现机器人不间断焊接
吊耳翻身工位	利用自动上下料装置将正面焊接完毕的吊耳组件抓取、移位至翻身工位，由工件自动翻身装置完成吊耳组件的180°自动翻身

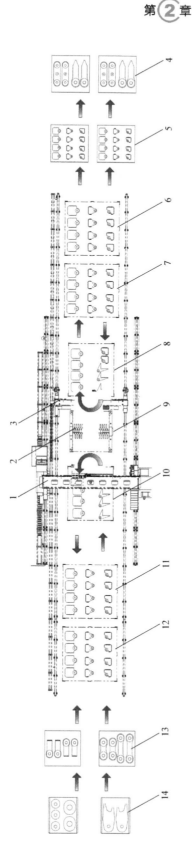

图 2-41　吊耳组件机器人智能化焊接系统生产布局

1—龙门移动式焊接机器人　2—工作翻身装置　3—自动上下料装置　4—成品缓存区
5—修补检验区　6、12—出料缓存区　7、11—进料缓存区　8、10—机器人焊接工位
9—吊耳翻身工位　13—吊耳装配区　14—数控来料区

上述吊耳组件机器人智能化焊接系统拟采用双工位布局方案，每个焊接工位（平台）上可以随意摆放弧形、圆形、椭圆形的单一类型或多种类型的吊耳组件，无需工装和卡具定位，如图 2-42 所示。系统配备有 2D 广角工业相机，如图 2-43 所示，能够对每个焊接平台上的吊耳组件进行全景拍照，识别吊耳组件类型并测量几何尺寸，进行目标粗定位，以及规划机器人焊接初始路径；然后利用 3D 激光视觉进行精确寻位和焊缝跟踪，如图 2-44 所示，识别坡口类型，并自主规划焊道排布、焊接路径、焊炬（枪）姿态和工艺参数，生成多层多道焊接任务程序，实现连续自动跟踪弧形、圆形和椭圆形异环形吊耳组件的免示教机器人熔化极气体保护焊。

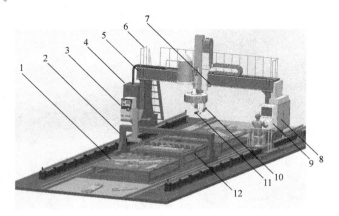

图 2-42　吊耳组件机器人智能化焊接系统方案

1—焊接平台　2—自动上下料装置　3—焊接电源　4—焊接烟尘净化器　5—移动平台　6—护栏　7—工业相机
8—电控柜　9—工业控制计算机　10—操作机和焊炬　11—激光视觉传感器　12—工件翻身装置

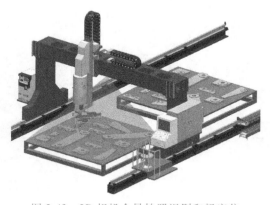

图 2-43　2D 相机全景拍照识别和粗定位

图 2-44　3D 激光视觉精确寻位和焊缝跟踪

表 2-5 列出了吊耳组件机器人智能化焊接系统的主要设备明细。整套系统主要是由具备视觉、碰撞感知功能的工业机器人和用于满足焊接作业要求的功能性设备构成。与常规的"手眼一体式"焊接机器人不同，为实现作业过程中单独调整"眼观"角度而不影响"手操"姿态，机械系统设计为 8 轴联动龙门式混联机器人，包括机器人本体的 6 轴和视觉检测的 2 轴。其中，焊接机器人"手"的空间定位通过双边同步伺服驱动的龙门 X、Y、Z 轴调整，空间定向通过腕部两根旋转轴（U、V）和一根半短轴（R）实现，而上述机器人的

"双眼"则分别安装在龙门架的横梁中间位置和视觉检测轴上，如图 2-43 和图 2-44 所示。控制系统采用基于工业控制计算机（IPC）的多轴数控系统，通过外设部件互连标准（PCI）总线控制方式，利用多轴运动控制卡实现交流伺服电动机和步进电动机的实时联动控制，利用图像采集卡和 I/O 卡完成视觉及周边设备通信控制，系统硬件架构如图 2-45 所示。

表 2-5　吊耳组件机器人智能化焊接系统主要设备清单

设备类别	设备名称	生产厂家	型号规格	设备数量/台（套）
工业机器人	操作机	哈尔滨行健机器人	定制	1
	移动平台	哈尔滨行健机器人	定制	1
	工业控制计算机	研华	IPC-610	1
传感系统	防碰撞传感器	德国 TBi	KS-2	1
	工业相机	日本 Watec	WAT-120N	1
	激光视觉传感器	哈尔滨行健机器人	定制	1
焊接系统	焊接电源	唐山松下	YD-500GL4HGE	1
	送丝装置	唐山松下	YW-50DG1HLE	1
	焊炬（枪）	德国 TBi	RoboMIG RM2	1
	冷却装置	SUPERCOOLER	20～30L	1
周边设备	护栏	企业客户	自备	1
	焊接平台	企业客户	自备	1
	照明光源	哈尔滨行健机器人	定制	1
	自动上下料装置	哈尔滨行健机器人	定制	1
	工件翻身装置	哈尔滨行健机器人	定制	1
	清枪剪丝装置	德国 Binzel	TCS-FP	1
	焊接烟尘净化器	青岛路博环保	LB-JF	1

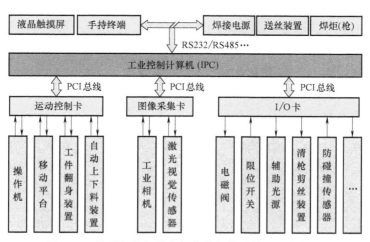

图 2-45　吊耳组件机器人智能化焊接系统的硬件架构

　　基于"再造"工艺流程，吊耳组件机器人焊接系统提升智能的关键在于工作流程梳理与系统软件开发。系统的一个工作流程如图 2-46 所示，具体描述如下。

（1）**系统开始** 人工接通电源，启动吊耳组件机器人智能化焊接系统。

（2）**工件就位** 数控火焰切割的耳板和重磅板由叉车搬运进入数控来料区。

（3）**组件装配** 人工在吊耳装配区进行耳板和重磅板组件的预装配和定位焊接，将已装配的吊耳组件送入进料缓冲区。

（4）**自动上料** 由自动上下料装置抓取、移载进料缓冲区的吊耳组件，将其任意摆放在机器人工作空间内的固定焊接平台上。

（5）**2D 拍照识别** 龙门移动式机器人移向"自动上料"步骤中放置有吊耳组件的固定焊接平台的正上方，启动 2D 全景拍照，对焊接平台上的吊耳组件进行图像采集和特征提取（如几何轮廓和中心点），并与存储在控制系统中的吊耳组件数字模型进行比对和类型识别。

（6）**识别成功判断** 为保障焊接质量和系统安全，通过视觉系统软件自动判断吊耳组件类型是否在规划范畴内。若识别成功，系统将对吊耳组件精确寻位路径规划和进行目标粗定位；否则，重启 2D 拍照和识别。

（7）**目标粗定位及路径规划** 根据 2D 拍照成功识别出的吊耳组件几何轮廓和中心点位置信息，机器人移向待焊吊耳上方，并规划接下来的精确寻位路径。

（8）**定位完毕判断** 为保障系统安全，通过伺服系统自动判断机器人是否已到达待焊吊耳组件的上方。如果判断为定位完毕，则进入激光视觉精确寻位和坡口识别；否则，说明没有准确到达预定位置，机器人继续移向目标。

（9）**3D 寻位及坡口识别** 按照目标粗定位规划的运动路径，由检测轴携带 3D 激光视觉精确采集吊耳重磅板的厚度和坡口尺寸，与存储在控制系统中的吊耳重磅板数字模型比对，

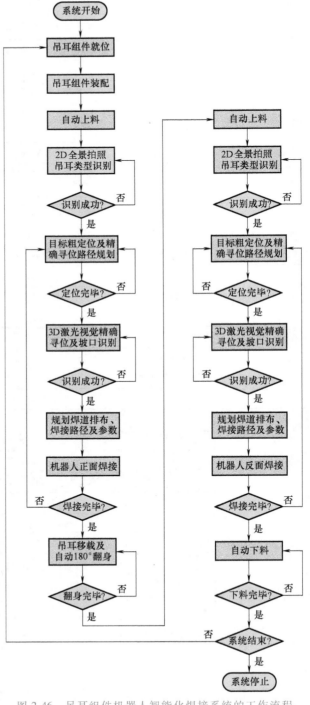

图 2-46 吊耳组件机器人智能化焊接系统的工作流程

进行精确寻位和坡口识别。

（10）**识别成功判断**　为保障焊接质量和系统安全，通过视觉系统软件自动判断吊耳重磅板坡口尺寸是否在规划范畴内。若识别成功，系统将自主规划焊道排布、焊接路径和工艺参数；否则，重启 3D 寻位及坡口识别。

（11）**规划焊道排布**　根据 3D 激光视觉成功识别的吊耳重磅板坡口角度和深度信息，系统将自主规划焊道排布、焊接路径和焊炬（枪）姿态，并自动调用焊接专家数据库中的工艺参数，生成吊耳组件的多层多道焊接任务程序。

（12）**机器人正面焊接**　基于"规划焊道排布"步骤生成的任务程序，由 3D 激光视觉分区扫描识别焊缝中心，导引机器人末端焊炬（枪）始终沿焊缝中心作业，直至一套吊耳组件焊接完毕。

（13）**正面焊接完毕判断**　焊接平台上放置有多套吊耳组件，需要继续焊接则判断为否，即机器人完成一套吊耳组件的焊接后，将自动移向下一套待焊吊耳组件，进行目标粗定位、3D 坡口识别、规划焊道排布、机器人正面焊接，逐一循环焊接，直至全部吊耳组件正面焊接完毕。接着判断为是，进行翻身操作。

（14）**吊耳移载及翻身**　类似步骤（4），由自动上下料装置抓取、移载正面焊接完毕的吊耳组件，将其从机器人焊接工位移至翻身工位，然后利用翻身装置实现吊耳组件的 180° 自动翻身。

（15）**翻身完毕判断**　类似步骤（8），为保障系统安全，通过伺服系统自动判断翻身装置是否已将工件翻转 180°，若判断为是，则进行反面拍照识别及焊接；否则，说明没有准确到达预定位置，翻身装置继续转动。

（16）**反面拍照识别及焊接**　待吊耳组件翻身完毕，重复步骤（4）~步骤（13），即吊耳组件自动上料、2D 拍照识别、目标粗定位及路径规划、3D 寻位及坡口识别、规划焊道排布、机器人反面焊接等，直至全部吊耳组件焊接完毕。

（17）**自动下料**　由自动上下料装置抓取、移载正反面都焊接完毕的吊耳组件，将其从机器人焊接工位移至出料缓冲区。

（18）**下料完毕判断**　为保障系统安全，通过传感系统自动判断已焊接吊耳组件是否完全离开机器人的工作空间。如果组件已完全离开，则判断为是，进入系统结束判断；否则，说明此焊接周期还没有完成，机器人等待。

（19）**系统结束判断**　对于批量吊耳组件焊接，需要判断是否进行多批次的焊接，如需要，则判断为否，机器人进入下一个焊接周期；否则，判断为是，系统停止工作。

以上从工艺优化到生产布局，从工位配置到设备选型，从硬件集成到流程开发，整个方案设计都需要围绕企业客户的需求展开。需要强调的是，为满足企业产能的刚性需求，不妨从吊耳组件的几何尺寸入手，设计焊接平台的结构尺寸，然后根据典型工艺参数预估焊接周期，进而计算出周、月、年度产能，并迭代优化焊接平台的结构设计尺寸。在此基础上，通过 2D 工业相机的视场反推其工作高度，确定出龙门结构设计尺寸。机器人腕部轴的设计或选型则需要核算送丝装置、防碰撞传感器、焊炬（枪）及相关附属件等的质量。吊耳组件机器人智能化焊接系统主要设备的功能及其选型依据见表 2-6。

72

表 2-6 吊耳组件机器人智能化焊接系统主要设备选型

工艺流程	关联设备	设备功能	结构图示	选型（定制）依据
自动上下料	自动上下料装置	抓取、移载进料缓冲区的吊耳组件，将其摆放在机器人工作空间内的焊接平台上		①搬运对象属性 ②最大夹持力（吸附力）
2D 全景拍照识别和粗定位	工业相机	对随机摆放在焊接平台上的吊耳组件进行全景拍照和组件类型识别		①品牌 ②测量对象属性 ③接口通信方式 ④视场、景深、分辨率或工作距离
	照明光源	使吊耳组件能够被摄像头"看见"，突出测量特征，克服环境光的干扰，提高视觉系统的定位、测量、识别精度		①测量对象表面 ②对比度 ③亮度 ④照明形状
3D 激光视觉坡口识别和焊缝跟踪	激光视觉传感器	识别吊耳重磅板的坡口形式，测量重磅板的厚度和坡口尺寸，并进行焊接动态过程中焊缝中心的实时纠偏		①品牌 ②焊接方法 ③接头形式 ④工作空间 ⑤视场、景深或分辨率
机器人焊接	工业机器人	携带焊炬（枪）以合理的姿态沿预设焊接路径运动，并基于视觉反馈信息完成运动补偿	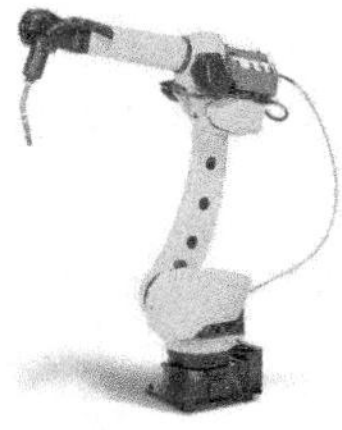	①品牌 ②轴数 ③额定负载 ④工作空间 ⑤位姿重复性
	移动平台	拓展机器人的工作空间，增加动作的灵活性，实现焊接平台全范围内吊耳组件的焊接		①轴数 ②工作空间 ③最大单轴速度 ④机器人本体安装方式
	防碰撞传感器	实时检测机器人本体及末端焊炬（枪）与周边环境的碰撞，一旦检测到碰撞发生，传递紧急停止信号给机器人控制器，降低设备受损程度		①轴向触发力 ②横向释放扭矩 ③最大许用形变量 ④重复定位精度

（续）

工艺流程	关联设备	设备功能	结构图示	选型（定制）依据
机器人焊接	焊接电源	全数字控制脉冲 MIG/MAG 电源，凭借独有的脉冲弧长控制技术和独特的引弧、收弧、深熔焊技术，可实现薄板超大间隙填充焊		①输出特性 ②额定输出电流（电压） ③额定负载持续率 ④焊接方法 ⑤控制方式
	送丝装置	点动或连续输送焊丝，确保焊接过程中电弧燃烧稳定		①焊接电源品牌 ②焊接电源型号
	焊炬（枪）	提供维持电弧燃烧所需的焊丝、电流、气体、冷却液等	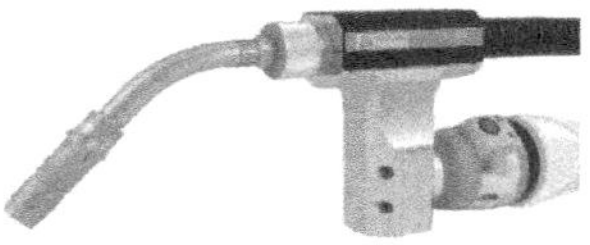	①品牌 ②冷却（送丝）方式 ③焊丝（接口）类型 ④最大电流 ⑤焊炬鹅颈
	冷却装置	提供持续的冷却液回路以带走焊炬（枪）作业过程所产生的大量热量，延长焊炬（枪）使用寿命		①冷却液容量 ②冷却液最大扬程 ③冷却液最大流量
	清枪剪丝装置	清理焊炬（枪）喷嘴内的积尘飞溅，完毕后自动喷防飞溅液，并剪断焊丝尖端的熔球或多余焊丝，提高引弧的成功率和熔池区域的保护效果	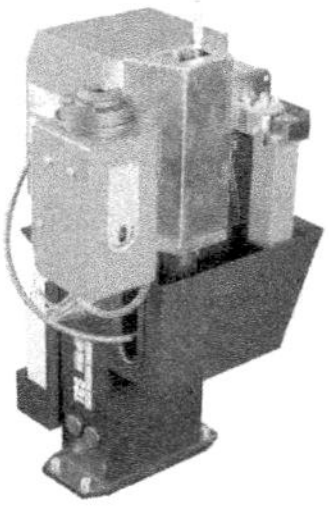	①品牌 ②喷嘴内径 ③导电嘴外径
	焊接烟尘净化器	抽排焊接过程产生的有害烟尘，净化作业环境	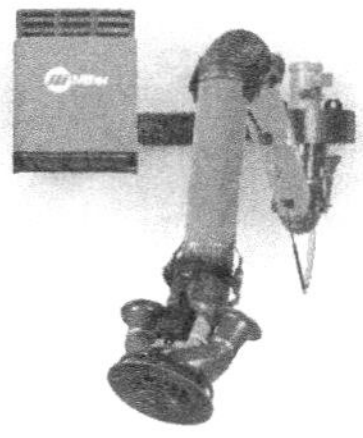	①净化效率 ②处理风量 ③漏风率 ④稳态噪声

73

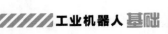

（续）

工艺流程	关联设备	设备功能	结构图示	选型（定制）依据
自动180°翻身	工件翻身装置	完成吊耳组件的180°自动翻身		①工件重量 ②工件几何尺寸

在完成系统主要设备的选型后，为有效规避系统集成项目风险和评估供需达成度，系统集成商往往会通过虚拟仿真软件建立设计方案的几何模型和设备布局模型，编制机器人任务程序，检验机器人动作的可达性及设备间运动干涉的情况，并预测方案的产能等信息，以此进一步优化方案设计和确认设备选型的合理性。优化后的实际吊耳组件机器人智能化焊接系统布局如图 2-47 所示。

3. 实施效果

吊耳组件机器人智能化焊接系统集成项目是企业针对大型港口起重机等重型钢结构件制造升级的一次"小试牛刀"，适用于弧形、圆形和椭圆形等小型异环形钢制吊耳组件的免装卡、免示教、免修整智能化焊接作业。从投产运行数据分析，系统方案基本满足客户需求，在"提质、降本、增效、减污"方面效果突出。

图 2-47　建成后的吊耳组件机器人智能化焊接系统

（1）提升质量　与人工制造相比，机器人能够始终按照预设工艺参数施焊，接头质量和焊接稳定性好，不受焊工技能水平制约，质量对比如图 2-48 所示。

a) 传统人工制造　　　　　　　　　　b) 机器人制造

图 2-48　吊耳组件制造质量对比

（2）**降低成本** 当前，人力成本逐年攀升，机器人智能化焊接系统代替了焊工、打磨工等高危工种，且采用实芯焊丝替代药芯焊丝，亦节约焊材成本。具体的经济指标数据见表 2-7。

表 2-7 吊耳组件制造经济性对比 （单位：元/年）

序号	项目参数	制造模式	
		人工制造	机器人制造
1	焊材费	322047	229342
2	气体费	12323	47780
3	易损件费	14460	2160
4	设备折旧费	3462	154701
5	厂房折旧费	12000	7821
6	人工费	1205000	651264
	合 计	1569292	1093068
	投资收益	—	476224

（3）**提高效率** 机器人焊接可以连续稳定作业，提高产能。以直径为 300mm 的圆形吊耳重磅板为例，采用机器人制造，生产节拍可由原 97min/套提速至 61min/套，生产效率提升 37%。具体的测算数据见表 2-8。

表 2-8 吊耳组件制作效率对比 （单位：min）

模式	序号	工序名称	工种			
			冷作	电焊	打磨	起重
人工制造	1	切割下料	12	0	10	0
	2	铺吊耳组件	0	0	0	6
	3	正面装配焊接	3	21	0	0
	4	翻身	0	0	0	3
	5	反面装配焊接	3	21	0	0
	6	焊后打磨修整	0	3	12	3
		合 计	97			
机器人制造	1	切割下料	18	0	0	0
	2	铺吊耳组件	0	0	0	6
	3	装配	5	0	0	3
	4	自动上料	0	0	0	3
	5	正面焊接	0	10	0	0
	6	自动翻身	0	0	0	3
	7	反面焊接	0	10	0	0
	8	自动下料	0	0	0	3
		合 计	61			

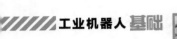
（4）减污治污 传统人工焊接、打磨等作业产生大量的有毒气体、粉尘污染，工人易患职业病；机器人焊接不仅降低工人劳动强度，焊后基本不需打磨，而且系统配备焊接烟尘净化器，能够及时抽排有害烟尘，净化作业环境，环境对比如图2-49所示。

a）传统人工制造   b）机器人制造

图2-49 吊耳组件制造环境对比

【本章小结】

作为新科技革命与制造业融合创新的重要载体，工业机器人已从理论层面快速地向各行业、各领域的具体应用场景延伸，成为制造业新旧动能转换、高质量发展和企业提质增效、降本减存的重要推手。目前工业机器人在全球制造业的参与率为平均每万名产业工人99台（套），其中半数以上应用于汽车与电子行业，用于替代或协助人类从事单调、繁重和重复性的搬运（上下料）、码垛（拆垛）、分拣（装箱）等操作型任务，以及危险、恶劣环境下的焊接、抛光、去毛刺、涂装等加工型任务。

工业机器人从汽车制造业向一般工业的拓展和延伸，实质上是机器人技术与先进制造工艺的深度融合。各类工业机器人应用系统基本属于定制化程度较高的系统集成产品，此类非标项目的工作流程包括项目咨询、方案设计、设计制造、样机试验、现场安装和调试生产等环节。其中，工业机器人的选型主要参考轴数、额定负载、工作空间、位姿准确度及重复性、最大单轴（路径）速度等关键性能指标。

【思考练习】

1. 填空

（1）如图2-50所示，让工业机器人协助或替代人从事人_____、_____、_____的工作，把人从劳动强度大、工作环境差、危险系数高的工作中解放出来，并助力企业实现提质增效和降本减存，这是人类大力发展工业机器人的目的。

（2）_____作为工业机器人的关键性能指标之一，是指机器人手腕参考点所能掠过的空间，不包括末端执行器和工件运动时所掠过的空间，一般用图形表示，如图2-51所示。

（3）针对复杂曲面类零件、异形结构件的机器人焊接，如图2-52所示，可通过增添

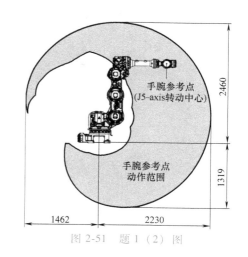

图 2-50　题 1（1）图

图 2-51　题 1（2）图

_____将待焊工件旋转至合适的位置，保障机器人末端焊炬（枪）保持良好的作业姿态，利于提高机器人系统集成方案应用的灵活性。

2. 选择

（1）工业机器人向制造业的推广应用是柔性标准设备与非标设备深度融合的过程，如图 2-53 所示，工业机器人系统集成项目实施的工作流程包括哪些？

①项目咨询；②方案设计；③设计制造；④样机试验；⑤现场安装；⑥调试生产

正确的选项是（　　）。

A. ①②③　　　　　B. ①②③④　　　　C. ①②③④⑤　　　　D. ①②③④⑤⑥

图 2-52　题 1（3）图

图 2-53　题 2（1）图

（2）市场上工业机器人产品琳琅满目，如图 2-54 所示，系统集成商或企业欲从中选择一款性价比较高的工业机器人产品，通常需要考虑的通用性关键技术指标有哪些？

①轴数；②额定负载；③工作空间；④位姿准确度及重复性；⑤最大单轴速度（路径速度）

正确的选项是（　　）。

A. ①②③④⑤　　B. ②③④⑤　　　　C. ①②③④　　　　D. ③④⑤

图 2-54 题 2（2）图

（3）在应对图 2-55 所示的复杂空间曲线（曲面）加工任务需求时，机器人系统集成商可以通过（　　）方式在与机器人分离的软件环境下自动生成路径轨迹，并编制任务程序。正确的选项是（　　）。

A. 示教编程　　B. 离线编程　　C. 遥控编程　　D. 自主编程

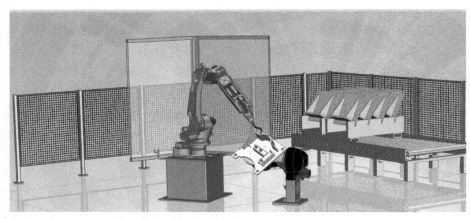

图 2-55 题 2（3）图

3. 判断

如图 2-56 所示是某系统集成商为企业提供的铸件机器人去毛刺加工系统，看图判断以下说法的正误。

（1）总观工业机器人的各类应用系统，其工作模式无外乎机器人抓持工件而工艺设备固定和机器人持握工具而工件固定两种模式，该加工系统采用的是第二种模式。　　　　　　　　　　　　　　（　　）

（2）垂直关节型工业机器人本体的各关节轴通常仅有一个自由度，图示机器人的自由度为 6，等于它的轴数。　　　　　　　　　（　　）

（3）系统集成商选择工业机器人的额定负载时，通常需要考虑工件、末端执行器及其连接装置的惯性作用力，并增加 10%～20% 的可扩展余量，以保证在正常操作条件下不降低机器人性能。　　（　　）

图 2-56 题 3 图

【知识拓展】

工业机器人在非制造业中的应用

随着机器人被赋予更多的智能，工业机器人的应用范围也将从制造领域拓展到采矿业、建筑业、服务业、娱乐业等非制造领域，机器人舞狮、机器人写稿、机器人调酒、机器人打球……。未来，工业机器人的应用场景将会越来越多，并将不断贴近人类生活，改变甚至颠覆人类的生活方式。但不可否认，制造业仍是工业机器人的"主战场"。

（1）**机器人表演**　当前，舞狮等国家级非物质文化遗产面临着后继无人、传承无力、濒临消亡的困境。通过将机器人技术与中国传统文化相结合，让机器人把民间艺术传承下去，实现机器人技术在文化产业的创新应用。如图 2-57a 所示是参加狮王争霸赛的两只"机器人舞狮"，比赛中它们一红（左）一黄（右），红色的是关公狮，黄色的是刘备狮，根据预设程序，机器人"狮子"可把南狮的沉睡、苏醒、起势、常态、奋起、抓痒、发威、过山等 108 个不同的舞狮动作表演得惟妙惟肖、栩栩如生。如图 2-57b 所示是头戴面具、身披戏服、手持大刀的"武生"，踩着戏曲的鼓点，舞剑打斗，两位由工业机器人装扮的武生，一招一式，有板有眼地表演著名京剧选段《三岔口》。

a) 机器人舞狮表演　　　　　　　　b) 机器人京剧表演

图 2-57　机器人表演

（2）**机器人写稿**　在智能化时代，机器人正在越来越多的领域解放人的体力和脑力，写作也不例外。新闻生产与采访的脱离是当今时代新闻业最重大的变化。记者本质上的核心竞争力是采访，写稿的记者如果不对新闻事实加以深度分析和独立判断，就会被机器人彻底替代。机器人写稿如图 2-58 所示，首先是模式转型，然后是技术革命。机器人写稿的流程大致分为数据采集、数据加工、自动写稿和编辑签发四个环节，技术上主要是根据各业务板块的需求定制发稿模板、自动抓取数据并生成稿件、各业务部门建稿编审签发"三步走"来实现。在可以预见的将来，除深度调查的报道和特稿，写稿这种传统新闻工作方式将逐渐不需要记者的介入，这是互联网与机器人的融合对新闻业的整体性颠覆。

（3）**机器人调酒**　机器人的"多才多艺"并非特例。当调酒师被机器人所代替，新一代的酒吧将会是什么模样？混合、摇晃、倾倒——两台 KUKA KR5 机器人出任皇家加勒比"海洋量子号"豪华游轮"仿生酒吧"的调酒师，如图 2-59 所示。顾客可以通过智能手机

图 2-58　机器人写稿

或平板电脑的 APP 定制喜欢的鸡尾酒等饮品，这些饮品订单一经发出，酒吧内的"机器人调酒师"便会开始工作。它们"手握"鸡尾酒混合器，按程序预设的配方装入所需的原料，再混合摇匀，最后将调制出的成品鸡尾酒倾倒入玻璃杯中。为提高观赏性和优化体验，机器人的调酒动作模仿了纽约芭蕾舞厅的意大利舞者马可·佩尔（Marco Pelle）的手势动作，每分钟可以调制两杯饮品。未来，机器人调酒师还能实现传统调酒师所无法做到的功能，如监控顾客血液中的酒精含量，确保顾客不过量饮酒。

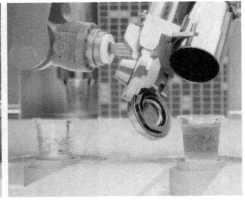

图 2-59　机器人调酒

（4）机器人娱乐　KUKA 机器人公司是世界上唯一取得安全认证，可以提供载人娱乐机器人的公司，其推出的娱乐机器人 Robocoaster 如图 2-60 所示，是全球第一个也是目前唯一一个获得载人许可的机器人。Robocoaster 机器人宛如一支大型的伸向高处的手臂，与一般工业机器人不同的是，它的顶端安装了一个供多人乘坐的吊舱。游客可以通过触摸屏自动调节速度，充分体验从缓慢舒适到疯狂刺激的空中旋转，以及超重或失重的感觉。目前，该款娱乐机器人已被用于德国和丹麦的乐高乐园等娱乐公园，全球共售出 50 多套。

（5）机器人打球　KUKA 研发的单臂机器人 DR Agilus 与世界冠军获得者蒂姆·波尔（Timo Boll）的"人机大战"视频在网络上广为流传，如图 2-61 所示。比赛之初，机器人凭借精准而敏捷的击球动作快速取得 6∶0 的领先优势，不过波尔很快发现对手的弱点，最终

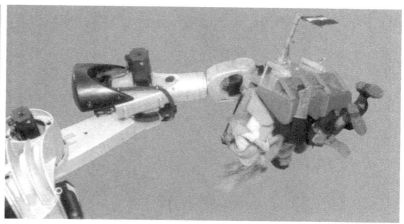

图 2-60 载人娱乐机器人

以 11：9 的比分赢得比赛。或许，机器人在速度和对形势的判断方面有自身的优势，但灵活性仍不及人类，加之程序和结构限制导致的死角，Agilus 机器人只能暂败于波尔。

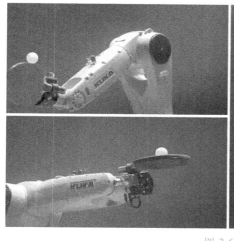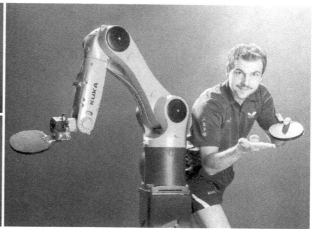

图 2-61 乒乓球人机大战

 【参考文献】

［1］ 兰虎. 工业机器人技术及应用 ［M］. 北京：机械工业出版社，2014.

［2］ 郭洪红. 工业机器人运用技术 ［M］. 北京：科学出版社，2008.

［3］ 顾震宇. 全球工业机器人产业现状与趋势 ［J］. 机电一体化，2006，02：6-10.

［4］ 刘少丽. 浅谈工业机械手设计 ［J］. 机电工程技术，2011，07：45-46，149，170.

［5］ Hitachi Ltd.. Control technology for mobile dual-arm robot for autonomous warehouse operation ［EB/OL］. ［2015-08-25］.

第 **3** 章

hapter

搬运机器人的认知与选型

搬运机器人（Handling Robot）是在工业生产过程中取代搬运装卸工人完成自动取料、装卸、传递、下料等任务的一种工业机器人。目前世界上使用的搬运机器人逾 20 万台，被广泛用于机床上下料、辅助加工及仓储物流等中间环节。

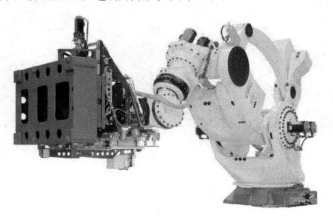

1962 年，美国 AMF 公司研制出世界首台可编程圆柱坐标工业机器人 Versatran，用于实现固定轨迹或点对点的搬运，6 台 Versatran 机器人应用于福特汽车生产厂，开启了机器人搬运行业的"新纪元"。

1973 年，日本 Hitachi 公司推出首台利用动态视觉传感器辅助进行物体搬运的工业机器人，能够识别模具上的螺栓位置，并跟随模具同步移动完成拧螺栓任务。

1978 年，德国 REIS 公司开发出首台具有独立控制系统的 6 轴机器人 RE15，用于进行压铸金属件的装卸。

1998 年，瑞士 Güdel 公司开发出"RoboLoop"系统，这是当时世界上唯一的应用工业机器人的弧形轨道龙门吊的传输系统。RoboLoop 概念是使一个或多个搬运机器人能够在一个封闭的系统内沿着弧形轨道循环操作，从而为工厂自动化创造可能。

2006 年，德国 Neobotix 公司推出移动式搬运机器人 MM-500，拥有可快速运动的 7 轴机械手臂，特别适用于轻型零件的装载、运输、存储等全过程自动化生产。

2007 年，KUKA 机器人公司研制出世界上最大、力量最强的 6 轴工业机器人 KR 1000 ti-tan，其具有 1000kg 的承载能力及 3200mm 的工作半径，并被载入吉尼斯世界纪录。

2011 年，日本 Fanuc 机器人公司推出新款机器人 R-1000iA，在配置 2D、3D 视觉功能后，可在大范围区域内定位工件和补偿工件位置、角度的变化，非常适合于汽车零部件、中小型金属制品等行业的焊接、搬运应用。

2015 年，日本 Hitachi 公司推出 Dual-Arm 移动式搬运机器人，集自动导引车（AGV）、双机器人手臂、传感系统于一体，实现仓储物流的柔性化、智能化搬运。

搬 运 术 语

物体（Object）　通过安装在机器人上的末端执行器夹取、握持或操作的固态物（非流体）。物体可有不同的形状和尺寸，在搬运中亦可能产生变形。

物体搬运（Object Handling）　通过末端执行器作用于物体对其产生影响，或者借助末端执行器使物体保持在某种状态。

工具型末端执行器（Tool-type End Effector）　本身能进行实际工作，但由机器人手臂移动或定位的末端执行器，如弧焊焊炬、研磨头、喷枪、胶枪和自动螺丝刀等。

夹持型末端执行器（Grip-type End Effector）　简称夹持器，供抓取和握持用的末端执行器。

抓握型夹持器（Grasp-type Gripper）　用（一个或多个）手指搬运物体的夹持器，主要包括角形夹持器和平行夹持器。

角形夹持器（Angle Gripper）　有转动手指的夹持器。

平行夹持器（Parallel Gripper）　有相互平行运动的平移手指的夹持器。

非抓握型夹持器（Non-grasp-type Gripper）　不用手指搬运物体的夹持器，主要是以铲、钩、穿刺和粘着，或以真空、磁性、静电等悬浮方式搬运物体。

抓握（Grasp）　用夹持器的（一个或多个）手指约束物体。

外抓握（External Grasp）　作用在物体外表面的抓握。

内抓握（Internal Grasp）　作用在物体内表面的抓握。

托盘（Pallet）　在运输、搬运和存储过程中，将物品规整为货物单元时，作为承载面并包括承载面上辅助结构件的装置。

输送机（Conveyors）　按时规定路线连续或间歇地运送散状物品或成件物品的搬运机械。

叉车（Fork Lift Truck）　具有各种叉具，能够对物品进行升降和移动以及装卸作业的搬运车辆。

自动导引车（Automatic Guided Vehicle，AGV）　具有自动导引装置，能够沿设定的路径行驶，在车体上具有编程和停车选择装置、安全保护装置以及各种物品移载功能的搬运车辆。

机器人传感器（Robot Sensor）　用于获取机器人控制所需的内部和外部信息的传感器（转换器）。

本体感受传感器（Proprioceptive Sensor）　亦称内部状态传感器，用于测量机器人内部状态的机器人传感器，如码盘、电位计、测速发电机、加速度计和陀螺仪等惯性传感器。

外感受传感器（Exteroceptive Sensor）　亦称外部状态传感器，用于测量机器人所处环境状态或机器人与环境交互状态的机器人传感器，如视觉传感器、距离传感器、力传感器和触觉传感器等。

自动化立体仓库（Automatic Storage and Retrieval System，AS/RS）　由高层货架、巷道堆垛起重机（有轨堆垛机）、入出库输送机系统、自动化控制系统、计算机仓库管理系统及其周边设备组成，可对集装单元物品实施机械化自动存取和控制作业的仓库。

【导入案例】

工业机器人为金属制品业"添砖加瓦"，实现自动化折弯加工

折弯作为金属薄板（厚度一般在 6mm 以下）零件成型加工的重要工艺环节，在现代钣金加工中得到非常广泛的应用。传统的钣金折弯加工多以手工为主，劳动强度大、加工效率低、产品一致性差，特别是对于尺寸较大的板料（如长度大于 2000mm 的板料），往往需要3~4 名工人相互配合才能完成折弯加工，且生产过程具有一定的危险性，稍有疏忽就有可能发生人身伤害事故。面对劳动力成本的不断上升和金属制品业生产的规模化，传统的手工作业方式在效率、安全和质量方面已无法满足迅速增长的市场需求。

针对上述现状，国外一些著名的钣金加工设备制造商（如德国 Trumpf、意大利 Salvagnini、日本 Amada 等）相继研发出与数控折弯机配套的机器人自动化折弯加工单元，如图 3-1 所示。折弯机器人能够自动完成钣金件的上料、定位、折弯、翻转、下料等动作，若配备物料输送系统，则可与周边设备构成柔性加工生产线。

图 3-1　钣金件机器人自动化折弯加工单元

与人工相比，机器人自动化折弯加工单元的优势主要体现在效率、安全和质量三方面。整个生产单元只需要一名操作员就能完成以前数名员工的任务，且效率提高一倍以上，两分钟左右就能完成复杂板材加工的四边折弯与覆平工序，因此操作员可以完全摆脱以往的繁重劳动。此外，这些操作设置在防护区域外进行，避免了加工过程中机械伤害事故的发生。这前两个方面的优势是显然的。质量方面的优势有两个原因：一是机器人定位精准，重复性好，加工工件的一致性好，折弯尺寸精度和角度精度可保证在 ±0.15mm 和 ±0.5° 范围内；二是良好的夹持效

果杜绝了皱纹，人工托举工件做跟随动作时会有固有的双手先后性，这就容易导致工件受力不匀并产生皱纹，而机器人使用吸附式端拾器做"跟随"动作则不会产生皱纹。

——资料来源：山东诺博泰智能科技有限公司官网，http：//www.robots-cn.com/

【案例点评】

搬运机器人是现代生产变革中发展起来的一种新型自动化移载装置。在现代生产过程中，搬运机器人因具有不知疲劳、不怕危险、抓举重物的力量比人手的力量大以及能不间断进行重复工作的特点，被越来越广泛地运用在智能机床或综合加工自动生产线上，完成装卸、翻转和传递机械零部件等工作。此外，劳动人口的短缺和薪资水平的提高将倒逼企业向自动化生产转型，搬运机器人将会迎来"雨后春笋"般蓬勃发展的机遇。采用机器人取代人工劳力进行搬运作业，对保障人身安全、改善劳动环境、减轻劳动强度、提高劳动效率以及降低生产成本能起到十分重要的作用。

【知识讲解】

第 1 节　搬运机器人的常见分类

搬运是指用或不用辅助设备，将部件或产品从一个位置移动到另一个位置，以实现其装卸、运输、存储、流通加工等物流活动。搬运有人工搬运和自动搬运之分。在传统生产过程中，当部件轻便、尺寸和形状差别大时，采用人工搬运比较经济可取，而大型部件的搬运则主要依靠助力机械臂或类似功能的专用机械，如图 3-2a 所示。尽管此类设备依然有效，但在快节奏的生产中，特别是在"工业 4.0"提出的高度灵活的个性化和数字化的生产模式下，专用机械的柔性化程度低、占地面积大等缺陷逐步凸显。在这一背景下，越来越多的高柔性搬运机器人开始进入到诸如汽车、家电和物流仓储等行业中，应用到铸造、锻造和冲压等环节中。

在实际生产中，为适应不同场合的应用需求，搬运机器人已逐步演变出诸多机型，如机

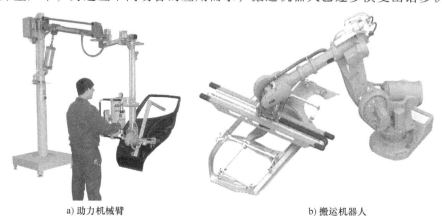

a) 助力机械臂　　　　　　　　　　　　　b) 搬运机器人

图 3-2　工件搬运方式

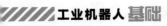

床上下料机器人、折弯（弯管）机器人、分拣包装机器人、物流码垛机器人、半导体洁净搬运机器人等。从机床制造企业的应用情况来看，直角坐标线性（也称桁架式或龙门式）搬运机器人和垂直关节型搬运机器人占据多数。

直角坐标型搬运机器人如图 3-3a 所示，这种机器人构造简单，主要是依靠空间 X、Y、Z 三个方向的线性运动来实现零部件的高速度、高精度、高负载、高可靠性装卸作业，但不适用于厂房高度有限的情况以及对放置位姿有特殊要求的作业；垂直关节型搬运机器人如图 3-3b 所示，这种机器人具有较高的自由度，凭借其结构紧凑、占地面积小、相对动作空间大等优点，可完成几乎任何轨迹或角度的搬运作业。如导入案例阐述的金属结构件自动化折弯作业，需要机器人精确"跟随"折弯机的折弯进给速度和轨迹，否则跟随误差将影响折弯精度和折弯变形过程，此时，采用 6 轴串联铰接臂搬运机器人可弥补直角坐标型搬运机器人的不足。

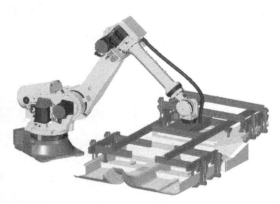

a) 直角坐标型搬运机器人   b) 垂直关节型搬运机器人

图 3-3　搬运机器人分类

综上所述，搬运机器人按机械结构形式（坐标型式）可分为直角坐标型搬运机器人、圆柱坐标型搬运机器人、球坐标型搬运机器人和关节型搬运机器人。除此之外，参照 JB/T 5063—2014，搬运机器人还可按负载能力、作业环境、伺服方式、驱动方式和安装方式等划分，如按作业环境可分为室内一般环境搬运机器人和特殊环境搬运机器人；按负载能力还可分为特轻型搬运机器人（额定负载 ≤1kg）、轻型搬运机器人（额定负载 1~10kg）、中型搬运机器人（额定负载 10~50kg）、重型搬运机器人（额定负载 50~100kg）和超重型搬运机器人（额定负载>100kg）。

第 2 节　搬运机器人的单元组成

在了解搬运机器人的分类及适用场合之后，要想合理选型并构建一个实用的机器人自动化搬运单元或生产线，还需掌握搬运机器人工作单元的基本组成。以导入案例所述的钣金件折弯自动化上下料为例，折弯机器人单元是包括搬运机器人、搬运系统（夹持器及其驱动装置）、相关附属周边设备（如原料料架、重力对中定位架和成品料架等）及安全防护装置在内的柔性搬运系统。为便于理解，如图 3-4 所示为省略周边安全防护装置的钣金件折弯机器人上下料单元的基本组成。

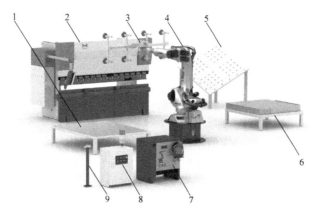

图 3-4　钣金件折弯机器人上下料单元的基本组成

1—成品料架　2—数控折弯机　3—夹持器（端拾器）　4—操作机　5—重力对中定位架　6—原料料架
7—机器人控制器+示教盒　8—周边设备控制器　9—外部操作盒

2.1　搬运机器人

　　搬运机器人作为工业机器人家族中的一员，主要由操作机和控制器两大部分构成。对于数控车床、数控铣床、数控加工中心、数控折弯机、冲床及冲压生产线等金属冷加工应用场合，搬运机器人主要承担辅助上下料的角色，其本体采用 4~6 自由度的通用型工业机器人本体即可。但当所需搬运的零部件质量较重时，本体会增加辅助连杆和平衡配重，如图 3-5

所示，它们起到支撑整体和稳固末端的作用，且不随臂展伸缩发生变化。值得指出的是，面对铸造、锻造、注塑取件作业的高温、粉尘、腐蚀、潮湿等恶劣环境，以及半导体、太阳能光伏、平板显示器搬运作业的防静电、低振动、高洁净度等特殊环境的挑战，陆续有一些机器人厂家对机器人本体进行设计改造，比较有代表性的包括铸造级专用机器人和真空洁净机器人。

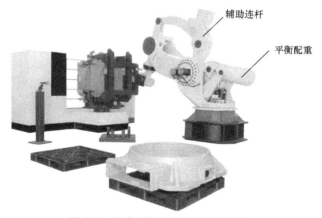

图 3-5　超重型搬运机器人装载铸件

　　（1）铸造机器人　一般的标准工业机器人能在较好的工作环境和工艺流程中应用。但在压铸、重力铸造、砂芯铸造等领域，尤其是在喷脱模剂、取件、机加工等工序中，对搬运机器人的防护等级要求终身符合 IP67[⊖]，可浸没在水中工作 0.5h，具备耐

⊖　IP67 是指防护安全级别。IP 是 Ingress Protection Rating 或 International Protection Code 的缩写，它定义了一个界面对液态和固态微粒的防护能力。IP 后面带有两位数字，第一个是固态防护等级，范围是 0~6，表示对从大颗粒异物到灰尘的防护；第二个是液态防护等级，范围是 0~8，表示对从垂直水滴到水底压力情况下的防护，数字越大表示能力越强。IP67 的解释是，灰尘禁锢（尘埃无法进入物体，整个直径不能超过外壳的空隙）和防短时浸泡（常温常压下，将外壳暂时浸泡在 1m 深的水里不会造成有害影响）。

高温、抗腐蚀、可蒸汽清洗、能抵抗金属飞溅等诸多性能。为此，KUKA、Fanuc 等机器人公司研制生产的铸造级专业机器人一般会在伺服电动机、编码器等敏感区域采用特殊材料的單壳及专用的密封件对其进行保护，机身表面及空腔内涂覆特殊的防高温剥落涂层，手腕等特殊敏感区域涂覆白铝并持握由耐热特种钢制造的夹持器，以夹持 1200～1300℃高温的零部件辅助作业，如图 3-6 所示。

（2）洁净机器人 相比于传统用途的工业机器人，如焊接、打磨、涂装等，洁净机器人是一种在真空或净室环境下自动传输且不污染负载的专用机器人，如图 3-7 所示，主要应用于 ETCH、PVD、CVD 等半导体制造领域。当前大量使用的洁净机器人数平面关节型机器人居多。例如，日本 Yaskawa-Motoman、Mitsubishi、Nidec、Hirata、Daihen 和沈阳新松等推出的洁净机器人普遍的特征是位姿准确度高、位姿重复性高、自身发尘量小、传输速度快、具有一定的抗腐蚀性、相对六自由度通用工业机器人的运动关节数少等。

图 3-6　铸造机器人

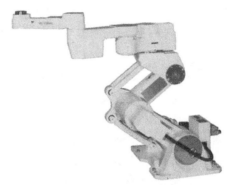

图 3-7　洁净机器人

表 3-1 列出了一般搬运机器人机械结构的主要特征参数。在类似导入案例描述的钣金结构件自动化折弯上下料应用场合，为提高机器人利用率和拓展作业空间，需给机器人装上"行走腿"，即将操作机安装在地装式滑动平台上，形成地装行走轴搬运机器人，如图 3-8a 所示。当然，从节约地面空间考虑，也可将机器人本体侧挂或倒挂地安装在龙门式滑动平台（天吊行走轴）上，形成如图 3-8b 所示的天吊行走轴搬运机器人。两者均拥有通用关节型机器人同样的机械结构和实现复杂动作的可能。区别于直角坐标线性机器人，天吊行走轴搬运机器人不需要非常高的车间空间，这利于车间吊装设备（如行车）的安装和运行。

a) 地装行走轴

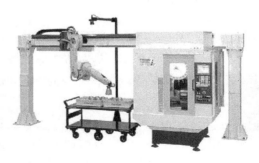

b) 天吊行走轴

图 3-8　搬运机器人移动平台

表 3-1 搬运机器人的机械结构特征参数

指标参数	表 征 内 容
结构形式	直角坐标型和垂直关节型占多数
轴数(关节数)	一般为 3~7 轴
自由度	通常与轴数相同,3~6 自由度
额定负载	0.5~1350kg
工作半径	550~4600mm
位姿重复性	±0.02~±0.5mm
最大单轴速度	20~300°/s
基本动作控制方式	点位控制(PTP)
安装方式	地面固定安装、侧挂、倒挂、龙门式
典型厂商	国外有德国 Reis,瑞士 ABB、Stäubli、意大利 COMAU、奥地利 IGM,韩国 Hyundai,日本 Fanuc、Yaskawa-Motoman、Kawasaki、Nachi 等;国内有沈阳新松、上海新时达、北京时代、广州数控、东莞启帆、KUKA 等

控制器是完成机器人自动搬运作业过程控制和动作控制的装置,包括硬件和软件两大部分。目前主流的搬运机器人控制系统多采用开放式分布系统架构,除具备轨迹规划、运动学和动力学计算等功能外,还安装有简化用户作业编程的搬运功能软件包。以导入案例阐述的折弯机器人为例,折弯操作会改变工件形状,几乎每次折弯动作都会改变夹持器(吸附式端拾器)和折弯线之间的距离,再加上每次折弯的方向和角度也不相同,需要重新计算机器人的路径。而且工件折弯之后,可能端拾器上的有些吸盘就不能再接触到工件,为防止工件滑落,需及时调整抓取位置,避免碰撞难度也随之提高,所以说折弯机器人的作业程序是非常繁复的。如果人工编程的话,机器人的优势会大大削弱,小批量生产时尤是如此。若采用机器人折弯专用软件辅助编程,只要把工件设计图输入系统软件,它就能输出机器人作业程序,并自动进行碰撞检测,然后将程序下载到机器人控制器,再稍加调试,即可投产。当然,这种软件不是全自动的,需要人工干预,但效果已十分显著。表 3-2 列出了典型厂商开发的机器人搬运功能软件包。

表 3-2 机器人搬运功能软件包

典型厂商	搬运功能软件包
ABB	Machine Sync、RobotPress、StampWare、StampMaster、RobotWare Plastics Mold、RobotWare Machine Tending、RobotWare DieCast
KUKA	KUKA.ConveyorTech、KUKA.GripperTech、KUKA.PlastTech
Fanuc	HandlingTool
Yaskawa-Motoman	SPI Pendant Interface

2.2 搬运系统

搬运系统是机器人完成搬运作业的核心装备,主要由搬运工具(夹持器)及其驱动装置组成。夹持器是机器人完成拾取、搬运工件的"手",是末端执行器的一种。在导入案例中,待加工钣金结构件为规则的光滑物料,质量较轻,对于类似的板类、盒装、箱装物件搬

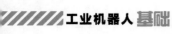

运，机器人末端工具多采用章鱼吸盘式夹持器，这种夹持器是非抓握型夹持器中的一种，一般是把多个吸盘安装在一个金属框架上构成，具有高效、无污染、定位精度高等特点；而对于轴类、棒类、内孔类物件搬运，机器人末端执行器多采用鸟嘴式或蟹夹式的抓握型夹持器。抓握型夹持器和非抓握型夹持器的常见类别、工作原理及应用场合见表 3-3。

表 3-3　机器人搬运工具

工具类型		驱动方式	工作原理	应用场合	结构图示	典型厂商
抓握型夹持器	外抓握（外卡式）夹持器	气动或液压	夹持方向垂直工件向里，手指一般呈夹钳形，夹持圆柱体物件时手指通常带有 V 型面	主要应用于长轴类工件的搬运		国外：瑞士 ABB、德国 Robotiq 等；国内：合肥奥博特等
	内抓握（内胀式）夹持器	气动或液压	夹持方向与外卡式相反，钳爪的外表面将工件的内孔壁胀紧，为使胀紧后能准确地用内孔定位，常采用三个钳爪	主要应用于以内孔作为抓取部位的工件		国外：瑞士 ABB、德国 Robotiq 等；国内：合肥奥博特等
非抓握型夹持器	气吸附夹持器	气动	利用大气压力将吸盘与工件压在一起，以实现物件的抓取。常见的有真空吸盘吸附、气流负压吸附和挤压排气负压气吸附等形式	主要应用于表面坚硬、光滑、平整的轻型工件，如汽车覆盖件、金属板材等		国外：德国 FIPA、Schmalz 等；国内：合肥奥博特等
	磁吸附夹持器	电动	靠通电线圈产生的磁力吸附物件，常见的磁力吸盘有电磁吸盘、永磁吸盘和电永磁吸盘等，实际生产中应根据物件特点选取相应的吸盘	主要应用于能产生磁感应的工件，对于要求不能有剩磁的工件，吸取后要进行退磁处理，且高温下不可使用		国外：美国 RAD、德国 Schunk、Robotiq 等
	托铲式夹持器	无	通过托持而非夹紧的方式将薄、脆及无污染物件在设备与设备之间或者设备与卡匣之间进行搬运	主要应用于集成电路制造、半导体照明、平板显示等行业，如真空硅片、玻璃基板的搬运		国外：韩国 Hyundai、日本 Yaskawa-Motoman、瑞士 Stäubli 等

需要指出的是，在实际生产中，为提高机器人搬运作业效率，可将相同或不同类型的夹持器进行排列组合，如图 3-9 所示，汽车轮毂搬运机器人（机床上下料机器人）普遍采用的是一种双夹持器结构，两个夹持器连接成 90° 或 180°，其中一个夹持器用于抓取毛坯，另一个夹持器则用于抓取加工完的零部件。当然，以上所述搬运机器人末端执行器通常为非标产品，需要根据被搬运对象的几何参数、材料特性、表面特性、物体质量等特性来设计。

除采用上述各种夹持器结构外，在某些应用场合，机器人需要根据编制程序和任务性质，自动更换末端执行器完成相应的任务。也就是说，在类似导入案例描述的多任务环境下，一台机器人可以完成取料、搬运、折弯、码垛等多项作业。同时，为进一步增加企业生产单元或生产线的制造柔性，往往需要实现一线多产品的生产能力，这就需要给机器人增添一套末端执行器自动更换系统，如图 3-10 所示。

图 3-9 汽车轮毂搬运机器人双夹持器结构

图 3-10 末端执行器自动更换系统

美国 ATI 公司设计生产的系列工具快换装置能在满载荷情况下可靠工作上百万个循环，同时保证极高的重复精度。在导入案例如图 3-1 所示的钣金件折弯机器人上下料单元中，通过在机器人动作范围可达区域安放一个配备有定制的不同规格型号的吸附式夹持器的工具库，并在其手腕安装工具快换装置，机器人在实际工作中即可根据生产订单情况，自动更换末端夹持器以适应不同尺寸钣金件的折弯工艺，这利于实现机器人功能的多样化和生产效益的最大化。

2.3 周边设备

要想实现钣金件折弯机器人自动化上下料作业，除需要搬运机器人与数控折弯机配合执行折弯动作外，还需要一些辅助性的周边设备，如图 3-4 所示的原料料架、重力对中定位架和成品料架等。需要特别强调的是，工业机器人的相关危险已得到广泛承认，不仅是机器和

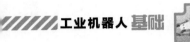

人接触可能造成伤害，机器人手臂旋转动作也可能造成危险的发生。通常，为避免上述危害发生，在搬运机器人的工作区域内须使用固定式防护装置（包括使用工具可拆卸掉的护栏、屏障、保护罩等）或活动式防护装置（包括手动或电动操作的各种门、保护罩等）确立安全作业空间，或者两种装置的结合如图 3-11 所示。

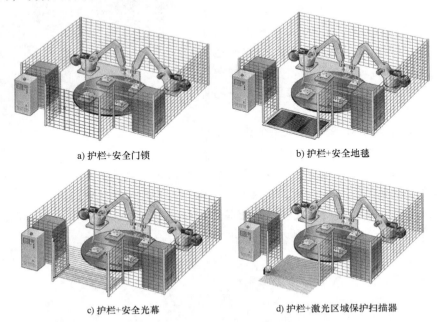

a) 护栏+安全门锁   b) 护栏+安全地毯

c) 护栏+安全光幕   d) 护栏+激光区域保护扫描器

图 3-11 安全防护装置

一般来讲，折弯机器人一个完整的工作周期包括取料、检测、折弯和码垛四个阶段。机器人首先从原料料架（或进料站）抓取钢板，接着伸进厚度传感器完成检测，确认已抓取一块钢板后将其置于定位架，松开并再次抓取后将钢板送入折弯机辅助完成一系列折弯动作，最后将成品整齐堆码在成品料架（或出料站）上。表 3-4 列出了钣金件自动化折弯单元中与机器人辅助上下料关联密切的部分工艺流程及相关设备。

表 3-4 钣金件自动化折弯单元的辅助性周边设备

工艺流程	关联设备	设备功能	结构图示	典型厂商
取料	原料料架	通常采用堆垛托盘的方式供给原始板料，以便机器人抓取		国内:河北博爵、上海力卡、济南德林、连云港森罗等
	物料输送机	采用板式输送机、带式输送机、动力式和无动力式辊子输送机等物料输送系统实现原始板料的自动批量供给		国外:瑞士 Habasit 等;国内:鹤壁兰大通用、上海霞韵、扬州亚飞等

（续）

工艺流程	关联设备	设备功能	结构图示	典型厂商
检测	厚度传感器	实现对抓取钢板的厚度（张数）进行检测并有发出警报的功能	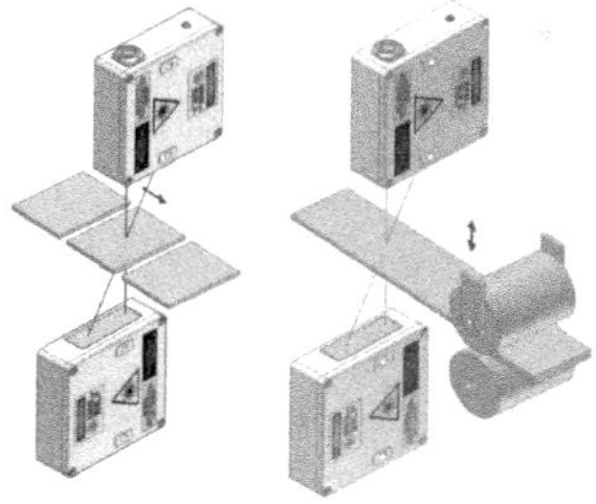	国外：日本 KEYENCE、英国 ZSY、德国 Micro-Epsilon 等；国内：西安华定等
	重力对中定位架	通常是一个带挡边的倾斜平台，在该平台上，钢板利用自身重量自由滑落到挡边为止。利用定位架能实现抓取钢板与夹持器位姿的精确调整		国内：伟本机电、江苏沃达机器人、浙江摩科机器人等
折弯	辅助翻面架	通常是一个带吸盘的固定框架，主要实现钢板抓取面或抓取位置的调整		国内：无锡库特机械、济南鑫浩焊接、海克力斯（上海）、唐山松下等
码垛	成品料架	同原料料架类似，采用堆垛托盘方式供机器人码放成品钣金加工件		国内：保定佳辰、东莞万格、北京振兴东升、北京祥顺永丰等
输送	叉车	主要负责将原料料架或成品料架输送至指定地点存放		国内：广西柳工、杭州西林、福建龙工、安徽合力等
	AGV	通过自动化物流方式将前面工序提及的原料料架或成品料架输送指定地点存放		国内：沈阳新松、厦门智久、广东嘉腾、青岛金烁、苏州方力等

说明：以上搬运机器人的周边设备仅针对钣金折弯领域，若机器人应用于铸造、锻造或注塑等行业，则需视具体情况而定。

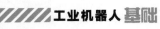

2.4 视觉系统

对机器人上下料作业而言，若采用无附加"视觉"功能的搬运机器人，仅能完成简单的搬运作业，并不能识别搬运物件所处的位置，更不能判断其尺寸、形状、结构等参数，也就无法完成物件的智能拣取、装卸等任务。随着生产需求的不断提高、生产技术的不断发展以及成本费用的不断增长，一些企业开始考虑采用能够实现直接测量并改善生产效率的视觉传感技术。

如图 3-12 所示的基于机器视觉的搬运机器人就是利用高清摄像头实现对散堆工件的视觉成像，然后进行对象识别、对象去除、工件定位、路径规划、碰撞检测、错误验证及其他原本需要搭配特殊传感器或特制夹具才能完成的操作。在收到机床的上料请求信号后，机器人换装上为工件定制的专用夹持器可靠地抓取工件，完成散堆工件的自动化拾取和上下料作业。

采用视觉系统引导的定位方式具有较高的柔性，不仅能省去原本必须采用的机械预定位夹具（如导入案例中的重力对中定位架），还使得应用数控机床实现多产品的混合生产成为可能。目前，机器人视觉传感按照测量方式可分为 2D 检测、2.5D 检测和 3D 检测三种测量方式。2D 视觉传感如图 3-13a 所示，主要用于检测平面移动（X、Y 轴位移和 Z 轴旋转角度）的目标；2.5D 视觉传感如图 3-13b 所示，相对于 2D 视觉传感，

图 3-12 散堆工件的拾取和机床上下料

除检测目标平面位移与旋转外，还可检测 Z 轴方向上的目标高度变化（目标在 X、Y 轴方向上的旋转角度不被计算在内）；3D 视觉传感（图 3-13c）则主要用于检测目标在三维内的位移（X、Y、Z 轴位移）与旋转角度变化（X、Y、Z 轴旋转角度）。例如，日本 Fanuc 机器人公司推出的 iRVision 3D Area Sensor 如图 3-13d 所示，它利用 1 台投影仪和 2 台相机组成一个

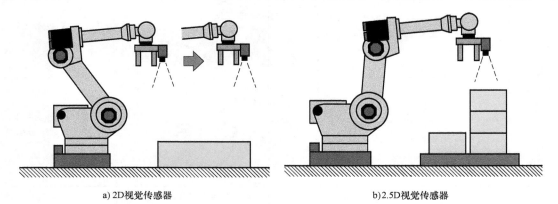

a) 2D视觉传感器　　　　　　　　　　　　　b) 2.5D视觉传感器

图 3-13 机器人视觉传感测量方式

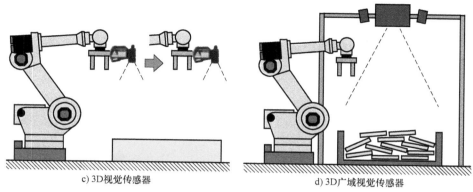

c) 3D视觉传感器　　　　　　　　　　d) 3D广域视觉传感器

图 3-13　机器人视觉传感测量方式（续）

区域检测视觉系统，通过投射条纹光获取一个大范围空间的 3D 点云数据，可以一次检测出多个散堆工件的位置和倾斜角度，非常适合作业周期短的散堆工件拾取作业。除感知环境的方式多样化外，机器视觉在机器人搬运（上下料）领域的应用离不开视觉软件支持，即通过算法分割、识别和定位检测对象，让机器人"理解"所见。表 3-5 列出了典型厂家开发的机器人视觉辅助功能软件包。

表 3-5　机器人视觉辅助功能软件包

典型厂商	视觉软件包
KUKA	KUKA. VisionTech
Fanuc	*i*RVision Bin Pick，*i*RVision 3DL，*i*RVision 2D Guidance
Yaskawa-Motoman	MotoSight 3D Cortex Vision，MotoSight 2D Global Edition
Robotic Vision Technologies	eVisionFactor，Random Bin Picking
Cognex	VisionPro，PatMax
Keyence	CV-X
Omron	Sysmac Studio

综上所述，欲构建一个实用的机器人智能柔性上下料单元，则需要针对具体行业应用并结合零部件加工工序完成包括搬运机器人、搬运系统、周边设备、视觉系统等相关设备或系统的选型。

第 3 节　搬运机器人的生产布局

了解机器人辅助上下料单元的设备选型后，如何确定搬运机器人和外围设备的相对位置关系，即机器人布局问题成为又一个挑战。对于搬运机器人而言，其布局空间是机器人的工作空间，待布局对象是除机器人之外的周边设备。从实际生产角度来看，搬运机器人布局以节约场地、提升产量、实现最佳物流搬运为目的，其合理性将直接影响搬运效率和生产节拍。按照上述原则，导入案例描述的机器人自动化折弯加工单元采用的是一机一位地装行走轴式布局，即由一台地装行走轴机器人辅助数控折弯机完成取料、折弯和码垛等任务。实际上，搬运机器人工作单元的布局形式多种多样，有按机器人安装方式分类，有按工位布局形

式分类，有按工位匹配机器人数量分类等。搬运机器人的布局类型、特点及适用场合等见表3-6。

表 3-6　搬运机器人的生产布局

布局类型		布局特点	适用场合	布局图示
机器人安装方式	地装式（岛式）	采用最广泛的搬运机器人安装方式，将机器人落地式地安装在机床设备旁边，结构简单，易于维护	小型零部件的单、多工序加工场合，如数控加工中心上下料	
	地装行走轴式	将搬运机器人安装在地装直线导轨上，机器人可沿其往复移动于各工位间，完成工件的装卸、翻转、工序转换等一系列动作，实现多工序加工，占地空间大，成本较高	大型零部件的单、多工序加工，或者小型零部件的单工序加工周期较长的场合，如钣金折弯上下料	
	天吊行走轴式	将搬运机器人安装在龙门直线导轨上，机器人可沿其往复移动于各工位间，完成工件的装卸、翻转、工序转换等一系列动作，实现多工序协同加工，占地空间大，成本高	零部件的多工序加工（设备密集摆放）且生产节拍要求较高的场合，如注塑机取件作业	
工位布局形式	"一"字形	机床设备沿机器人一侧或两侧按线性串列布局安装放置，由一台或多台搬运机器人往复地自动完成工件的装卸、传递，实现流通加工生产	零部件的单工序、加工周期较短且生产节拍要求较高的场合，如冲压自动化生产线上下料	
	"品"字形	机床设备围绕搬运机器人按"品"字形排布，一台或多台机器人往复在各工位之间传递、装卸工件，完成多工序粗、精加工及辅助上下料任务	零部件的多工序加工，或者单工序、加工周期较长的场合，如数控加工中心上下料	

（续）

布局类型		布局特点	适用场合	布局图示
工位布局形式	环形	一般以地装行走轴移动式搬运机器人为中心，机床设备呈环状地分布在四周，机器人可往复在各工位之间传递、装卸工件，完成零部件的流通加工	零部件的多工序加工，或者单工序、加工周期长的场合，如数控车床零件装卸	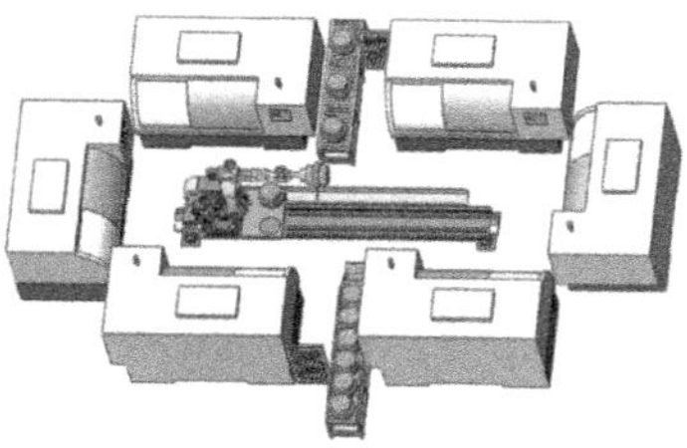
工位匹配机器人数量	一机一位	由一台搬运机器人辅助完成一个工位的取料、装卸、下料作业	零部件的单工序、加工周期较短的场合，如数控车床上下料	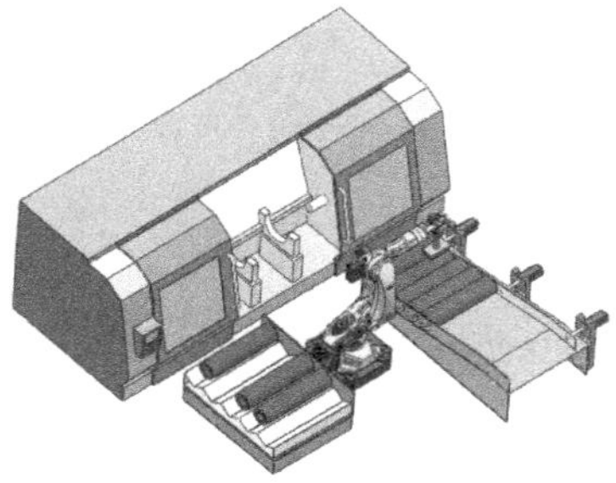
	一机多位	由一台搬运机器人辅助完成多个工位的取料、多工序粗、精加工及下料等作业，实现零部件的流通加工	零部件的单工序、加工周期较长的场合，如数控加工中心上下料	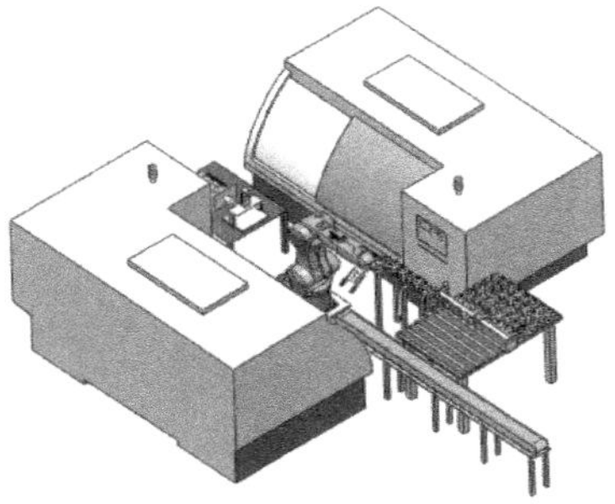
	多机多位	由两台或两台以上的搬运机器人协同完成多个工位之间的零部件流通加工，包括取料、多工序粗、精加工及下料等作业	零部件的多工序、加工且生产节拍要求较高的场合，如压铸件流通加工	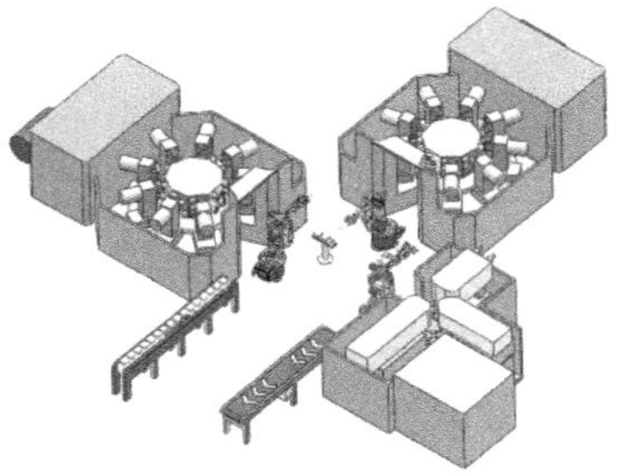

　　至此，搬运机器人及周边设备的选型与布局方面的知识要点介绍完毕。下面通过某自动包装生产线的前期客户需求调研、系统方案设计论证以及后期实施效果这一企业实施工业机器人项目的实际全过程的综合应用案例，进一步加深读者对如何正确选型并构建一个经济实用的搬运机器人柔性单元或生产线的认识和理解。

【案例剖析】

1. 客户需求

近年来，随着国内人口红利的逐渐消失，企业用工成本不断上涨，各种工业机器人获得了广泛的应用。物料搬运是一项无处不在的日常工作，存在于各行各业中，但看似不起眼的简单工作背后，却有着长期性、基础性的企业需求，还时常受到人员、成本及效率等因素的限制。机器人搬运迎合了市场的痛点需求，将工人从日常搬运工作中解放出来，缓解劳动力不足，提高行业和企业生产力，推动产业发展由劳动密集型向技术密集型的转变，更促进生产模式向现代化、智能化的升级。

电动工具是日常生产生活中常见的一类工具，具有较高的技术含量和附加值，对社会经济发展起着不可或缺的作用。目前我国已成为世界电动工具生产和出口的"双料"大国，未来欲从巨大的市场中获得更多份额，国内电动工具制造企业需要切实提高产品质量和技术水平。单相串励电动机由于转速高、体积小、起动转矩大、转速可调，既可在单相交流电源上使用，又可在直流电源上使用，因而在电动工具中得到广泛的应用，如图 3-14 所示。转子是电动机中的关键旋转部件，其制造质量对单相串励电动机性能有着直接影响。然而，转子生产工序较多，小型电动机企业迫切需要提高转子生产线的自动化水平，以提高产品质量、降低生产成本、提升企业产能，实现减员增效，进一步提升产品的竞争力。

a) 电钻　　　　　　　　b) 切割机　　　　　　　　c) 角磨机

图 3-14　单相串励电动机电动工具

现某电动机制造企业，需大量生产单相串励电动机转子，转子结构如图 3-15 所示。在转子生产的前道工序中，一般由自动绕线机完成转子线圈的绕制与焊接；在转子生产的后道工序中，将进行换向器表面的车削成型和向轴承位加注润滑油，并通过下压机构将扇叶和转子同轴地压为一体及加胶固定，再经过动平衡测试、去毛刺、喷码等工序，最后通过转子检测，形成具备良好使用性能的转子成品。在这些转子后道工序的各步骤中，需要采用不同的专用设备，期间需要工人从（向）各个工装上卸（装）转子并将转子在各个设备间转移，如图 3-16 所示。传统手工加工和收集传递的方式将各工序步骤分割，耗费人力进行重复性的装卸和转移，时间消耗大、生产效率低，且人工装卸和转移

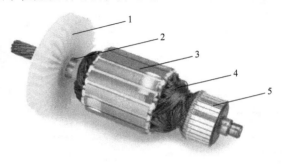

图 3-15　单相串励电动机转子

1—风叶　2—转子轴　3—转子铁芯

4—转子绕组　5—换向器

易对转子造成污染和损伤，降低转子的品质，人工操作出错率亦难以把控；同时，各道工序在空间上相对分散，占用较多的车间场地资源。为追求转子后道工序的优质、高效生产，该电动机制造企业尝试自动化改造升级，改造目标是生产节拍缩短至每件30s内，产品质量达到表3-7所列的质量检验要求。

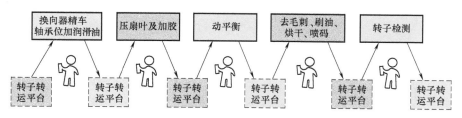

图3-16 传统手工方式转子后道工序工艺流程

表3-7 转子质量检验要求

质量要求	指标明细	备 注
电气性能	匝间测试、绝缘电阻测试、耐压测试、跨间电阻、片间电阻、焊接电阻等	满足技术要求
外观检查	外观无异常、无挂线、无开裂、漏钩等	满足技术要求

2. 方案设计

为满足转子后道工序自动化生产的要求，初步方案是改变传统人工上下料和传递物料的方式，由垂直关节型搬运机器人（配置双夹持器）完成换向器精车、压扇叶及加胶、动平衡、成品下线四道工序中对各专用设备的上下料作业，大大减少转子的重复装卸和转移的人工工作量。同时，为进一步提高生产线的作业效率和降低成本，缩短生产节拍，去毛刺、刷油、烘干、喷码等工序间的转子上下料采用直角坐标型机器人。经过现场考察、沟通商讨，拟定的转子后道工序自动化生产线工艺流程如图3-17所示。具体工艺流程如下：

1）人工向入料锯齿链摆放转子完成入料。

2）垂直关节型机器人搬运，即从锯齿链抓取转子后将其上料至车床。

3）车床完成转子的换向器精车，轴承位加注润滑油。

4）垂直关节型机器人搬运，即将转子从车床下料，再上料至压扇叶。

5）压扇叶专机，完成刷油、压扇叶及加胶。

6）垂直关节型机器人搬运，即将转子从压扇叶专用机床下料，再上料至动平衡机。

7）动平衡机完成动平衡检测与校正。

8）直角坐标型机器人搬运，即将转子从动平衡机下料，并上料至去毛刺刷油烘干专用机床。

9）去毛刺刷油烘干专用机床完成对换向器的去毛刺、涂防锈油、烘干。

10）转子经锯齿链传送至喷码定位机构，喷码机进行喷码。

11）直角坐标型机器人搬运，即抓取转子至检测位置，完成转子检测后，再将其放回至定位机构。

12）垂直关节型机器人搬运，即从定位机构抓取转子后再将其放至出料锯齿链，出料。

结合转子产品特点及其后道生产的工艺流程，规划如图3-18所示的电动机转子后道工序自动化产线工位布局。各主要功能单元名称及功能描述见表3-8。

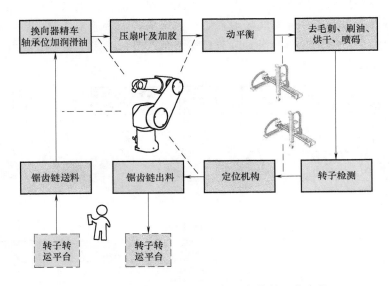

图 3-17　转子后道工序自动化生产线的工艺流程

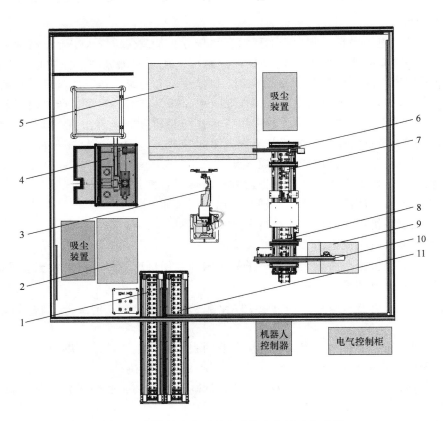

图 3-18　转子后道工序自动化生产线工位布局

1—入料锯齿链　2—车床　3—垂直关节型机器人　4—压扇叶专机　5—动平衡机　6、10—直角坐标型机器人
7—去毛刺刷油烘干专用机床　8—喷码机　9—转子检测设备　11—出料锯齿链

表 3-8　转子后道工序自动化生产线功能单元名称及功能描述

功能单元名称	功能描述
入料锯齿链	由工人人工摆料,放在入料锯齿链上。入料锯齿链对每个转子均有定位槽,便于机器人准确抓取
车床	完成换向器表面的精车,精车时实现轴承位加注润滑油功能
压扇叶专用机床	完成扇叶自动送料,实现扇叶自动压入功能,同时具备加胶功能
动平衡机	实现对带扇叶的转子的动平衡检测与校正
去毛刺刷油烘干专用机床	利用钢丝轮去除换向器表面毛刺。去毛刺与刷油处于 2 个工位。刷油油层厚度适中,确保烘干后油漆不流入换向器
喷码机	检查并避开平衡槽,完成转子表面自动喷码
转子检测设备	检测工位能够自动对位,完成转子电气性能检测,具备不良品自动分离功能
出料锯齿链	出料锯齿链对每个转子均有定位槽,便于机器人准确放置,完成出料

　　转子后道工序自动化生产线的布局是以 6 轴垂直关节型搬运工业机器人为中心，各机床、机构、专用设备等围绕机器人形成环状布局，如图 3-19 所示。人工锯齿链排料送入，机器人自动搬运，依次完成各道工序后，机器人将转子搬运至锯齿链出料机构，由出料机构送出。生产线设有安全围栏，安全性好、可靠性高，有效防止人员在设备运行过程中进入生产区域，避免发生意外人身伤害。此外，设备具有接地保护、过载保护、短路保护、漏电保护、误操作保护功能，可保证系统运行的稳定性。表 3-9 列出了转子后道工序自动化生产线主要设备明细。

图 3-19　转子后道工序自动化生产线布局

1—出料锯齿链　2—入料锯齿链　3—车床　4—压扇叶专用机床　5—动平衡机　6—去毛刺刷油烘干专用机床
7—垂直关节型机器人　8—喷码机　9—转子检测设备

表 3-9　转子后道工序自动化生产线主要设备明细

设备类型	设备名称	生产厂家	型号规格	设备数量/台(套)
工业机器人系统	操作机	日本 Fanuc	M-20*i*A	1
	控制器	日本 Fanuc	R-30*i*B	1
	底座	浙江 SEOKHO	定制	1

（续）

设备类型	设备名称	生产厂家	型号规格	设备数量/台（套）
专用设备	车床	终端客户（企业）	自备	1
	压扇叶专用机床	浙江 SEOKHO	定制	1
	动平衡机	终端客户（企业）	自备	1
	去毛刺刷油烘干专用机床	浙江 SEOKHO	定制	1
	喷码机	浙江 SEOKHO	定制	1
	转子检测设备	终端客户（企业）	自备	1
控制系统	电气控制柜	浙江 SEOKHO	定制	1
周边设备	定位机构	浙江 SEOKHO	定制	2
	安全围栏	浙江 SEOKHO	定制	1

　　转子后道自动化生产线控制系统采用可编程逻辑控制器（PLC）为主控制器，通过现场总线与工业机器人控制器（RC）、各专用设备联网组成主从结构，PLC 也可直接通过 I/O 口与工业机器人控制器进行信息交互。各专用设备由自带控制器实现相关机构动作的控制功能。整个控制系统硬件架构如图 3-20 所示。

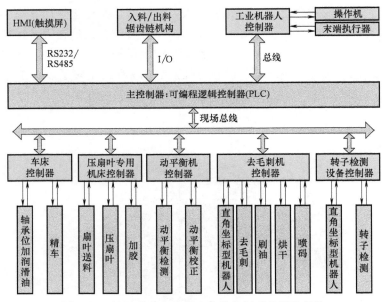

图 3-20　转子后道自动化生产线控制系统硬件架构

　　在设备设计选型时，以工作性能稳定、技术方案可靠、经济性能实用为主要依据。主要设备的功能及其选型依据见表 3-10。

表 3-10　转子后道工序自动化生产线主要设备选型

工艺流程	关联设备	设备功能	结构图示	选型（定制）依据
送料、出料	锯齿链输送料机构	用于放置、输送待加工转子、已加工合格转子，并实现准确定位		①定位准确度 ②输送速率 ③工作长度

（续）

工艺流程	关联设备	设备功能	结构图示	选型（定制）依据
搬运	垂直关节型机器人	用于夹持工件，并将工件在各工作台位之间搬运，实现准确定位		①品牌 ②轴数 ③额定负载 ④工作空间 ⑤位姿重复性
	机器人末端执行器	采用双头夹爪，抓取工件，提高效率	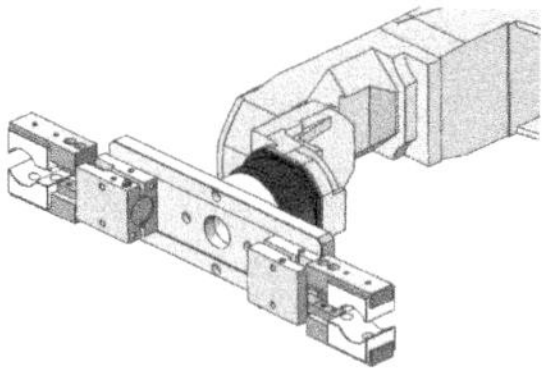	①双头夹爪 ②适应性 ③可靠性 ④稳定性
	直角坐标型机器人	用于夹持工件，并将工件在各工作台位之间搬运，实现准确定位	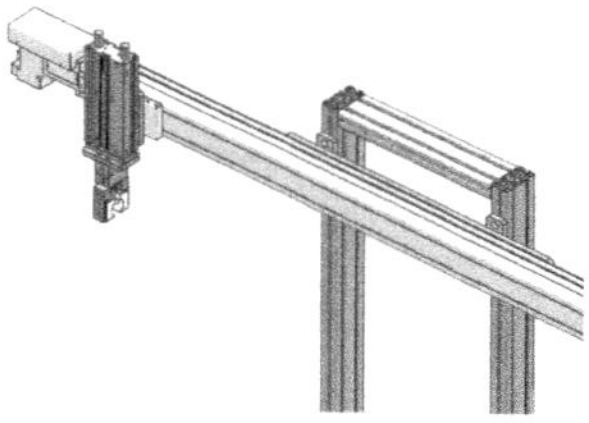	①轴数 ②工作空间 ③额定负载 ④位姿重复性 ⑤工作节拍
精车	车床	用于换向器表面精车、轴承位加注润滑油	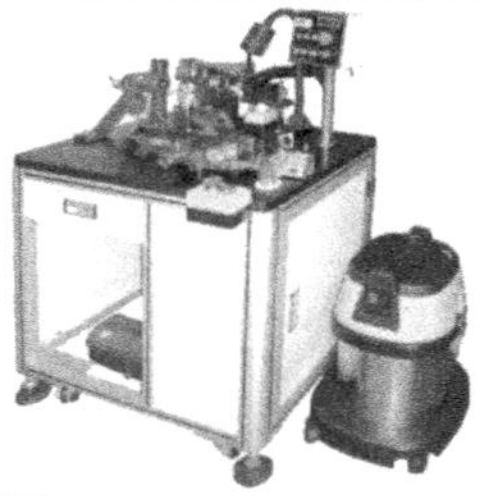	①加工精度 ②表面粗糙度 ③最大棒料直径 ④最大加工长度 ⑤主轴转速
压扇叶、加胶	压扇叶专用机床	完成电动机转子的冷却扇叶自动送料、自动压入、加胶作业	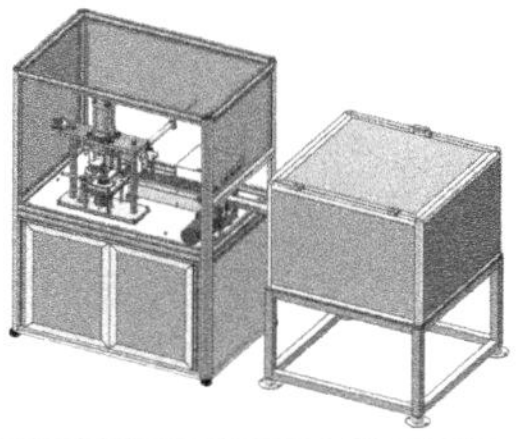	①工作节拍 ②稳定性 ③可靠性
动平衡检测	动平衡机	对转子进行动平衡检测和校正	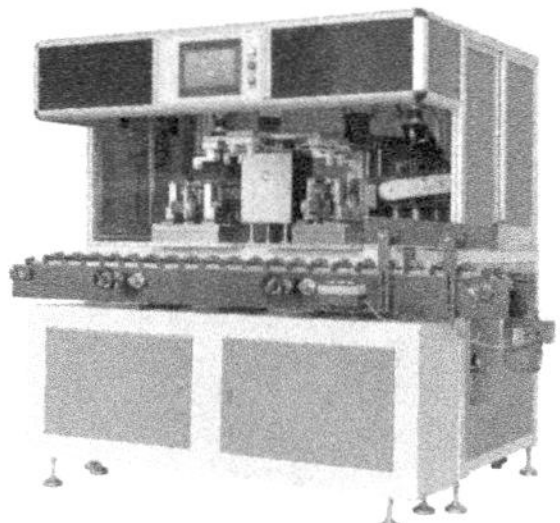	①最小可达剩余不平衡量 ②动平衡机不平衡量减少率 ③工件最大质量 ④工件最大直径 ⑤平衡转速

（续）

工艺流程	关联设备	设备功能	结构图示	选型（定制）依据
去毛刺、刷油、烘干	去毛刺刷油烘干专用机床	自动完成去毛刺、刷防锈油、烘干等多道工序作业		①工作节拍 ②稳定性 ③可靠性
喷码	喷码机	检查并避开平衡槽，完成零件编号喷码工作		①编号打印速度 ②最高分辨率 ③稳定性 ④可靠性
转子检测	转子检测设备	完成转子电气性能检测，不良品自动分离作业		①工作节拍 ②检测项目 ③检测参数 ④可靠性
转子定位	定位机构	转子定位，便于机器人抓取		定位准确性

在完成设备选型任务后，为规避投资风险，缩短制造周期，采用离线编程技术建立生产线几何模型，编制搬运机器人任务程序和离线动画仿真，检验搬运机器人工作方案的可行性、机器人动作的可达性、运动过程的可靠性，同时，亦可优化设备布局、缩短工作节拍。经过验证与优化后，转子后道工序自动化生产线布局如图3-21所示。在锯齿链送料机构输入端由一位工人负责摆料送入后，多道工序间的上下料作业均由搬运机器人承担，改善了工人的工作条件，实现了较高的工作效率，并大大节省了工作空间。

3. 实施效果

与传统手工加工和传递的方式相比较，企业利用搬运工业机器人，实现的自动化生产线具有如下明显优势。

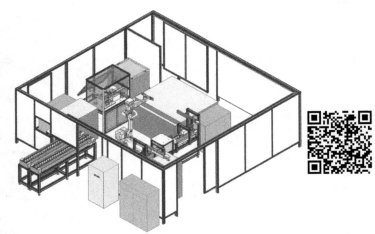

图 3-21　转子后道工序自动化生产线实际布局图

（1）**减少作业人数，提高生产效率**　传统的手工加工和传递方式完成转子后道工序至少需要 5 名操作工人，即分别在精车、旋压扇叶、动平衡检测、去毛刺、转子检测 5 道工序点配备操作人员。同时，转子在各道工序间流转需要专用的转运码盘来堆放，造成工序流转效率低。经测算，传统依靠操作工人的转子后道工序生产耗时每件约 40s。采用搬运工业机器人后，转子后道工序自动化生产线无需操作工人在各道工序间转运转子，只需一位操作工人在生产线送料端排料，生产线即可自动完成多个工序的生产过程，实现生产节拍小于每件 25s，效率提升 37.5%。同时，生产线产能的提升与稳定性的增强为企业订单排产提供了有力的保障。

（2）**提升产品质量稳定性**　采用自动化生产线进行生产，各道工序间由机器人完成搬运，避免了人为操作失误的发生，工艺过程更稳定；避免了人工转运容易造成的转子表面污染和损伤的发生，产品质量更稳定。转子表面完好与表面污染对比如图 3-22 所示。

（3）**降低工人劳动强度**　与手工加工和传递方式相比，自动化生产线上，各道工序间的转子搬运作业均由机器人来完成，极大地减少了工人重复性劳动的工作量，降低了工人劳动强度。

（4）**节约车间生产空间**　以传统的手工加工和传递方式完成转子后道工序，除各机床占用固定空间外，转子在各工序间转运存储需要占用大量的生产车间用地，如图 3-23 所示，各工序合计需要生产空间不少于 120m²。改造为自动化生产线后，各机床以工业机器人为中心，形成环状布局，占用空间减少，如图 3-24 所示，仅需 20m²，大大节约了企业生产车间用地。

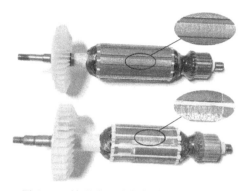

图 3-22　转子表面完好与表面污染对比

图 3-23　传统方式转子生产空间

图 3-24　自动化生产线转子生产空间

上述优势见表 3-11 的对比。

表 3-11　自动化生产线与传统手工方式对比

生产方式	传统的手工加工和传递方式	自动化生产线
作业人数	精车、旋压扇叶、动平衡检测、去毛刺、转子检测等专用设备上下料操作，>5 人	送料端上下料操作，1 人
生产节拍	40s/件	25s/件
产品质量	手工操作容易失误，转子表面易受污染与损伤	工艺过程稳定，产品质量稳定
车间用地	120m²	20m²

对于制造型企业来说，车间生产具有非常重要的地位，是决定生产效率与产品质量的最重要的环节。数字化车间是建设智能制造的重要环节，是制造企业向智能制造转型升级的起点。采用转子后道工序自动化生产线后，企业生产的自动化水平得到提升，为后续接入信息化系统，实现生产过程数字化与智能化（如智能排产、决策支持分析等），实现车间数字化做了必要的准备。

 【本章小结】

搬运机器人是在工业生产过程中自动执行物件搬运任务的一类工业机器人，具有 3~7 个可自由运动的轴，依靠自身动力和各轴之间的相互配合，在控制器作用下实现对物件的抓取与释放，末端额定负载 0.5 ~ 1350kg，工作半径 550 ~ 4600mm，位姿重复性 ±0.02 ~ ±0.5mm。

机器人自动化辅助上下料单元是集搬运机器人、搬运系统、周边设备、视觉系统及相关安全保护装置等于一体的柔性物流搬运系统。搬运机器人因应用领域不同而有所不同，铸造级专用机器人和真空洁净机器人在防护等级、自身发尘量等方面较通用型工业机器人等级要求高；夹持器作为搬运系统的重要部件之一，主要分为抓握型夹持器和非抓握型夹持器两种，具体设计或选型时需依据被搬运物件的特性和搬运要求而定。在某些场合，可采用组合式夹持器或末端执行器自动更换系统来提高"手爪"的适应性或作业效率；搬运机器人的辅助周边设备与其应用领域息息相关，不可一概而论，设备选用依据为物件加工工序。若想进一步增加机器人搬运作业的智能程度，可选配机器视觉的相关产品。

搬运机器人工作单元是由执行相同或不同功能的多个机器人系统和相关设备构成，主要用于实现零部件或产品加工过程中的自动化流通搬运作业，其布局需要综合考虑企业的厂房面积、产品类型、加工工序、生产节拍等因素，以使综合效益最大化。

 【思考练习】

1. 填空

（1）如图 3-25 所示为 2 台机器人辅助 6 台加工中心完成自动化上下料作业，按照机构运动特征划分，图示机器人为_____搬运机器人。

图 3-25 题 1（1）图

（2）某机床加工企业拟进行自动化升级改造，现有加工工件主要是毛坯件，机器人抓取工件后，上料的定位孔位置会发生变化，甚至工件上料时的平面度也有变化。针对上述工况，如图 3-26 所示，企业可采用＿＿＿＿＿＿＿＿辅助机器人完成抓取偏差修正。

（3）在实际生产过程中，为避免工作人员和其他无关人员误入机器人动作范围内而发生意外事故，企业普遍采用如图 3-27 所示的＿＿＿＿＿＿＿＿作为安全防护装置来限制工作人员的活动范围、防止无关人员误入机器人动作范围以及避免工作人员在工作中对带电设备的危险接近。

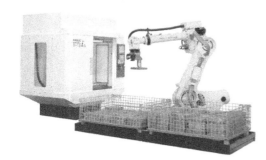
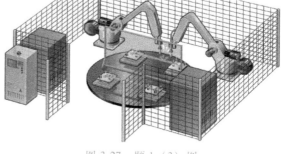

图 3-26　题 1（2）图　　　　　　　　　图 3-27　题 1（3）图

2. 选择

（1）如图 3-28 所示为国内某机床制造企业根据客户需求而设计的多工位机器人上下料单元，其生产布局采用的是＿＿＿＿＿＿＿＿。

①地装式；②地装行走轴式；③天吊行走轴式；④"一"字形；⑤"品"字形；⑥环形；⑦一机一位；⑧一机多位；⑨多机多位

能正确填空的选项是（　　　）。

A. ②④⑦　　　　B. ①④⑦　　　　C. ②④⑧　　　　D. ①④⑧

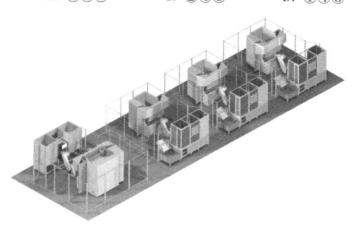

图 3-28　题 2（1）图

（2）如图 3-29 所示为多台工业机器人辅助搬运，实现金属制品流水线加工生产，由图可知，搬运机器人采用的是＿＿＿＿＿＿＿＿夹持器。　　　　　　　　　　　（　　　）。

A. 外抓握　　　　B. 内抓握　　　　C. 气吸附　　　　D. 磁吸附

图 3-29 题 2（2）图

3. 判断

如图 3-30 所示为某企业购置的机器人自动化钣金折弯加工单元，可实现不同规格的钣金制品折弯成型加工。看图并做出以下判断。

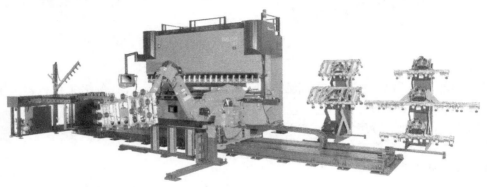

图 3-30 题 3 图

（1）图示折弯机器人为地装式关节型搬运机器人，相较直角坐标型搬运机器人，其灵活度高，几乎能适合任何轨迹或角度的作业。　　　　　　　　　　　　　　　　（　　）

（2）机器人手腕安装的末端工具是吸附式夹持器，具有高效、无污染、定位精度高的优点。　　　　　　　　　　　　　　　　　　　　　　　　　　　　　　　　　（　　）

（3）为满足多任务需求，机器人手腕上安装有末端执行器自动更换装置。　（　　）

4. 综合练习

使用机器人辅助数控加工中心组成柔性加工自动生产单元的方式逐步得到广泛应用，其在提高生产效率、降低人工成本、保障作业安全、提升产品品质等方面起到了显著作用。国内某企业主要做配套加工业务，由于所生产的金属活塞件供货量较大且生产所需人力成本持续快速上涨，企业拟为数控机床配备机器人以实现自动化上下料，期望提高生产效率和降低生产成本。该企业生产的活塞件如图 3-31 所示，外轮廓尺寸约为 33.0mm×37.0mm，单件质量约为 0.25kg。

某机器人集成商依据企业情况和工件特点，为该公司设计了一套中置地装式机器人上下料方案，如图 3-32 所示。工作站采用一机两位布局形式，由两台滑台分别负责毛坯和成品的输送，在满足机器人自动上下料的同时能最大程度地节约人力，同时可保证足够高的加工

a) 毛坯料　　　　　　　b) 半成品　　　　　　　c) 成品件

图 3-31　活塞件加工过程

柔性。在实际生产过程中，当上料滑台滑动将载有毛坯料的托盘输送至取料位置后，搬运机器人的双夹持器移动至上料滑台位置抓取毛坯料，并将其送入数控机床 A 进行半成品加工，待加工完毕，再将半成品取出。然后，机器人夹持半成品移动至数控机床 B，完成成品件加工，最后机器人取出成品件送至下料滑台位置。至此，一个作业周期结束，下一个周期开始。机器人自动上下料单元的设备配置清单见表 3-12。

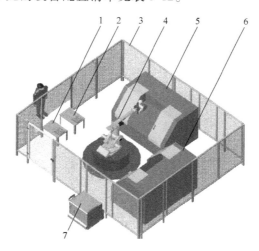

图 3-32　上下料机器人生产布局

1—下料滑台　2—上料滑台　3—防护装置（围栏）　4—操作机　5—数控机床 A　6—数控机床 B　7—控制器

表 3-12　机器人上下料单元设备配置清单

类别	名　称	品　牌	型号	数量/台（套）
搬运机器人	操作机	瑞士 ABB	IRB 1410	1
	机器人控制器		IRC5	1
搬运系统	夹持器	上海致籁机器人	定制	1
	气体发生装置	山东德耐尔	DW-2.0/0.7	1
周边设备	防护装置	上海致籁机器人	定制	1
	物料输送系统		定制	1

说明：IRB 1410 操作机手腕额定负载为 5kg，最大工作半径为 1444mm，位置重复性为 ±0.05mm。

（1）结合抓取对象（活塞件毛坯料）的质量和尺寸，判断上述机器人单元配置中选用的操作机是否合理？可否用表3-13中所列型号替代？说明理由。

表 3-13　备选操作机一览表

序列	品牌	型号	轴数	额定负载 /kg	工作半径 /mm	位姿重复性 /mm
1	ABB	IRB 140	6	5	810	±0.03
2		IRB 4600-20/2.50	6	20	2513	±0.06
3		IRB 460	4	110	2403	±0.08
4		IRB 6650S-200/3.0	6	200	3484	±0.11
5	Fanuc	M-430iA/2F	5	2	900	±0.50
6		M-20iA/35M	6	35	1813	±0.08

（2）上述搬运机器人所采用的外抓握夹持器如图3-33所示，可否改用内抓握夹持器或气吸附夹持器？说明理由。

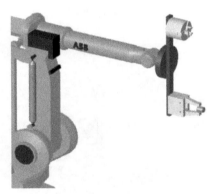

图 3-33　外抓握夹持器

（3）从提高机器人上下料作业效率的角度考虑，上述机器人生产布局可否换为"一"字形布局？说明理由。

【知识拓展】

1. 自主移动式搬运机器人

在绝大多数的机器人辅助上下料场合，搬运机器人都采用地装式、地装行走轴式和天吊行走轴式三种安装方式，难以适应路径多岔、搬运对象多变以及中批量规模生产的情况。同时，受制于供电问题，机器人后期移动比较困难。如果机器人能够自主或半自主移动的话，就不仅可以有效扩展机器人的工作空间，而且可以增加机器人应用的灵活性，满足自动化工厂（Factory Automation，FA）、柔性制造系统（Flexible Manufacturing System，FMS）等现代制造模式需求。如图3-34a所示，由德国Neobotix公司自主研制的Mobile Manipulator MM-500，自主移动式搬运机器人拥有可快速变化的7轴机械手臂，配备新型力-扭矩传感器。这种移动式搬运机器人可从起点出发，沿预定路线自主行驶至终点后再自主完成装卸料作业，之后还能够寻线返回，可完成轻中型零部件（6~30kg）从运输、装载到存储的全过程自动化作业。如图 3-34b 所示，MM-800 则拥有大容量电池，其机械手臂可在底座移动过程中完成零部件的取放、搬运等任务，广泛应用于中重型零部件（30~130kg）的自动化生产物流过程。相对于传统安装方式的搬运机器人，自主移动式搬运机器人行走路径的设定与改变更加灵活，方位值可被精确、实时地检测，此外还具有感知和避让障碍物的功能，比较适用于柔性制造车间、自动化立体仓库等场合。

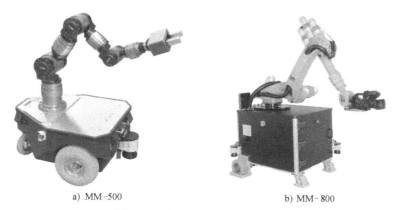

a) MM-500　　　　　　　　　　　b) MM-800

图 3-34　自主移动式搬运机器人

2. 多机器人协同搬运技术

在冲压、锻造和铸造行业，不同类型成型件（冲压件、锻件和铸件）的成型工艺流程各有差异。以连杆（细长形状）锻压为例，锻压分为预锻、终锻和精锻三个步骤成形，依靠人工在同一台锻压机上完成三次锻压生产存在着很大的安全隐患，而且人工作业时很容易发生放偏或放斜的情况，造成不良品锻件。类似场合可以使用两台机器人通过 Dual-Arm 技术实现快速协调动作、共同搬运工件，如图 3-35 所示，机器人带有浮动功能的手爪能够在不松开工件的状态下进行锻压，这样不仅可以避免工件位置偏移时发生抓偏，而且可以极大地加快生产节拍。日本 Fanuc 机器人公司针对锻造、铸造开发的 Dual-Arm 技术能够通过一个控制器最多控制 4 台机器人，受控机器人之间的距离和角度始终保持一致，即使在快速运动时仍能保持高度协调。

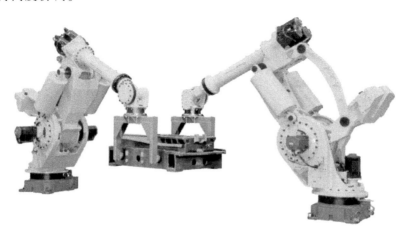

图 3-35　大型铸件的双机器人协同搬运作业

由瑞士 ABB 机器人公司研制的基于 Twin Robot Xbar（TRX）机器人技术的冲压自动化解决方案如图 3-36 所示，是一款快速柔性的零部件传送系统，能够实现每分钟在串联式冲压生产线生产 16 件大型冲压件的任务。TRX 通过一个控制器控制 10 个运动轴（两台 4 轴机器人，外加两个附加轴）联动实现横杆倾斜摆动。

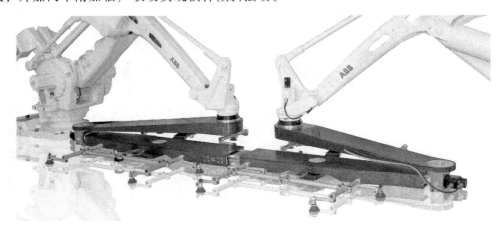

图 3-36　基于 Twin Robot Xbar 的冲压自动化解决方案

相对于 TRX 和 Dual-Arm 技术，近来日本 Hitachi 推出的如图 3-37 所示的双臂移动式搬运机器人则是将 Dual-Arm 技术和自动导引车（AGV）技术进行集成。这种机器人是在带有旋转台的 AGV 上安装两个伸缩式升降台，在两个升降台上各安装一个由 Epson 制造的 6 轴机器人手臂，手腕末端配置用于识别抓取对象的视觉传感器。与 Hitachi 制造的其他机型相比，双臂移动式机器人从行走停止到取出物件的用时由 7s 缩短至 3s。如果算上人工寻找货架所花费的时间，新型机器人能够实现与人工作业相同的速度，适用于自动化立体仓库中的小型零部件的搬运作业。

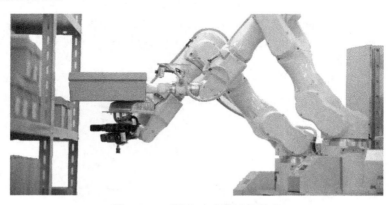

图 3-37　双臂移动式搬运机器人

3. 机器人柔性工装与协调

从应用来看，汽车制造业是工业机器人最大的应用行业。在汽车部件装配或总装过程中，一些零部件和小型工艺件需要精确地安装到某些大部件或汽车整机上，这些零部件和工艺件称为系统件。在传统工艺中，为完成系统件安装工作，往往需在装配系统中针对不同的系统件专门设置固定式定位工装，增加了整个系统的复杂程度，对装配系统的开放性造成了影响。随着机器人位置精度、负载能力的提高，以及离线编程工具、实时仿真技术、软件技术的发展，机器人已可作为一种高效的平台，配合不同的末端执行器和测量子系统等，即可构成功能不同的机器人柔性自动化系统。例如，日本 Fanuc 机器人公司通过将其超重型机器人 M-2000iA/900L 配以专用的系统件辅助定位工装，构成机器人辅助的系统件柔性涂胶定位系统，如图 3-38 所示，只应用一台机器人就能够完成多个系统件的辅助安装工作，极大地降低了整个装配系统的复杂程度，有效释放了装配操作空间。

图 3-38　机器人柔性工装与涂胶作业

【参考文献】

［1］　兰虎. 工业机器人技术及应用［M］. 北京：机械工业出版社，2014.

［2］　郭洪红. 工业机器人运用技术［M］. 北京：科学出版社，2008.

［3］　顾震宇. 全球工业机器人产业现状与趋势［J］. 机电一体化，2006，02：6-10.

［4］　刘少丽. 浅谈工业机械手设计［J］. 机电工程技术，2011，07：45-46，149，170.

第4章

hapter

码垛机器人的认知与选型

码垛机器人（Palletizing Robot）是在工业生产过程中用于执行规则的大批量工件、包装件的抓取、码垛、卸垛等任务的机器人，是集机械、电子、信息、智能技术、计算机科学等学科于一体的高新机电产品，能适应于箱装、袋装、罐装、瓶装、盒装等各种形式的包装成品的码垛、卸垛作业。

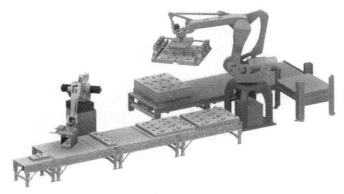

1961年，美国GM公司首次将工业机器人Unimate用于生产线，主要承担压铸生产中的叠放压铸金属件工序，拉开了机器人用于码垛作业的序幕。

2009年，德国KUKA机器人公司向全球正式推出四款全新的码垛机器人，型号分别为KR 300 PA、KR 470 PA、KR700 PA和KR 1000 1300 titan PA，完善了其码垛机器人的产品系列，成为了全球拥有码垛机器人规格最全的公司。

2010年，意大利COMAU公司专为码垛作业设计的机器人SMART5 PAL研制成功，其额定负载最高达到260kg，最大水平工作半径为3100mm，位姿重复性为±0.25mm，具有符合人机工程学的设计和应用顶级碳纤维杆的结构。

2011 年，瑞士 ABB 机器人公司推出了当时全球速度最快的码垛机器人 IRB 460，用于整层码垛应用的机器人 IRB 760 以及全系列的专用码垛工具和人性化编程软件。同年，日本 Fanuc 机器人公司也推出一款新机型 M-410iB/140H，其运动范围更大、速度更快，配合视觉系统，可进行分类码垛。美国 Bastian Solutions 公司将码垛机器人成功安装在自动导引车（AGV）上实现移动式分类码垛。

2013 年，荷兰 RSW 公司与德国 KUKA 公司合作，共同推出混合排列式夹持器，码垛吞吐量可提高 40% 左右。

物 流 术 语

物流（Logistics）　物品从供应地向接收地的实体流动过程。根据实际需要，将运输、储存、装卸、包装、流通加工、配送、信息处理等基本功能进行有机结合。

物流管理（Logistics Management）　为达到既定的目标，对物流的全过程进行计划、组织、协调与控制。

物品分类（Sorting）　按照物品的种类、流向、客户类别等对物品进行分组，并集中码放到指定场所或容器内的作业。

仓储（Warehousing）　利用仓库及相关设施、设备进行的物品入库、存贮、出库的活动。

货垛（Goods Stack）　按一定要求被分类堆放在一起的一堆物品。

堆码（Stacking）　将物品整齐、规则地摆放成货垛的作业。

拣选（Order Picking）　按订单或出库单的要求，从储存场所拣出物品的作业。

配送（Distribution）　在经济、合理的区域范围内，根据客户要求，对物品进行拣选、包装、分割、组配等作业，并按时送达指定地点的物流活动。

运输（Transportation）　用专用运输设备将物品从一个地点向另一个地点运送，包括集货、分配、搬运、中转、转入、卸下、分散等一系列操作。

装卸（Loading and Unloading）　将产品在指定地点以人力或机械的方式载入或卸出机械加工设备（或运输工具）的作业过程。

货架（Rack）　用立柱、隔板或横梁等组成的立体的储存物品的设施。

周转箱（Carton）　用于存放物品，可重复、循环使用的小型集装器具。

码盘作业（Palletizing）　以托盘为承载物，将物品向托盘上码放的作业。

码垛机器人（Robot Palletizer）　能自动识别物品，并将其整齐地、自动地码（或拆）在托盘上的机电一体化装置。

起重机械（Hoisting Machinery）　一种以间歇作业方式对物品进行提升、降下和水平移动的搬运机械。

升降台（Lift Table，LT）　能垂直升降和水平移动物品或集中装设单元器具的专用设备。

充填机（Filling Machine）　将产品按预订量充填到包装容器内的设备。

整理机（Unsorambler）　整理和排列包装产品、包装容器和包装辅助材料等的设备。

检验机（Inspection Machine）　在包装生产线上设置的用来检验包装产品的质量，并将混有异物的产品剔除的机器。

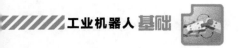

带式输送机（Belt Conveyor） 以输送带作为承载和牵引件或只作承载件的输送机。

牵引链输送机（Tractive Chain Conveyor） 在无级牵引链上无承载件，可将物品或盛放的容器直接装在无级牵引链上进行输送的输送机。

托盘输送机（Pallet Type Conveyor） 将托盘装在牵引链条上的牵引链输送机。

板式输送机（Slat Conveyor） 在牵引链上安装承载物料（品）的平板或一定形状底板的输送机。

【导入案例】

工业机器人助力煤制品制造，实现砖坯码垛自动化

当前，在我国制砖机的码坯工艺中，由于受到国内砖机设备昂贵而企业资金有限的制约，大多数砖瓦生产企业仍采用人工码垛窑车（或干燥车）。对于年产量在六千万块（砖坯）以上的砖瓦企业来说，砖坯码垛一般需要每班配备 8~12 人。在当前劳动力日渐紧张、员工薪资日渐提升的背景下，砖瓦生产企业的管理难度越来越大。有一些砖瓦生产企业使用人工控制的半自动码坯设备，但技术较为落后，产量偏低，而且依赖人工控制，一个小小的失误可能废掉大量砖坯，甚至致人伤残。

针对上述现状，国内大同煤矿集团塔山煤矿率先尝试实施煤矿制砖码垛领域的机器人自动化解决方案。如图 4-1 所示，在塔山煤矿的全煤矸石制砖生产线上，企业使用四台码垛机器人（ABB-IRB 660）取代传统人工作业，负责将成型砖坯码放到窑车上以备烧制。以往该生产环节都是由人工完成，如今四台码垛机器人的使用就可以替代两班约 30 个工人的正常劳动。

采用全自动码垛机器人取代人工后，整个码垛环节的精度得到大幅提升，确保了砖坯按照烧制要求在砖窑中的码放位置和序列整齐，提升了砖坯的烧制质量；砖厂的产品变动、生产节拍变动、垛形变动、窑炉及窑车变动等也更加灵活，易于调整；机器人代替工人在高温、多尘的环境中工作，不但节省人力、改善环境、提高效率，还能减少人工操作失误导致的事故，降低生产成本。

图 4-1 砖坯机器人自动码垛单元

——资料来源：ABB 机器人官网，http://www.abb.com.cn/

【案例点评】

　　在工业机器人的众多应用中，搬运码垛无疑是一个重要的方面。实际上，码垛作业因工作方式单调、体力消耗较大、作业批量化等特点，为码垛机器人的引入提供了充足的理由和绝佳的应用场合。随着国内劳动人口的下降和老龄化人口的上升，过去的廉价劳动力不复以往，很多企业面临着人力成本上涨的危机。在物流行业准高速增长的今天，采用码垛机器人代替人工码垛已成为一种趋势。码垛机器人在解决劳动力不足、提高生产效率、降低生产成本、降低工人劳动强度、改善生产环境等方面具有很大潜力。

【知识讲解】

第 1 节　码垛机器人的常见分类

　　码垛就是按照集成单元化的思想，将一件件的物料（品）按照一定的模式堆码成垛，以便使单元化的货垛实现存储、搬运、装卸、运输等物流活动。码垛有人工码垛和自动码垛之分。在物料（品）轻便、尺寸和形状变化大、吞吐量小的场合，采用人工码垛是经济可取的，如图 4-2a 所示，特别是在人力资源丰富的我国，这些应用场合基本上都采用人工码垛。当码垛吞吐量在 60 次/h（次每小时）以上时，人工码垛不仅会耗费大量人力，而且长时间作业往往使得工人疲惫不堪降低工作效率，类似于导入案例所述的重载、高温、多尘的作业环境还会影响作业工人的身体健康，这些场合采用如图 4-2b 所示的机器人自动码垛可加快物流速度、保护工人的健康和安全，同时还可获得整齐一致的物垛，增强处理的柔性。

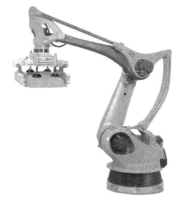

a) 应用助力机械臂的人工码垛　　　　　　　b) 码垛机器人

图 4-2　物料（品）搬运码垛方式

　　在实际生产中，为适应不同应用场合的需求，码垛机器人已逐步演变出诸多机型，如直角坐标型、圆柱坐标型、平面关节型和垂直关节型等。同第 3 章介绍的搬运机器人相似，从企业应用情况来看，直角坐标型码垛机器人和关节型码垛机器人占据多数。如图 4-3a 所示的直角坐标型码垛机器人主要由四部分组成：立柱、X 向臂、Y 向臂和夹持器（俗称"抓

手"），以四个自由度（包括三个移动关节和一个旋转关节）完成对物料（品）的码垛，这种形式的码垛机器人构造简单，机体刚性较强，可承受负载较大，适用于较重物料（品）的码垛。如图 4-3b 所示的关节型码垛机器人可绕机身旋转，包括四个旋转关节：腰关节、肩关节、肘关节和腕关节，这种形式的码垛机器人虽机身小但动作范围大，可同时进行一个或多个托盘的码垛，能够灵活机动地应对多种产品生产线的作业。

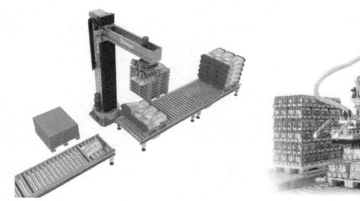

a) 直角坐标型码垛机器人　　　　　　　　b) 关节型码垛机器人

图 4-3　码垛机器人分类

　　码垛机器人按机械结构类型（坐标型式）可分为直角坐标型码垛机器人、圆柱坐标型码垛机器人、平面关节型（SCARA）码垛机器人和（垂直）关节型码垛机器人；参照 JB/T 5063—2014，按负载能力还可分为特轻型码垛机器人（额定负载≤1kg）、轻型码垛机器人（额定负载 1~10kg）、中型码垛机器人（额定负载 10~50kg）、重型码垛机器人（额定负载 50~100kg）和超重型码垛机器人（额定负载>100kg）。

第 2 节　码垛机器人的单元组成

　　在了解了码垛机器人的分类及适用场合之后，要想合理选型并构建一个实用的机器人自动码垛生产线，还需掌握码垛机器人生产线的基本组成。工业机器人生产线是由执行相同或不同功能的多个机器人单元和相关设备构成。以导入案例所述的砖坯自动化码垛为例，机器人自动码垛单元是包括码垛机器人、码垛系统（夹持器及其驱动装置）、相关附属周边设备（如物料输送系统、整形机和窑车等）及安全防护装置在内的柔性码垛系统。为便于理解，图 4-4 示意了省略周边安全防护装置等的码垛机器人单元基本组成。

2.1　码垛机器人

　　同第 3 章介绍的搬运机器人一样，码垛机器人作为工业机器人家族中的一员，同样主要由操作机和控制器两大部分构成。从本质上讲，码垛机器人是搬运机器人的一个特例，一般被安置在导入案例描述的生产线末端，以实现对产品的码垛（堆垛）。反之，机器人也可被安置在生产线前端用以实现物料（品）的卸垛（拆垛）。基于码垛、卸垛任务的实际需要，目前应用最为广泛的 4 自由度关节型码垛机器人本体多采用平行四连杆结构，如图 4-5 所

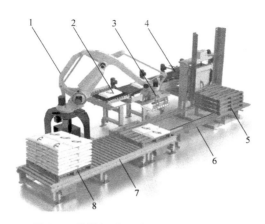

图 4-4 码垛机器人单元基本组成

1—操作机 2—进料待码机 3—夹持器 4—进料输送机
5—托盘库 6—托盘输送机 7—卸料输送机 8—实托盘

示,通过在肩部串联两个平行四边形结构（大臂和大臂副杆、小臂和小臂副杆）使腕关节旋转轴始终与地面垂直,从而使被夹持物料（品）始终处于水平状态。与通用 6 自由度串联工业机器人的结构不同,码垛机器人腕部结构较为简单,没有复杂的姿态调整结构。码垛机器人的机械结构主要特征参数见表 4-1。

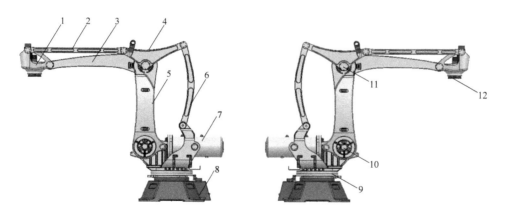

图 4-5 码垛机器人本体结构

1—手腕 2—小臂副杆 3—小臂 4—三角架 5—大臂 6—大臂副杆 7—平衡缸 8—底座
9—腰关节 10—肩关节 11—肘关节 12—腕关节

表 4-1 码垛机器人的机械结构特征参数

特征参数	说 明
结构形式	直角坐标型和垂直关节型占多数
轴数（关节数）	一般为 4~6
自由度	通常与轴数相同,4~6 自由度
额定负载	50~2300kg
工作半径	200~4600mm

119

（续）

特征参数	说　明
位姿重复性	±(0.06~0.5)mm
最大单轴速度	50~300°/s
基本动作控制方式	点位控制(PTP)
安装方式	主要为地面固定安装
典型厂商	国外有瑞士 ABB，意大利 IRIS，英国 LOP，比利时 ESKO，日本 Fanuc、Yaskawa-Moto-man、Kawasaki、Okura 等；国内有新松，博实，奥博特，广州数控，沃迪，KUKA 等

　　控制器是完成机器人自动码垛作业过程控制和动作控制的结构实现，包括硬件和软件两大部分。目前主流的码垛机器人控制系统多采用开放式分布系统架构，除具备轨迹规划、运动学和动力学计算等功能外，还安装有简化用户作业编程的码垛功能软件包。在实际作业编程时，操作者无需专业的编程知识，只需将每垛层数、每层码垛模式、抓放操作方式、物料（品）尺寸信息、托盘位置、进料位置等有关要求提供给系统软件，软件就会根据上述信息自动生成程序。码垛作业时，软件在线计算出物料（品）的具体放置位置，机器人按照位置数据实现对物料（品）的准确码垛。表 4-2 列出了典型厂商开发的码垛软件包。

表 4-2　码垛机器人功能软件包

典型厂商	码垛软件包
ABB	Palletizing PowerPac
KUKA	KUKA. PalletPro，FlexPal Editor & FlexPal RT
Yaskawa-Motoman	PalletSolver
Kawasaki	K-SPARC
Okura	OXPA-QmV
IRIS	IRISPallOptimizer
ESKO	Cape Pack

2.2　码垛系统

　　同搬运机器人类似，码垛系统是码垛机器人完成物料（品）搬运码垛的核心装备，主要由末端执行器（夹持器）及其动力装置组成。在导入案例中，砖坯为规则的方形码料，质量较重，对于类似的箱装、袋装物料（品）码垛，机器人末端执行器通常采用抓握型夹持器；而对于瓶装、罐装、桶装、盒装等包装形式的物料（品）码垛，机器人末端执行器可选用非抓握型夹持器。码垛机器人抓握型夹持器和非抓握型夹持器的常见类别、工作原理及应用场合等见表 4-3。值得强调的是，为进一步提高机器人码垛吞吐量，可将同一类型或不同类型的夹持器进行排列组合。例如在导入案例中，实际作业时将 4 组平行夹持器进行排列构成组合式平行夹持器，一次能抓取十多块砖坯，可大大提升作业效率。

表 4-3　码垛机器人夹持器

夹持器类型		驱动方式	工作原理	应用场合	结构图示	典型厂商
抓握型夹持器	平行(夹板式)夹持器	气动或液压	通过夹持物料(品)包装的两侧进行抓放,某些场合为防止产品滑落,夹持器附带有抓钩。该方式夹持物料(品)受力均匀而不易损伤产品的外观	主要应用于形状规则的方形硬质包装,如盒装、箱装产品		国外:瑞士 ABB 国内:奥博特、友高等
	角形(叉子式)夹持器	气动	通过插入物料(品)包装的底部进行封闭式抓握。该方式会使包装产生一定的变形,但对包装内物料(品)基本无影响	主要应用于内装物为粉末、颗粒等的软包装,如袋装产品		国外:瑞士 ABB、英国乐仆等; 国内:清创等
非抓握型夹持器	吸盘(负压式)端拾器	气动	通过负压气吸附包装的上表面拾取物品。该方式的主要受力部位为物品包装表面,因此要求包装足够牢固	主要应用于表面光滑、密封性较好的包装场合,如桶装、罐装、瓶装产品		国内:泽鸿、奥博特、赛摩等
	海绵(真空式)端拾器	气动	采用海绵吸盘(万能吸盘)弥补普通橡胶吸盘的应用缺陷,通过自闭阀防止泄漏,实现真空气吸附搬运。该方式可有效增强末端执行器的适应性	主要应用于表面不平整、镂空或尺寸多样化的不规则包装场合,如木材、塑封产品		国外:瑞典 Joulin 等; 国内:菲帕、浦若等
	组合式夹持器	气动	将两种或两种以上类型的夹持器进行组合,以适应不同类型物品包装的抓取,多为定制工具	主要应用于多类型物料抓放场合,如产品、包装容器和托盘的混合抓放	抓钩　　吸盘	国外:瑞士 ABB 国内:奥博特、友高等

　　近年来,企业生产正朝向多品种小批量的方向发展,一线一产品的方式不再适用,往往需要建立一线多产品的生产线,这就要求作为末端设备的码垛机器人具备应对多产品的能力。同时,随着大型物资批发配送中心的出现,大量货物需要按订单为成千上万用户配送,这就要求码垛机器人具有混合码垛的能力。例如,由荷兰 RSW 公司研制的组合式平行夹持器 MXRP 的每一对夹板都能独立调整,一次可同时抓取四种不同规格的产品(负载约100kg),如图 4-6 所示,码垛能力为 1200~1800 次/h,而且在抓取产品后还可根据垛型及时

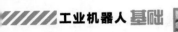

调整产品的上下、前后位置，充分体现出机器人码垛的高载性、高速性和高柔性。

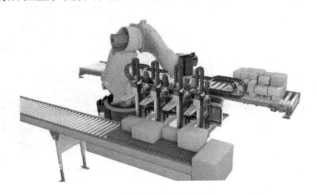

图 4-6   组合式平行夹持器 RSW MXRP

2.3   周边设备

要想实现机器人自动化码垛作业，除需要机器人与码垛系统配合执行码垛、卸垛动作外，还需要一些周边辅助设备，具体视行业应用而定。在导入案例中，成型砖坯经由物料输送系统（带式输送机）的推送和（转向）推板的辅助，可按照阵列编组要求自动完成砖坯排布，到达预定夹坯位供码垛机器人夹取。机器人依照编制好的程序自动执行夹、运、码等动作，将夹取的砖坯运送至窑车的放坯位并进行逐层码垛，直到一辆窑车码满为止。简而言

之，如图 4-1 所示的砖坯自动码垛单元主要包括物料输送系统、砖坯整形机和窑车等周边辅助设备。其中，物料输送系统基本沿用第 3 章介绍的板式输送机、带式输送机、动力式和无动力式辊子输送机等。

在某些码垛场合，为最大程度地节省包装流水线占用厂房面积，可采取物料（品）在线高位式码垛，如图 4-7 所示。此时，需要使用如图 4-8a 所示的倾斜输送机或提升机来提升物料（品）的输送高度，采用如图 4-8b 所示的弯曲输送机来改变物料（品）的输送方向。需要特别强调的是，工业机器人（系统）

图 4-7   在线高位式码垛

的相关危险已得到广泛承认，与其他工业机器人一样，码垛机器人通常安装在"单元"中。"单元"周围是一圈护栏、屏障或保护罩等安全防护装置，利用传感器或光幕等可使机器人"察觉"人员进入，以免伤人。此部分内容可参考第 3 章的相关部分，不再赘述。

正如制砖码垛行业需要砖坯整形机和窑车一样，当将码垛机器人应用于其他行业进行码垛作业时，也需要配置相应行业的辅助设备。以如图 4-9 所示的饲料行业机器人自动包装生产线为例，整个产线由称重计量单元、自动供袋单元、缝包输送单元、检测剔除单元、自动

a) 倾斜输送机

b) 弯曲输送机

图 4-8　物料（品）输送机

码垛单元、托盘供给单元和电气控制单元等组成，可实现质量范围为 20～50kg 的物料（品）的自动称重、自动装袋、贴标签、封口、金属检测、重量检测、剔除和码垛等全自动化包装过程，尤其适用于高粉尘、高产量、长时间包装的作业场合。表 4-4 列出了饲料全自动包装生产线上与机器人自动码垛单元关联的部分工艺过程及相关设备。

图 4-9　饲料自动包装生产线

1—饲料充填机　2—周边设备控制器　3—倒袋机　4—整理机　5—金属检测机　6—重量检测机　7—剔除机
8—进料待码机　9—关节型码垛机器人　10—托盘输送机　11—托盘库

表 4-4　饲料行业全自动生产线与机器人码垛相关的周边设备

工艺流程	关联设备	设备功能	结构图示	典型厂商
倒袋	倒袋机	实现倒袋功能，使包装袋放倒在输送机上并随之移动	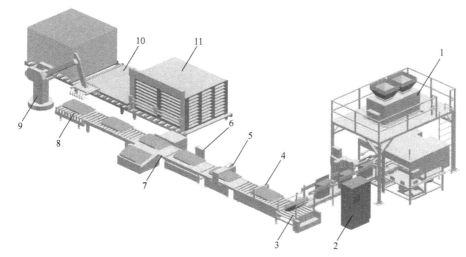	广深、深蓝、奥博特等

工艺流程	关联设备	设备功能	结构图示	典型厂商
整形	整理机	实现外形整理功能,使包装袋平整地在输送机上被运送,达到外形统一的要求	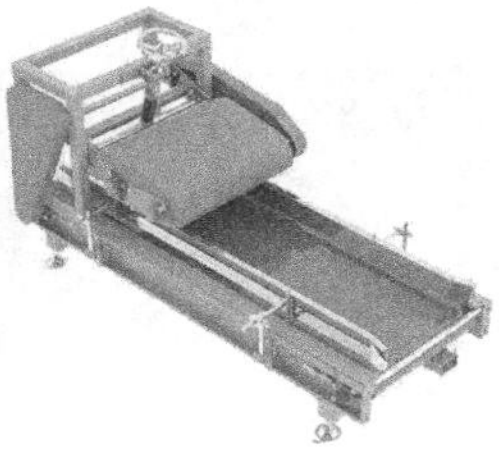	奥博特、金硕机械、深蓝等
检验	金属检验机	实现对隐藏在包装袋内的金属类物质进行检测并发出警报的功能	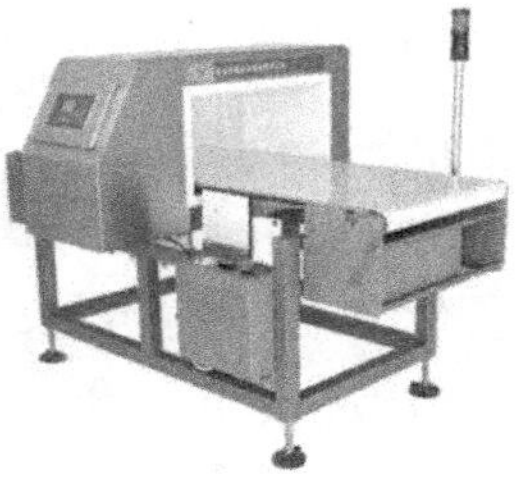	国外:瑞士 METTLER TOLEDO、日本 Anritsu 等;国内:澳仕玛等
	重量检验机	根据设定的重量的上限与下限,对在上限与下限范围内的重量的包装袋予以通过,对高于上限、低于下限的包装袋发出警报	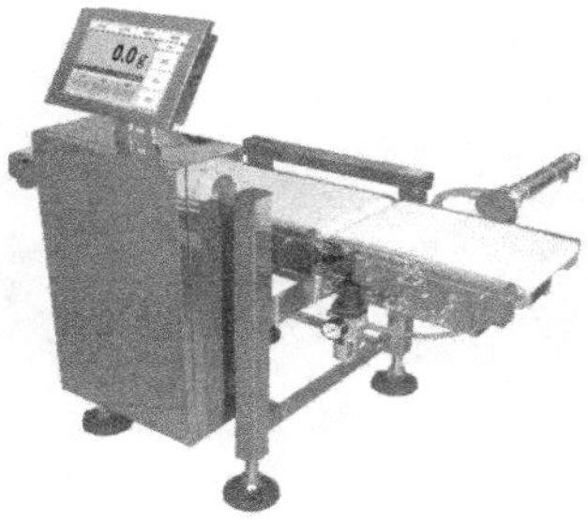	国外:瑞士 METTLER TOLEDO 等;国内:中山、大航等
剔除	剔除机	根据金属检测机和重量检验机的报警信号,对不合格产品进行剔除,并使其由另一条输送机送至不合格区域	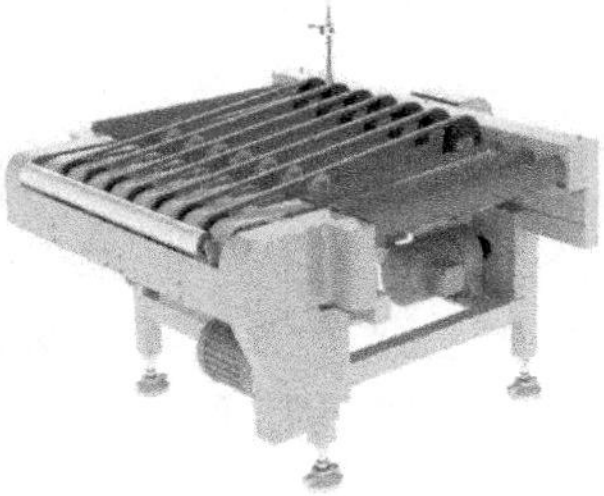	国外:瑞士 METTLER TOLEDO 等;国内:恒刚、大航等
输送	进料输送机	主要负责将前面工序检测合格的产品继续向前输送至夹坏位	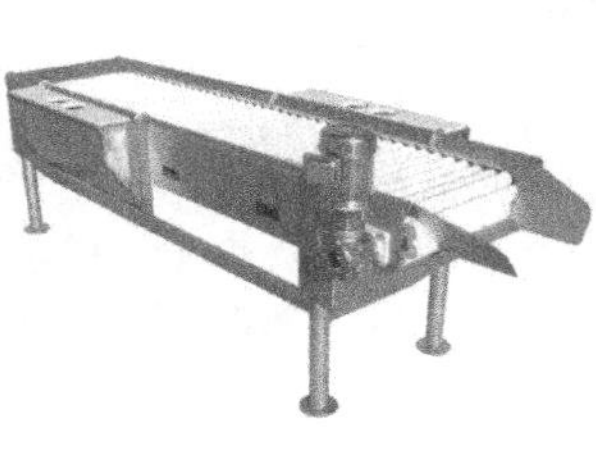	奥博特、深蓝、广深等

（续）

工艺流程	关联设备	设备功能	结构图示	典型厂商
输送	进料待码机	前面工序检测合格的产品被输送到此区域，以等待码垛机器人按设定好的码垛方式抓取并搬运到托板放坯位	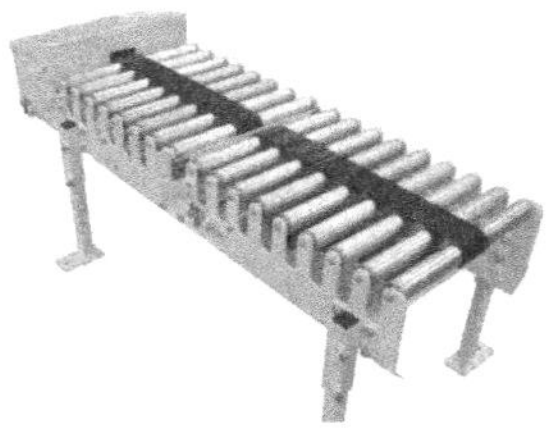	奥博特、深蓝、金硕等
	托盘输送机	实现空托盘的自动供给功能，使生产线设备运行效率得到提高		奥博特、深蓝、金硕等

125

2.4　视觉系统

　　至此，本章所述的广泛应用于生产中的码垛机器人只能完成简单的搬运码垛作业任务，并不能分析和识别码垛对象的结构参数（如尺寸、形状等）并做出相应的判断，也就无法完成物料（品）的智能化分拣码垛任务。机器视觉技术是近年来机器人核心技术的一个研究热点。与第 3 章中介绍的视觉导引搬运机器人类似，基于机器视觉的码垛机器人能对静态（随机出现的要求被输送到指定的待码位置的物料）或动态（随机出现在输送机上移动不停留的物料）的不同物料（品）以及静态或动态的同一物料（品）的放置面、放置方向进行视觉识别与定位，已被识别和定位的物料（品）由机器人系统根据已获得的物料类型、位置信息选择合适的末端工具（夹持器），完成对物料的分拣、搬运和码垛，整个码垛作业更富柔性。例如，Fanuc 机器人公司推出的 $iRVision$ 2.5D 视觉系统，如图 4-10 所示，在接收到机器人或外界传感器发出的目标识别和定位的请求后，系统通过工业相机获取抓取对象的图像，再由视觉系统软件利用获取的物品图像与预先摄取并存储于图像数据库的物品图像比较，搜寻与获取的物品图像相匹配的预存图像，并计算出物品 Z 方向的高度和补偿数据（ΔX、ΔY、ΔZ 和 ΔR），然后将偏移数据补偿到机器人预设拾取点位，完成对产品的自动识别、准确定位和分类码垛。

　　综上所述，要想构建一个实用的机器人自动化码垛生产线，需针对具体行业应用并结合产品工艺流程完成包括机器人、码垛系统、视觉系统、周边设备及安全防护装置在内的相关设备或单元选型。

工业相机

图 4-10　视觉导引机器人码垛

第 3 节　码垛机器人的生产布局

完成机器人自动码垛生产线的设备选型后，如何确定码垛机器人与周边设备的相对位置关系，即机器人布局问题成为又一个挑战。对码垛机器人单元或生产线进行布局，布局空间是机器人的工作空间，待布局对象是除机器人之外的周边设备。从实际生产考虑，码垛机器人布局需考虑如下约束：一是机器人在特定的位置能否完成所要求的码垛任务，即对于设定的作业点，机器人动作是否具有可达性；二是机器人执行码垛任务时，与周边设备的干涉性（是否会发生干涉），需要碰撞检测以确保安全；三是机器人执行的任务改变时，需要重新设计或优化布局方案。按照上述原则，为满足快节奏生产（高吞吐量）的需要，导入案例描述的制砖码垛机器人生产线采用的是一进两（多）出或多机一线布局形式，即 2 台码垛机器人同时对输送机上成型砖坯进行区域集中码垛。简而言之，码垛机器人工作单元或生产线的布局形式多种多样，通常按机器人码垛区域、产品进出情况和生产线匹配机器人数量分类。码垛机器人布局类型、特点及适用场合见表 4-5。

表 4-5　码垛机器人生产布局

布局类型		布局特点	适用场合	布局图示
机器人码垛区域	点式集中码垛	单台码垛机器人安放在包装生产线的末端，可以对一条或多条生产线进行在线码垛，具有占地面积小、投资成本低等优点	产品类型单一，吞吐量较低的场合	

（续）

布局类型		布局特点	适用场合	布局图示
机器人码垛区域	线式集中码垛	多台码垛机器人沿一侧或两侧按线性串列布局安放在一条包装生产线的末端区域，具有人工操作少、应用柔性大、自动化程度高等优点	产品类型较多，吞吐量较高的场合	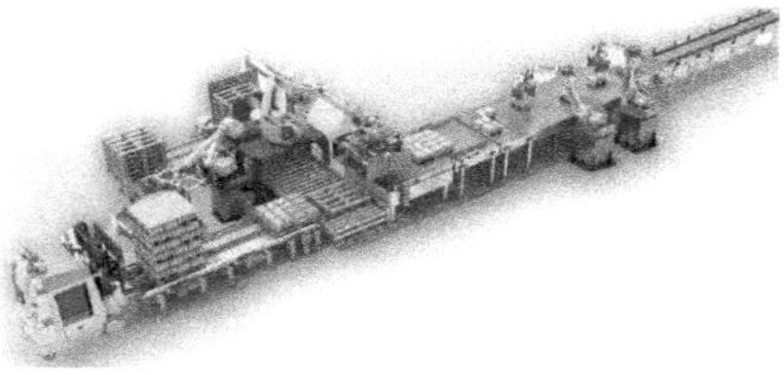
	面式集中码垛	多台码垛机器人沿一侧或两侧按线性串列布局安放在多条包装生产线的末端区域，具有场地使用效率高、人工操作少、自动化程度高等优点	产品类型丰富，吞吐量高的场合	
产品进出情况	一进一出	单台码垛机器人安放在一条包装生产线的末端，将码垛完成的产品沿着一条输送线输出，具有占地面积小、投资成本低等优点	产品类型单一，吞吐量较低的场合	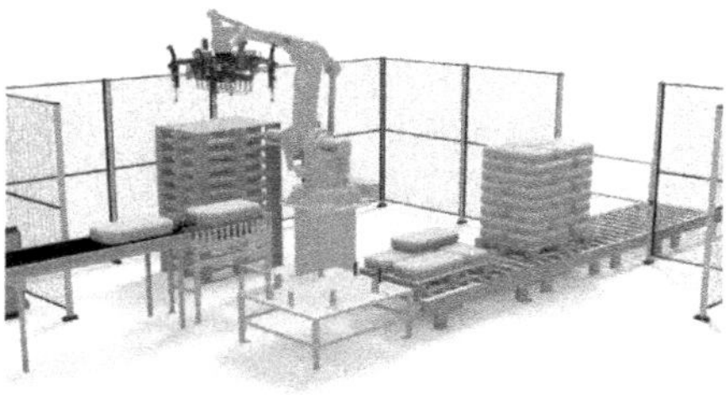
	一进多出	单台或多台码垛机器人安放在一条包装生产线的末端，将码垛完成的产品沿着多条输送线输出，具有码垛效率高、人工操作少、自动化程度高等优点	产品类型单一，吞吐量较高的场合	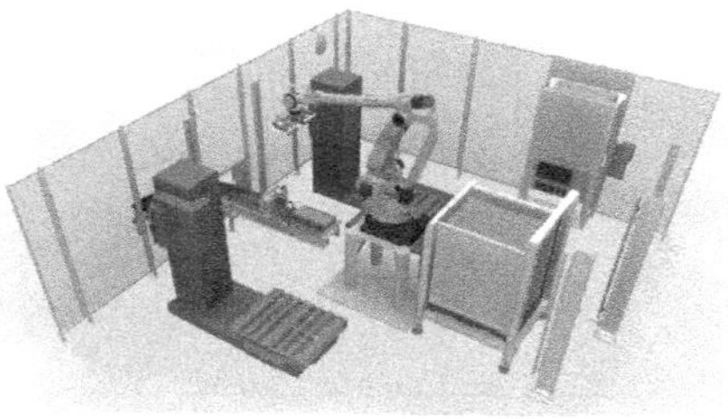
	多进一出	单台码垛机器人安放在多条包装生产线的末端，将码垛完成的产品沿着一条输送线输出，具有场地使用效率高、投资成本低等优点	产品类型单一，吞吐量较高的场合	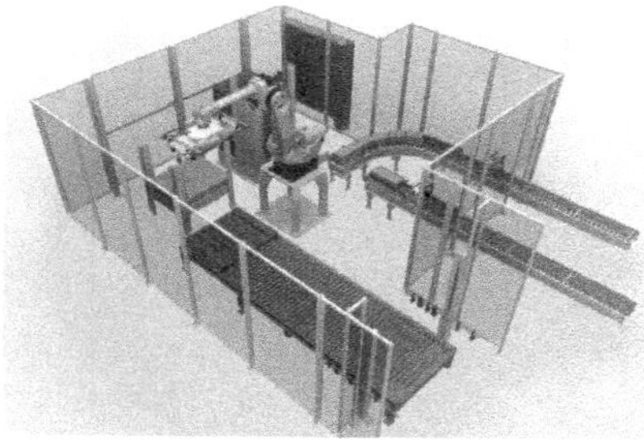

127

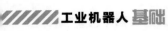

（续）

	布局类型	布局特点	适用场合	布局图示
产品进出情况	多进多出	单台或多台码垛机器人安放在多条包装生产线的末端,将码垛完成的产品沿着多条输送线输出,具有场地使用效率高、人工操作少、自动化程度高等优点	产品类型丰富,吞吐量高的场合	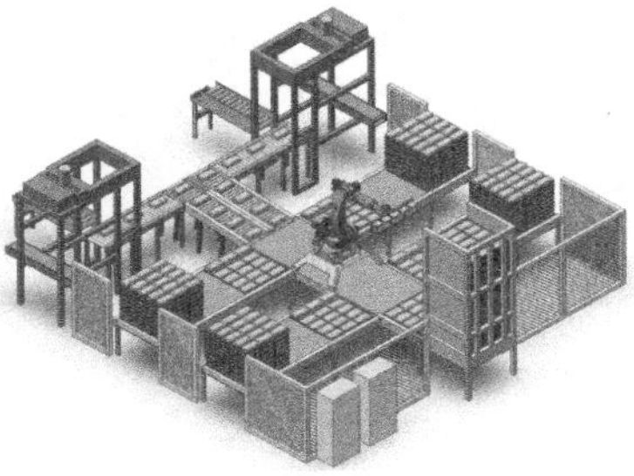
生产线匹配机器人数量	一机一线	单台码垛机器人安放在一条包装生产线的末端,对一条生产线进行在线码垛,具有占地面积小、投资成本低等优点	产品类型单一,吞吐量较低的场合	
	一机多线	单台码垛机器人安放在多条包装生产线的末端,对多条生产线进行在线码垛,具有场地使用效率高、人工操作少、自动化程度高等优点	产品类型单一,吞吐量较低的场合	
	多机一线	多台码垛机器人安放在一条包装生产线的末端,对一条生产线进行在线码垛,具有人工操作少、应用柔性大、自动化程度高等优点	产品类型较多,吞吐量较高的场合	
	多机多线	多台码垛机器人分别安放在多条包装生产线的末端,对各自生产线进行在线码垛,具有场地使用效率高、人工操作少、自动化程度高等优点	产品类型丰富,吞吐量高的场合	

　　至此，关于码垛机器人及周边设备的选型与布局方面的知识要点介绍完毕。下面以自动化立体仓库为案例，通过对其前期客户需求调研、系统方案设计论证以及后期实施效果这一企业实施工业机器人项目的全过程的介绍，进一步加深对如何正确选型并构建一个经济实用的码垛机器人柔性单元或生产线的认识和理解。

【案例剖析】

　　在人力资源成本持续攀高的今天，仓储物流中蕴藏的巨大潜力越来越引起企业的高度重视。据统计数据显示，制造业的物流成本通常占制造总成本的 50% 左右，物料与仓储管理以及成本控制已经成为影响产品市场竞争力的关键。如图 4-11 所示的自动化立体仓库（AS/RS）代表了物流仓储技术当前的发展前沿和未来的发展方向，它是由高层货架、巷道堆垛起重机、入出库输送机系统、计算机仓库管理系统及其他周边设备组成。利用自动化立体仓库，企业可以减少仓储占地面积，提高土地使用效率，实现仓库高层空间利用合理化、存取自动化、操作简便化和管理信息化，达到降本增效的目的。截至 2017 年底，全国累计建成的自动化立体仓库已超过 3800 座。从国际水平来看，美国拥有各种类型的自动化立体仓库 2 万多座，日本 3.8 万多座，德国 1 万多座，英国 4000 多座。与这些发达国家相比，我国自动化立体仓库保有量依然偏少，未来市场增长潜力巨大。

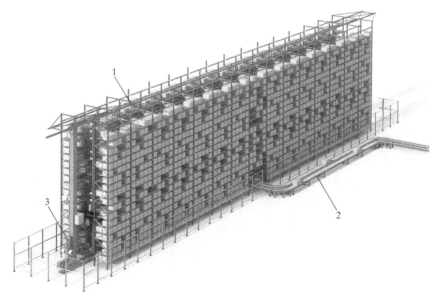

图 4-11　自动化立体仓库

1—高层货架　2—入出库输送机系统　3—巷道堆垛起重机

　　作为自动化立体仓库的重要组成部分之一，货架直接影响着立体仓库的面积和空间利用率。货架的形式多种多样，但用在自动化立体仓库中的多为横梁式货架（重型货架的一种），其结构主要由柱片和横梁组装而成，如图 4-12 所示。因重型货架组件尺寸长、质量重，加之人工成本、劳动强度和生产管理等因素耦合，传统人力搬运装配模式固有的生产效率低下、安全风险系数偏高等问题显然不利于缓解企业面临的"群雄角逐"压

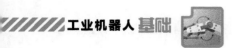

力，优化仓储货架制造手段，采用机器人自动化装配替代人力获取均衡的生产效率、稳定的产品质量和相同规模生产条件下的更低的生产成本，这一"升级之道"越来越得到企业认可。

1. 客户需求

国内某自动化立体仓库货架制造商主要生产长 2.4～12.2m、宽 0.6～1.5m 的大中型横梁式仓储货架，其产品规格多、尺寸大、部件重。随着对自动化立体仓库需求较高的烟草、医药、机械、零售等行业经济的持续稳定增长，近年来自动化立体仓库市场需求呈井喷式爆发，与之相悖的是人口红利消减，企业面临接单和交单的双重压力。通过深入统计分析各仓储货架零部件生产数据"山积图"，发现仓储货架柱片的装配工序为产品精益制造的"平衡点"。究其原因，仓储货架柱片是两根立柱和若干撑杆（包括横撑和斜撑）经由螺栓连接而成的，如图 4-13 所示，其装配工序动作较多，尤其是零部件为大、重型时，生产周期越发延长。为此，以仓储货架柱片的机器人搬运装配为自动化生产改造试点，企业尝试采用机器人进行自动化拆垛、上下料和装配，替代传统的人力搬运装配模式，以期实现企业的降本增效，提升企业的制造柔性和精准交付能力。

图 4-12　自动化立体仓库使用的（横梁式）高层货架结构　　　　图 4-13　仓储货架柱片
1—柱片　2—横梁　　　　　　　　　　　　　　　　　　　1—立柱　2—横撑　3—斜撑

2. 方案设计

如上所述，横梁式货架是仓储货架中使用最频繁的一种，其结构主要包括柱片和横梁。柱片是由立柱、横撑和斜撑通过螺栓连接而成的，此组合式结构能有效防止螺栓松动而引起的不稳。全自动仓储货架装配生产线用于完成货架柱片的装配与裹包作业。在组装前，柱片的各个部件（立柱和撑杆）已完成辊轧、定位、冲孔、折弯、焊接和打磨等前道机械加工工序，并经过酸洗磷化、静电喷涂和恒温固化等表面处理工序，最终以料垛形式堆垛在指定位置。传统的人力搬运装配货架柱片的工艺流程如图 4-14a 所示，主要流程为人工取立柱和撑杆（横撑和斜撑）、孔位检查、手工紧固组装，组装完成的货架柱片被搬运至裹包缓存位，而后裹包机对成品货架柱片进行裹包，最后货架柱片被搬运至出库缓存工位等待出库。在该制造模式下，工人劳动强度大，装配效率低尤其在"用工荒"时，企业的制造成本攀升，因此装配效率的提升和制造成本的降低是企业亟待解决的痛点。

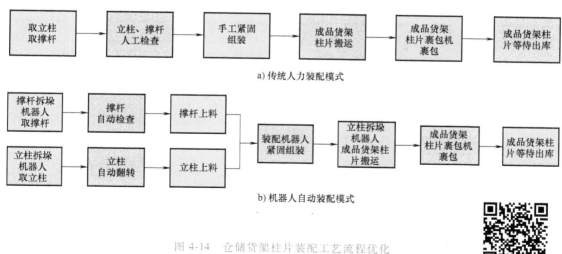

a) 传统人力装配模式

b) 机器人自动装配模式

图 4-14　仓储货架柱片装配工艺流程优化

为实现多规格、大尺寸货架柱片的柔性装配，帮助企业解决实际生产问题，经多次现场协商交流，某机器人系统集成商为企业拟定出一套多机一线的机器人自动化拆垛、上下料和装配方案。进行了多机器人自动拆垛、立柱和撑杆自动上料、多机器人协同装配、成品机器人搬运和自动裹包等工艺流程优化的机器人自动装配模式如图 4-14b 所示，结合企业场地建设规划，全自动仓储货架柱片机器人装配生产线的工位（区域）设置和生产布局如图 4-15 所示。该方案中，生产线布局以物流流向为主线，可划分成撑杆料垛区、撑杆周转区、立柱料垛区、货架柱片装配区和成品货架裹包区等 5 个区域，各工位（区域）的详细功能参见表 4-6。

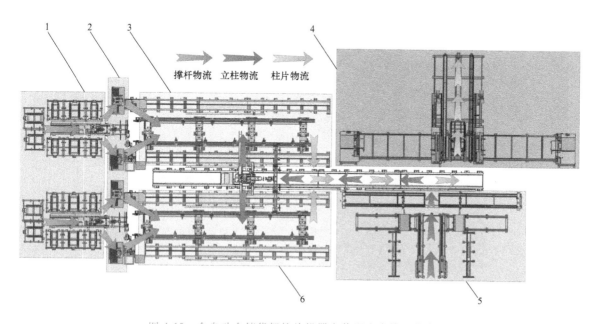

图 4-15　全自动仓储货架柱片机器人装配生产线工位布局

1—撑杆料垛区　2—撑杆周转区　3、6—货架柱片装配区　4—成品货架裹包区　5—立柱料垛区

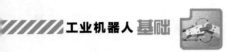

表 4-6　全自动仓储货架柱片机器人装配生产线工位（区域）配置及功能描述

工位(区域)名称	工位(区域)功能描述
撑杆料垛区	用于存放撑杆料垛。撑杆按规格摆放在指定区域的指定位置,每垛堆垛规律相同,撑杆部件一致性好,便于机器人抓取
撑杆周转区	用于放置经机器人拆垛抓取、孔位检测后的撑杆。装配时,装配机器人将从此区抓取撑杆
立柱料垛区	用于存放立柱料垛。立柱按规格摆放在指定区域的指定位置,每垛堆垛规律相同,部件一致性好。码垛后,不存在卡死现象,便于机器人抓取
货架柱片装配区	用于放置待组装为货架的立柱,由装配机器人在此区域将撑杆与立柱组装成成品货架柱片
成品货架裹包区	用于放置装配后的成品货架柱片,货架柱片经裹包机裹包后,将被输送至货架柱片出库缓存区,等待出库

全自动仓储货架柱片机器人装配生产线布局是多进一出类型，如图 4-16 所示。上述撑杆料垛区、周转区和货架柱片装配区采用双工位（多机多位）方式，分别配置 2 套垂直关节型拆垛（上料）机器人和 4 套垂直关节型装配机器人；立柱料垛区和成品货架裹包区采用单工位（一机多位）方式，仅配置 1 套垂直关节型拆垛（上料）机器人。鉴于本章以码（拆）垛机器人为阐述对象，所以将以货架撑杆拆垛（上料）单元和货架立柱拆垛（上料）单元作为方案介绍的重点，有关装配单元的相关知识保留至第 5 章和第 6 章再予以介绍。

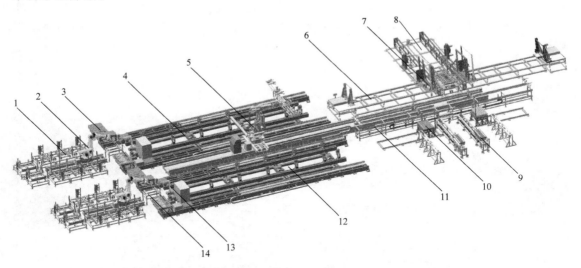

图 4-16　全自动仓储货架柱片机器人装配生产线方案示意图

1—撑杆料垛缓存台　2—撑杆拆垛（上料）机器人　3—撑杆周转台　4—1 号货架柱片装配工位
5—立柱拆垛（上料）机器人　6—货架柱片裹包缓存台　7—裹包机　8—货架柱片出库缓存区　9—立柱输送机
10—立柱料垛升降台　11—立柱翻转台　12—2 号货架柱片装配工位　13—货架柱
片装配机器人　14—撑杆孔位检测机

货架立柱拆垛（上料）单元如图 4-17 所示，主要是由拆垛（上料）机器人、机器人移动平台、立柱夹持器、料垛升降台、立柱输送机、立柱翻转台和电气控制柜等构成，其主要设备明细见表 4-7。工作时，立柱料垛被放置在立柱输送机的移动存放台上，待人工打开料垛的捆扎后，料垛被输送至料垛升降台上方，由料垛升降台升起料垛供机器人拆垛和上料。机器人抓取立柱并将其放置在立柱翻转台上，经翻转台两侧的定位机构夹紧、校正和翻转 90°后，机器人再次抓取立柱将其放置于 1 号或 2 号货架柱片装配工位，等待机器人进行装配作业。需要指出的是，在整个机器人拆垛过程中，机器人夹持立柱的高度保持不变，每拆一层垛，料垛升降台上升一次，当完成整个料垛的拆垛，立柱输送机再次送入料垛。此外，立柱拆垛（上料）机器人安装在移动平台（地装行走轴）上，可以大范围移动，既用于立柱料垛区的立柱拆垛和上料，又用于货架柱片装配区和裹包区的成品货架下料和搬运。

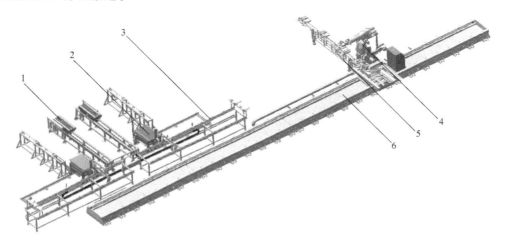

图 4-17　货架立柱拆垛（上料）单元

1—立柱输送机　2—料垛升降台　3—立柱翻转台　4—立柱拆垛（上料）机器人
5—立柱夹持器　6—机器人移动平台

表 4-7　货架立柱拆垛（上料）单元主要设备明细表

设备类型	设备名称	生产厂家	型号规格	设备数量/台（套）
控制系统	电气控制柜	浙江 MOKE	定　制	1
工业机器人	操作机	日本 Fanuc	M-910iB/700	1
	机器人控制器	日本 Fanuc	R-30iB	1
	移动平台	浙江 MOKE	定制	1
拆垛（搬运）系统	立柱夹持器	浙江 MOKE	定制	1
周边设备	立柱输送机	浙江 MOKE	定制	2
	料垛升降台	浙江 MOKE	定制	1
	立柱翻转台	浙江 MOKE	定制	1
	垫木回收箱	浙江 MOKE	定制	1

货架撑杆拆垛（上料）单元如图 4-18 所示，主要是由拆垛（上料）机器人、机器人移动平台、撑杆夹持器、料垛缓存台、孔位检测机、撑杆周转台和电气控制柜等构成，其主要设备明细见表 4-8。与立柱拆垛（上料）单元不同的是，考虑到产品部件数量配比问题，撑

杆拆垛（上料）单元配置 2 套工业机器人，分别用于 1 号和 2 号货架柱片装配工位 4 和 12 的撑杆上料。待机器人抓取撑杆后，检测机构进行撑杆的孔位检测，合格的撑杆将被上料至撑杆周转台，供机器人装配抓取。为保障机器人拆垛（上料）过程的可靠性，撑杆夹持器设计为外抓握与磁吸附组合式夹持器。

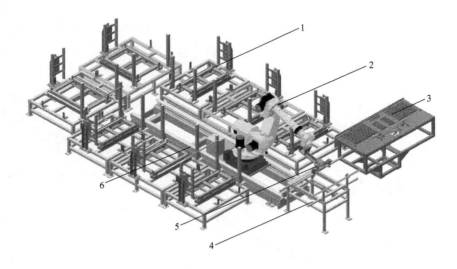

图 4-18　货架撑杆拆垛（上料）单元

1—料垛缓存台　2—撑杆拆垛（上料）机器人　3—撑杆周转台　4—孔位检测机　5—撑杆夹持器　6—机器人移动平台

表 4-8　货架撑杆拆垛（上料）单元主要设备明细表

设备类别	设备名称	生产厂家	型号规格	设备数量/台（套）
控制系统	电气控制柜	浙江 MOKE	定　制	1
工业机器人	操作机	日本 Fanuc	R-2000iC/165F	2
	机器人控制器	日本 Fanuc	R-30iB	2
	移动平台	浙江 MOKE	定制	2
拆垛/搬运系统	撑杆夹持器	浙江 MOKE	定制	2
周边设备	料垛缓存台	浙江 MOKE	定制	16
	撑杆周转台	浙江 MOKE	定制	4
	孔位检测机	浙江 MOKE	定制	2

全自动仓储货架柱片机器人装配生产线的硬件架构选用三菱可编程逻辑控制器（PLC）作为主控制器，并通过现场总线与机器人控制器等设备联网组成主从结构，如图 4-19 所示。上述货架立柱和撑杆拆垛（上料）单元中立柱输送机、立柱翻转台、立柱升降台等周边设备与主控 PLC 通过 I/O 进行信息采集与动作控制。

根据优化后的仓储货架柱片装配工艺流程，在如图 4-19 所示的机器人装配生产线硬件架构的基础上，集成商开发出的多机器人多工位的装配工作流程如图 4-20 所示。

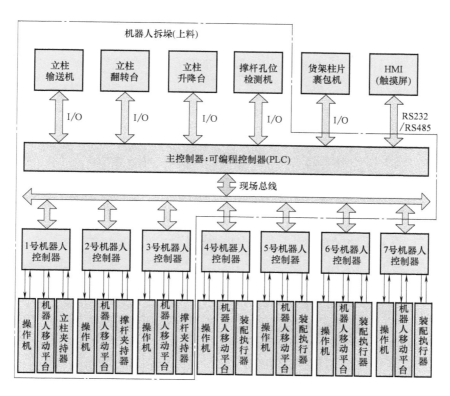

图 4-19　全自动仓储货架柱片机器人装配生产线的硬件架构

一个标准的仓储货架柱片机器人装配工作循环描述如下。

1）利用叉车将立柱和撑杆料垛输送至料垛缓冲区，待人力拆除料垛轧带后，进入机器人拆垛（上料）工序。

2）立柱料垛由输送机送至料垛升降台，再经料垛升降台抬起供 1 号机器人拆垛，1 号机器人抓取立柱并将其放置在立柱翻转台上，立柱被翻转 90°后再次被机器人抓取并放置于 1 号或 2 号货架柱片装配工位，等待 4~7 号机器人装配作业。

3）与步骤 2）类似，2 号和 3 号机器人分别在各自工位的料垛缓冲区对撑杆拆垛，抓取撑杆后进行孔位检查，如无异常，分别送至 1 号和 2 号货架柱片装配工位的撑杆周转台，返回原点。

4）4 号、5 号装配机器人和 6 号、7 号装配机器人分别从 1 号和 2 号货架柱片装配工位的撑杆周转台抓取撑杆，再将其与 1 号和 2 号货架柱片装配工位的立柱进行装配。

5）待货架柱片装配完成后，由 1 号机器人从 1 号和 2 号货架柱片装配工位抓取成品，并将其移送至货架裹包缓存区。

6）当成品货架柱片达到指定裹包数量时，裹包机进行裹包。裹包完成后，成品货架柱片被输送至出库缓存区。

7）最后由叉车输送裹包后的货架柱片出库。

上述仓储货架柱片机器人装配方案从工艺优化到工位布局，从工位配置到设备硬件选型，始终围绕满足企业需求展开。在硬件设备的选型过程中，以自动化生产线技术方案先

135

136

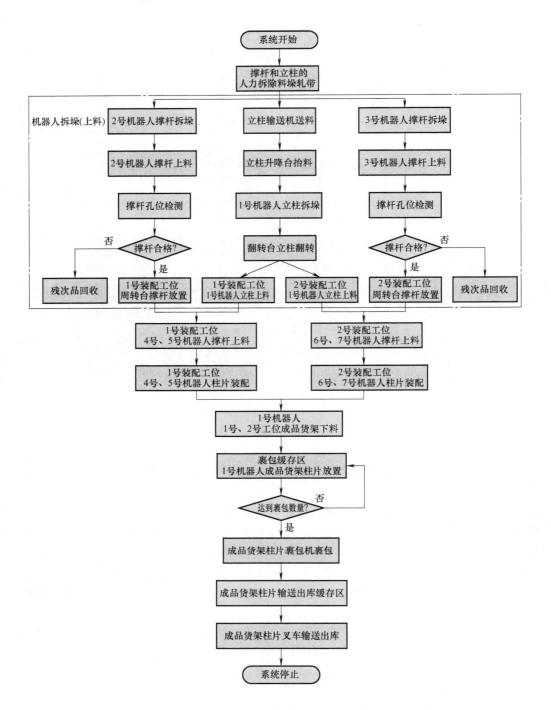

图 4-20　全自动仓储货架柱片机器人装配生产线的工作流程

进、工作稳定可靠和设备经济实用为主要依据。其中，货架立柱和撑杆拆垛（上料）单元的主要设备功能及其选型依据见表 4-9。

表 4-9　全自动仓储货架柱片机器人装配生产线的拆垛（上料）单元设备选型

工艺流程	关联设备	设备功能	结构图示	选型(定制)依据
立柱拆垛（上料）	工业机器人	用于立柱拆垛和搬运上料	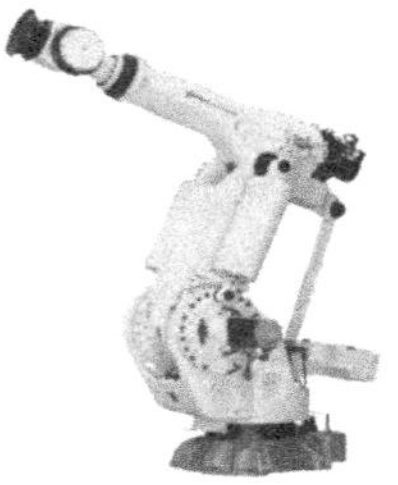	①品牌 ②轴数 ③额定负载 ④工作空间 ⑤位姿重复性
	机器人移动平台	用于安装工业机器人本体、拓展机器人的工作空间和增加机器人的动作灵活性,实现机器人在立料垛区、货架柱片装配区和成品货架裹包区的大范围移动	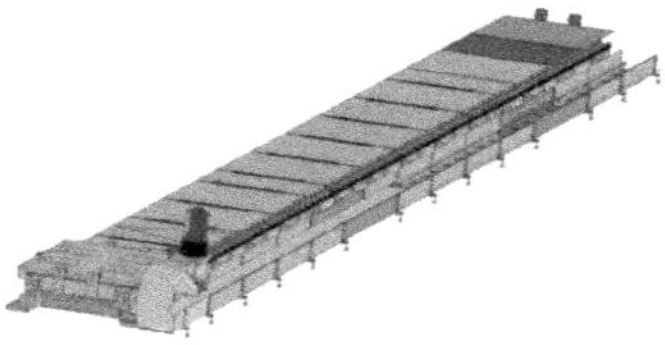	①轴数 ②工作空间 ③最大单轴速度 ④机器人本体安装方式
	立柱夹持器	安装在机器人手腕末端,用于货架立柱和成品货架柱片的夹持、移载和放置	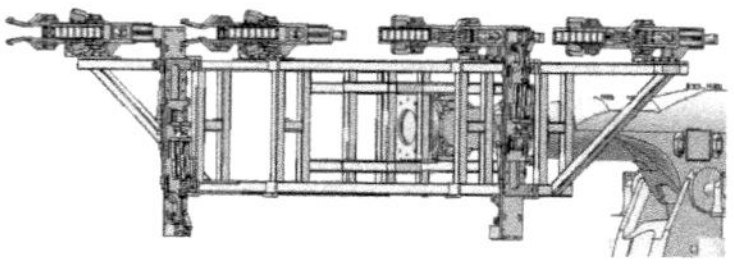	①适应性 ②可靠性 ③稳定性
	立柱输送机	用于立柱料垛的暂时存放和送料	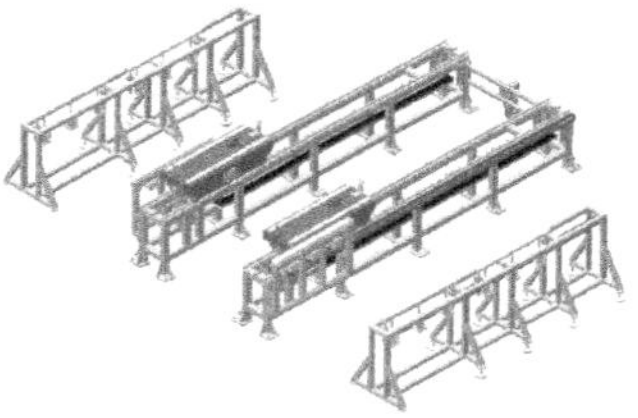	①堆垛尺寸 ②传送速度 ③稳定性 ④可靠性
	料垛升降台	用于立柱料垛的抬升和降落,以保障机器人在固定高度拆垛		①定位精度 ②升降高度 ③升降速度 ④稳定性 ⑤可靠性
	立柱翻转台	用于立柱翻身定位,以保证机器人精准夹持立柱	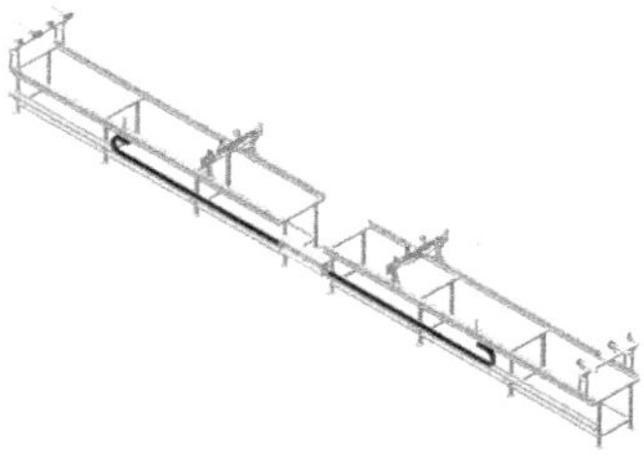	①定位精度 ②翻转速度 ③稳定性 ④可靠性

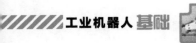

（续）

工艺流程	关联设备	设备功能	结构图示	选型(定制)依据
撑杆 拆垛 （上料）	工业机器人	用于撑杆拆垛,将撑杆送至检测机进行孔位检测,并将合格撑杆上料至撑杆周转台		①品牌 ②轴数 ③额定负载 ④工作空间 ⑤位姿重复性
	机器人移动平台	用于安装工业机器人本体、拓展机器人的工作空间和增加机器人的动作灵活性,实现机器人在撑杆料垛区、撑杆周转区和货架柱片装配区的大范围移动		①轴数 ②工作空间 ③最大单轴速度 ④机器人本体安装方式
	撑杆夹持器	安装在机器人手腕末端,用于货架撑杆的夹持、移载和放置		①适应性 ②可靠性 ③稳定性
	撑杆周转台	用于存放合格的待装配撑杆		①尺寸范围 ②稳定性 ③可靠性
	料垛缓存台	用于撑杆料垛放置		①堆垛尺寸 ②稳定性 ③可靠性 ④防物料倾倒力
	撑杆检测机	用于撑杆孔位检测		①检测速度 ②检测范围 ③检测精度

完成上述硬件设备选型后，集成商通过采用离线编程技术，构建全自动仓储货架柱片机器人装配生产线的几何模型，编制机器人拆垛、上料等任务程序，并进行离线仿真验证，检验设计方案的可行性、机器人动作的可达性和干涉性，以及工艺流程的可靠性。通过离线仿真手段优化产线布局和评估工作节拍，利于集成商和企业规避投资风险，缩短生产线调试周期。经过离线仿真验证与优化，全自动仓储货架柱片机器人装配生产线的实际布置如图 4-21 所示。在撑杆与立柱料垛都准备就绪的情况下，多机器人协作完成拆垛、检测、上料、装配和裹包流程，能够适应各装配物料的供应效率，满足企业生产效率提升的需求。

图 4-21　实际建成的全自动仓储货架柱片机器人装配生产线

3. 实施效果

全自动仓储货架柱片机器人装配生产线投入使用后，在从立柱和撑杆的拆垛到物料检测，再到机器人装配紧固，直至成品货架柱片送至裹包机裹包的全流程中，多工业机器人协作生产，将人力从搬运、检查和装配等重复且繁重的工作中解放出来，减轻了工人的劳动强度，改善了企业的生产环境，提升了产品的装配效率和质量稳定性。同时，带移动平台的多机器人多工位设计，有效增强了装配生产线的柔性，能够适应多规格、大尺寸货架柱片的装配制造，并具有适度调节产能的能力。

与传统的人力搬运装配方式相比较，全自动仓储货架柱片装配生产线具有如下优势。

1）减少作业工人数量，提高生产效率。传统方式的手工搬运、装配、裹包等工位至少需要 6~8 名或更多操作工人才能完成相应工序，而且人力组装货架柱片用时较长；此外，组装后的货架柱片大而重，人力无法搬运，须借助行车搬运，操作过程效率低下。据现场测算，检查、装配、裹包、搬运 1 个货架柱片的平均用时约为 15min。采用全自动装配生产线后，只需 3 名操作工人对立柱和撑杆的料垛进行管理，拆垛、检查、上料、装配、搬运和裹包 1 个柱片的平均用时不超过 6min。可见，新模式减少用工人数 50% 以上，提高生产效率 60%，产能的提升与稳定为企业排产提供了有力的保障，提高了企业精准交付的能力。

2) 提升产品质量稳定性。采用全自动装配生产线后，各道工序均由机器人操作完成，消灭了人工操作失误的可能，工艺过程更稳定。同时，新模式也避免了人工装配、搬运等操作过程中的磕碰，更好地保证了产品质量。

3) 降低工人劳动强度。采用全自动装配生产线后，工人只需负责对料垛进行拆除轧带、补充货料及对整条生产线的运行管理，这极大地减少了工人重复性的、大劳动强度的搬运、装配和裹包等工作，提升了工人的工作环境。

综上所述，表4-10列出了新旧模式生产线的各种性能以便于比较，由表可见，全自动仓储货架柱片机器人装配生产线具有明显的优势。

表 4-10　仓储货架柱片装配生产线的性能比较

装配方式	人力装配生产线	机器人装配生产线
作业人数	装配、裹包、搬运等环节；共 6~8 名或更多	柱片和撑杆的料垛补充管理；共 3 名
生产效率	每件约 15min	每件 ≤6min
产品质量	手工装配工艺不稳定，工作过程易出现磕碰，易造成货架表面油漆损伤	全自动装配，工艺过程稳定，货架表面无磕碰损伤
劳动强度	重复性劳动，劳动强度大	简单的料垛补充管理，无大强度体力劳动

通过对上述案例的学习，相信对码（拆）垛机器人与周边设备的选型以及系统（单元、生产线）集成有了更为深刻的认识。码垛机器人的选型需要综合考虑机器人的负载能力（额定负载和最大负载）、工作空间、位置重复性、码垛吞吐量等；码垛系统尤其是机器人末端夹持器的选择需要考虑物料（品）的类别、材料、尺寸、重量等，并兼顾机器人的末端负载和码垛吞吐量等指标；周边设备的选择要以能实现生产工艺流程为主，并考虑设备集成端口问题；而码垛机器人单元乃至生产线的布局则需要综合考虑厂房面积、投资成本、产品类型、生产效率及后期维护等因素。当然，企业使用码垛机器人替代人工作业，可提高生产效率、降低运营成本、减轻劳动强度和改善作业环境。

【本章小结】

码垛机器人是用在工业生产过程中执行批量物料（品）的抓取、搬运、码垛、卸垛等任务的一类工业机器人，广泛采用平行四连杆机械结构，具有 4~6 个自由度，末端额定负载为 50~1300kg，工作半径为 200~4600mm，位姿重复性为 ±0.06~±0.5mm，码垛吞吐量基本在 1000 次/h 以上。

机器人自动码垛单元是集码垛机器人、码垛系统、周边设备及相关安全保护装置于一体的柔性物流包装系统。夹持器作为搬运码垛系统的重要部件之一，主要分为抓握型夹持器和非抓握型夹持器两种，具体设计或选型时需依据被夹持对象的材料特性、几何参数（形状和尺寸）、质量重心及夹持要求而定。在某些场合，可采用组合式夹持器以提高末端工具的适应性或作业效率。码垛机器人的辅助周边设备与应用领域、产品包装等息息相关，不可一概而论，选型依据为产品包装工艺流程。若想进一步增加机器人码垛的作业柔性，可选配机器视觉的相关产品。

　　码垛机器人生产线是由执行相同或不同功能的多个机器人单元和相关设备构成，主要用于实现产品包装的流水线生产，其布局需要综合考虑企业的厂房面积、预期投资、产品类型、工艺流程、管理模式乃至员工素养等因素，以期达到效益最大化的效果。

 【思考练习】

1. 填空

　　（1）如图 4-22 所示为袋装产品的机器人自动码垛作业，按照机构运动特征划分，图示码垛机器人为＿＿＿＿＿＿码垛机器人。

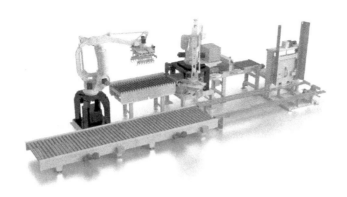

图 4-22　题 1（1）图

　　（2）在某些物流包装场合，出于节省生产线占用厂房面积考虑，企业会选择产品在线高位式码垛，如图 4-23 所示。此时，需要使用＿＿＿＿＿＿来提升物料（品）的输送高度。

图 4-23　题 1（2）图

2. 连线

　　针对如图 4-24 左侧所示的四类物品（包装），请结合其形状、尺寸和质量等特征，选择一款最合适的机器人末端夹持器，并画线将物品（包装）与夹持器连接起来。

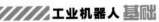

142

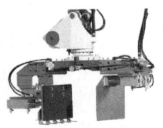

平行(夹板式)夹持器

角形(叉子式)夹持器

海绵(真空式)端拾器

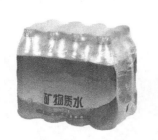

组合式夹持器

图 4-24　题 2 图

3. 选择

（1）如图 4-25 所示的罐装饮料机器人自动包装生产线采用的布局类型是＿＿＿＿＿＿。

①点式集中码垛；②线式集中码垛；③面式集中码垛；④一进一出；⑤一进多出；⑥多进一出；⑦多进多出；⑧一机一线；⑨多机多线；⑩多机一线

能正确填空的选项是（　　　）。

A. ②④⑩　　　　　B. ③⑦⑧　　　　　C. ②⑤⑨　　　　　D. ①⑥⑧

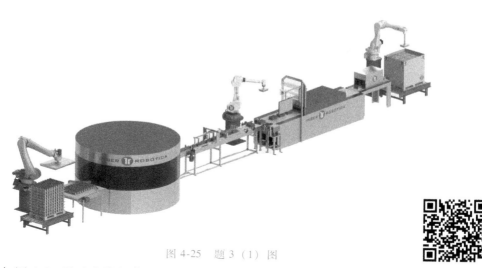

图 4-25　题 3（1）图

（2）如图 4-26 所示为软包装产品机器人自动码垛生产线，码垛方式为衬垫式堆码（码垛时，隔层或隔几层铺放衬垫物）。试问图中包括哪些周边设备？

①进料输送机；②整理机；③金属检测机；④重量检测秤；⑤剔除机；⑥进料待码机；⑦托盘输送机；⑧隔板库；⑨卸料输送机

正确的选项是（　　）。

A.①③⑤⑦⑨　　B.①②④⑥⑧⑨　　C.①⑥⑦⑧⑨　　D.①②③④⑤⑥⑦⑧⑨

图 4-26　题 3（2）图

4. 判断

如图 4-27 所示为某企业的面粉自动码垛生产线，可实现质量为 20～35kg 的袋装面粉的自动整形、金属检测、重量检测、自动剔除、输送和码垛等全自动化包装过程。看图判断以下说法的正误。

（1）生产线中所用的码垛机器人为 6 轴垂直关节型机器人。（　　）

（2）码垛机器人手腕末端工具是气动角形夹持器。（　　）

（3）结合物料（面粉）的包装工艺流程，该生产线配置有整形机、重量复检机、金属

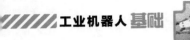
检测机、剔除机和待码运输机等周边设备。 （　　　）

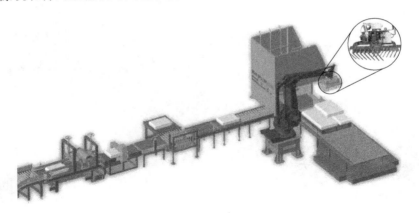

图 4-27　题 4 图

5. 综合练习

某公司生产的产品包装形式为硬质包装（硬板纸箱），整箱质量约 4kg，采用整层码垛方式，按照如图 4-28 所示的单层垛型，第一层为平行垛型、第二层为交错垛型、第三层为平行垛型……如此隔层交错码垛，直至码满 7 层，物垛总高 1400mm，整体码放在托盘上供叉车运输。由于供货量较大以及人力成本的快速上涨，企业拟为装箱流水线配备机器人自动化码垛设备，期望提高生产效率和降低生产成本。

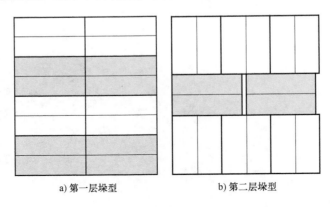

a) 第一层垛型　　　　　　　　　b) 第二层垛型

图 4-28　纸箱码放垛型

某机器人生产商结合上述情况，为该公司设计了一套将原有流水线上相同规格纸箱分别码放到两个托盘的机器人自动码垛方案，如图 4-29 所示。为实现单层纸箱码放垛型的需求，在原有包装生产线增加一延长段，如图 4-30 所示，用于改变纸箱的运动路径与待码位置。具体过程为：原流水线上的纸箱首先通过导向板分成两路，在紧接其后的 90°转向推板的作用下改变纸箱角度，经由气动推板完成平行和交错两种垛型自动转换。在此过程中，为防止出现纸箱卡住现象，在特定的时间由可升降挡板阻挡纸箱的流动。此外，为保证生产过程中不损伤包装箱外观，机器人末端工具采用吸盘端拾器（非抓握型夹持器的一种）。码垛机器人单元的配置清单见表 4-11。

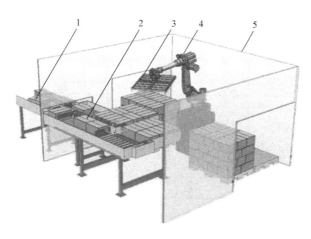

图 4-29　码垛机器人生产布局

1—原流水线出口　2—原流水线延长段　3—吸盘端拾器　4—操作机　5—防护装置

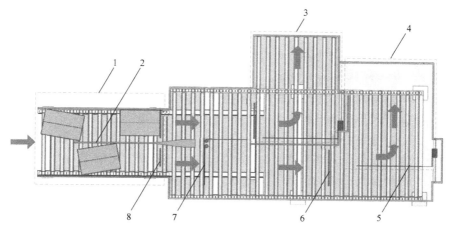

图 4-30　原生产线延长段

1—原流水线出口　2—导向板　3—交错垛型待码区　4—平行垛型待码区

5—气动推板　6、8—90°转向推板　7—可升降挡板

表 4-11　码垛机器人单元配置清单

类型	名称	品牌	型号	数量/台（套）
码垛 机器人	操作机	上海新时达	SR50E	1
	机器人控制器		DynaCal	1
码垛系统	吸附式夹持器	安徽泽鸿	定制	1
	真空发生装置	温州蓝星	LC-XD-300	1
周边 设备	防护装置	上海新时达	定制	1
	原生产线延长段		定制	1
	托盘运输机	合肥泰禾	定制	1

说明：SR50E 操作机手腕额定负载为 50kg，最大工作半径为 2124mm，位姿重复性为 ±0.25mm。

（1）结合码垛对象（纸箱）的重量及码垛高度，判断上述机器人单元中选用的操作机是否合理？可否用表 4-12 所列型号替代？说明理由。

表 4-12　备选操作机一览表

序列	品牌	型号	轴数	额定负载/kg	工作半径/mm	位姿重复性/mm
1	ABB	IRB 260	4	30	1526	±0.05
2		IRB 460	4	110	2403	±0.08
3	KUKA	KR 6-2	6	6	1611	±0.05
4		KR 40 PA	4	40	2091	±0.05
5	Fanuc	M-20iA/35M	6	35	1813	±0.08

（2）上述码垛机器人单元中选用的吸附式夹持器可否用平行（夹板式）夹持器或角形（叉子式）夹持器替代？说明理由。

（3）从码垛机器人的运动轨迹及工作效率的角度考虑，上述机器人码垛布局可否换为两进两出式生产布局？说明理由。

【知识拓展】

在绝大多数的自动包装生产线上，码垛机器人都是被固定安装在生产线前端（卸垛）或末端（码垛），由于受制于供电问题，后期移动起来比较困难。例如，如图 4-31 所示为机器人对产品进行左右两侧交替码垛，在一侧进行码垛的过程中，在另一侧可以进行满托盘的搬出以及空托盘的搬入。然而现在的商品生产开始呈现多品种、少批量趋势，这增加了生产工序的复杂程度，那些采用固定安装方式的机器人自动包装生产线将会无法应对这一工况，尤其是一些中小型制造企业，好不容易引进码垛机器人，但开机率或利用率往往较低。如果机器人能够自主或半自主移动的话，不仅可以扩展机器人的工作范围，增加机器人码垛应用的灵活性，而且一台码垛机器人可实现对多条生产线、多类型、多尺寸产品的夹持与放置，将产品集中堆放在一个区域，使运输更加便捷。而对于非移动式机器人来说，则需要多台码垛机器人才能完成同样的功能。

图 4-31　机器人码垛输送流程

如图 4-32 所示为移动式码垛机器人的一种类型——固定路径移动式码垛机器人。该型机器人通常安装在单轴滑移装置上，与第 3 章描述的搬运机器人移动平台图 3-8a 相同。在如图 4-32 所示的码垛机器人工作时，经由多条输送线运送的包装箱抵达待码区域后，由固定路径移动式机器人根据预先编制的作业程序沿轨道来回滑移将其分拣码放到不同的托盘中，实现多进多出的区域集中移动式码垛，可降低企业的投资成本。

图 4-32 固定路径（轨道）移动式码垛机器人

根据相关的资料显示，对众多行业而言，在产品的整个生产过程中，仅有 5% 的时间是用于加工制造的，剩余的大部分时间都用于储存、装卸、等待加工和运输。在美国，直接劳动成本所占比例不足生产成本的 10%，而且这一比例还在不断下降，而储存、运输所占的费用却占生产成本的 40%。目前世界各工业强国普遍把眼光放在改造物流结构、降低物流成本上，这将对生产线的效率、物流系统的柔性要求越来越高。在产品更新换代、多产品混合生产、调整产品产量、重新组合生产线等方面，自动导引车（AGV）适应性好、柔性高、可靠性好、可实现生产与搬运功能的集成化和自动化，所以移动式码垛机器人的另一种形式——自由路径移动式码垛机器人应运而生，将码垛机器人及料架、周转箱等安装在 AGV 上。如图 4-33 所示的自主移动式（背负式 AGV）和半自主移动式（叉车式 AGV）码垛机器人可以用于实现多条物料（品）输送速度相对较慢的生产线的自动化码垛、卸垛。

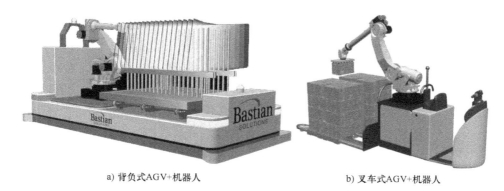

a) 背负式AGV+机器人   b) 叉车式AGV+机器人

图 4-33 自由路径（AGV）移动式码垛机器人

值得一提的是，针对产品类型和尺寸多样、产品种类随机出现、产品放置的位置和方向也具有随机性的场合，移动式码垛机器人可借助视觉传感器进行不同类别产品的识别、定位、抓取、搬运和码放。由 Fetch Robotics 公司研制的视觉识别移动式机器人 Fetch and Freight 就可以将不同尺寸、不同位置的货物拣放到同一货箱中，如图 4-34 所示。同时，如图 4-35 所示的视觉识别移动式机器人也可将不同货物码放在一个垛包（货箱）内，以实现多种货物的分发运输。在生产制造与商业配送的自动化物流系统中，视觉识别移动式码垛机器人可解决多品种、多规格物料（品）的自动搭配及分拣装盘，使物料（品）的流动和转移更加合理。

图 4-34　视觉识别移动式码垛机器人

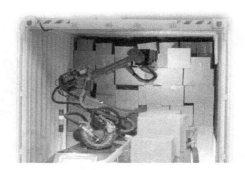

图 4-35　视觉识别移动式机器人（货物分发运输）

【参考文献】

［1］　兰虎. 工业机器人技术及应用［M］. 北京：机械工业出版社，2014.

［2］　李晓刚，刘晋浩. 码垛机器人的研究与应用现状、问题及对策［J］. 包装工程，2011，03：96-102.

［3］　赵海宝，秦宝荣，韩立光，等. 托盘自动供给装置的设计及研究［J］. 机械设计与制造工程，2013，02：10-13.

［4］　李宗龙. 自动化码垛机器人系统的设计和研究［D］. 秦皇岛：燕山大学，2014.

［5］　ABB. ABB 为煤矿制砖码垛领域提供机器人解决方案［J］. 中国设备工程，2012，04：3.

［6］　王家鹏，许元平. 视觉识别移动式机器人的应用［J］. 国内外机电一体化技术，2001，02：29-30.

第5章

Chapter

分拣机器人的认知与选型

分拣机器人（Pick & Place Packaging Robot）是用在自动化生产或包装流水线上，能够快速精确完成散乱堆放物料的整列、分拣、装箱等操作的一类工业机器人，是集机械、电子、信息、智能技术、计算机科学等学科于一体的高新机电产品，广泛应用于食品、乳品、药品、化妆品等轻工生产领域，可实现对轻小物件的清洁、高效、柔性自动化包装作业。

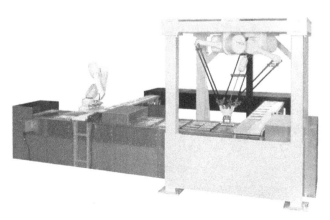

1965 年，德国 Stewart 在他的一篇文章中首次提出一种六自由度并联机构，并建议将该机构作为飞行模拟器用于训练飞行员。

1978 年，澳大利亚著名机构学教授 Hunt 提出将并联机构用于机器人手臂，从而真正拉开并联式机器人研究的序幕。

1985 年，瑞士洛桑联邦理工大学（EPFL）的 Clavel 博士首创三自由度空间平移并联机器人，即著名的 Delta 机器人，其末端执行器能实现 X、Y、Z 方向上的 3 自由度平动。随后，Clavel 又提出三种机构变异形式，以适应不同的空间需求。

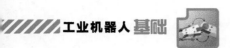

1987年，瑞士Demaurex公司首次购买了Delta机器人的知识产权并将其产业化，先后开发了Pack-Placer、Line-Placer、Top-placer和Presto等系列产品，主要用于食品包装。

1999年，国际著名机器人制造商ABB公司通过购买Delta机器人的知识产权，继而推出FlexPicker机器人系统，该系统包含IRB 340机器人及其控制器S4C、专用拾料软件和Cognex机器视觉系统，可实现10m/s的运动速度和98m/s^{2}的加速度，每分钟能够完成150个物品的拾取，成为当时世界上速度最快的分拣拾取机器人。同年，Demaurex公司与瑞士SIG公司合作推出C23、C33和CE33三种系列Delta机器人，为解决重力平衡问题，C33机器人采用了直线副驱动取代转动副驱动。

2009年，Delta系列机器人为期20年的专利保护逐渐解限，国内外不少机器人公司开始推出自己的Delta并联机器人。日本Fanuc机器人公司在Delta机构的基础上先后推出三款并联连杆机器人M-1iA（2009年）、M-3iA（2010年）、M-2iA（2012年），其末端负载能力范围为0.5～12kg，最大工作空间为1350mm（直径）×500mm（高度），可在短短的0.3s内完成1个往返的25mm-200mm-25mm拾放动作，手腕前端工作速度可达4000°/s，内置视觉功能（iRVision），可以实现智能化控制。

2014年，瑞士ABB机器人公司推出第二代FlexPicker机器人IRB 360，末端负载能力可达8kg，最大工作直径达到1600mm，几乎可以满足分拣行业的所有需求。同时，该公司成功将分拣功能软件PickMaster集成到IRC5C和S4C+机器人控制器中，实现多机器人协同生产。

包 装 术 语

流通加工（Distribution Processing） 根据工序的需要，在流通过程中对产品实施的简单加工作业活动（如包装、分割、计量、分拣、组装等）的总称。

包装（Packaging） 为在流通过程中保护产品、方便储运、促进销售，按一定技术方法而采用的容器、材料及辅助物等的总称。也指为达到上述目的而采用容器、材料和辅助物的过程中施加一定技术方法等的操作活动。

包装件（Package） 产品经过包装所形成的总体。

包装材料（Packaging Material） 用于制造包装容器和构成产品包装的材料（如木材、金属、塑料、玻璃和纸等）的总称。

包装容器（Packaging Container） 为储存、运输或销售而使用的盛装物或包装件的总称，简称容器，如盒、箱、桶、罐、瓶、袋、筐等。

包装工艺（Package Process） 用包装材料、容器、辅助物或设备将产品进行包装的方法和操作过程。

托盘包装（Palletizing Package） 将产品或包装件堆码在托盘上，通过捆扎、裹包或胶粘等方法加以固定，形成一个搬运单元，以便用机械设备搬运的包装。

木质包装（Wooden Packaging） 主要采用木质材料进行的包装，有箱、盒、桶等多种形式。

纸包装（Paper Packaging） 主要采用纸、纸板等纸质材料进行的包装。

塑料包装（Plastic Packaging） 主要采用塑料材料进行的包装。

金属包装（Metal Packaging） 主要采用金属材料进行的包装。

包装机械（Packaging Machinery） 完成全部或部分包装过程的机械，包装过程包括成形、充填、封口、裹包等主要包装工序，清洗、干燥、杀菌、贴标、捆扎、集装、拆卸等前后包装工序，以及转送、选别等其他辅助包装工序。

开箱机（Case Erecting Machine） 将压扁的纸箱打开以形成预定包装形状的机器。

灌装机（Filling Machine） 将液体按预定量灌注到包装容器内的机器。

封口机（Filling Machine） 在包装容器盛装上产品后，对容器进行封口的机器。

裹包机（Wrapping Machine） 用挠性包装材料全部或局部裹包产品的机器。

标签机（Labeling Machine） 采用粘结剂将标签贴在产品或包装件上的机器。

干燥机（Drying Machine） 对包装容器、包装材料、包装辅助物及包装件上的水分进行去除，达到预期干燥程度的机器。

隔离物（Separator） 用各种材料制造的，将容器空间分成几层或许多格子等的构件，如隔板、格子板等，其目的是将内装物隔开和起缓冲作用。

刮板输送机（Scraper Conveyor） 物料在料槽中借助牵引构件上的刮板拽运的输送机。

螺旋输送机（Screw Conveyor） 借助旋转的螺旋叶片，或者靠带内螺旋而自身又能旋转的料槽输送物料的输送机。

提升机（Elevator） 在大倾角或竖直状态下输送物料（品）的输送机。

 【导入案例】

工业机器人助力食品加工业，实现食品包装自动化

随着市场经济的发展和人民生活水平的提高，人们对食品的需求量越来越大，我国食品工业随之快速增长，成为国民经济发展中增长快、活力强的产业之一。在食品加工业迅速发展的同时，食品质量和安全问题值得重视，三聚氰胺奶粉、苏丹红等食品安全事件和染色馒头、瘦肉精、劣质面粉、注水猪肉等一系列食品质量问题摆在消费者和质监部门面前。当前，国内多数食品加工与包装企业仍依靠人工完成食品的检测、分级、分拣和装箱等任务，这既增大了企业的用工成本和管理成本，又增加了食品二次污染的概率，还不能保证100%的生产合格率，提高食品加工与包装的水平势在必行。

针对上述食品加工与包装行业的生产现状，国际知名包装公司 Lenze、ULMA 等融合机器人、机器视觉、运动控制等先进技术，先后推出面向食品加工生产的高速机器人分拣装箱生产线。如图 5-1 所示的巧克力分拣包装生产线采用并联 Delta 机器人代替工人完成分拣整列作业，由机器人将带式输送机上杂乱无章的巧克力排列整齐后再输送至后续的包装机械。以往光是分拣整列工序，就需要 5~6 名分拣工人双手不停地工作，且工人的眼睛一刻也不敢离开物料输送机，现如今一台高速分拣机器人即可胜任该工序工作。

食品加工与包装生产线引入分拣机器人后，可以避免工人直接参与食品生产而引入的污染，保障食品加工过程安全、卫生。分拣机器人能够实现食品拣选，是机器人技术、机器视觉技术和输送机（传动带）跟踪技术有机组合的结果，其在快速流水线作业中能够准确跟踪传动带的移动，通过视觉系统智能地识别产品或包装件的位置、颜色、形状、尺寸、数量等，并按特定的要求进行分拣、整列、装箱等操作。分拣机器人的应用增加了生产柔性，提高了包装效率并降低了劳动强度，成为现代食品加工与包装行业的一种新趋势。

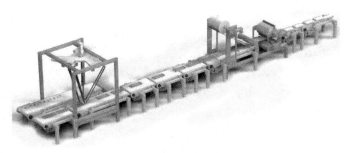

图 5-1　巧克力分拣包装生产线

——资料来源：Lenze SE 集团官网，http：//www.lenze.cn/en-cn/home/

【案例点评】

　　分拣、装箱和码垛三道工序是工业机器人在包装领域的主要应用。在轻工业领域，分拣和装箱作为大多数流水生产线上的重要环节，具有作业节拍快、重复劳动强度大、环境卫生要求高等特点，这为企业引入分拣机器人提供了充足的理由和绝佳的应用场合，尤其是当下劳动人口持续缩减，人工成本不断攀涨，传统产业的结构调整和转型升级已成为行业发展的共识。分拣机器人的出现和广泛应用，在弥补劳动力不足、提高生产效率、降低生产成本、改善包装品质、增强企业竞争力等方面起着重要作用。

【知识讲解】

第 1 节　分拣机器人的常见分类

　　分拣是依据一定的特征，迅速、准确地将半成品或成品从其所在区位拣选出来，并按一定的方式进行分类、集中、整列等的物流活动。分拣和装箱作为码垛的前道工序，可分为人工分拣装箱和自动分拣装箱两种方式，如图 5-2 所示。在人力资源丰富的国家和地区，大量采用人工分拣装箱可以有效降低运营成本，这也是我国大多数企业采用人工操作的原因。但

a) 人工分拣装箱　　　　　　　　　　　　b) 机器人自动分拣装箱

图 5-2　分拣装箱方式

人工分拣装箱过程存在人力消耗大、包装效率低、质量和卫生难以保障等问题，在类似导入案例所述的食品加工与包装等领域，基于机器视觉的机器人自动分拣装箱不但高效、准确，而且拥有适应范围广、作业对象和分拣工序可随时变换等传统人工分拣作业无法替代的优势。

在实际生产中，为适应不同行业的分拣、装箱作业需求，分拣机器人已演变出多种类型，如直角坐标型分拣机器人、垂直关节型分拣机器人、平面关节型分拣机器人和并联式分拣机器人等，如图 5-3 所示。直角坐标型分拣机器人如图 5-3a 所示，其构造较为简单，主要是通过空间三维的线性移动实现产品的快速拾取和垂直码放作业，但不适合厂房高度有限以及对产品码放位姿有特殊要求的场合。垂直关节型分拣机器人如图 5-3b 所示，具有较高的自由度，凭借其结构紧凑、占地面积较小、相对动作空间大等优点，可实现三维空间内任意位姿产品的分拣和装箱作业。平面关节型（SCARA）分拣机器人如图 5-3c 所示，它与直角坐标型机器人相比，体型更为轻巧，结构更为紧凑，占地面积小且工作节奏快，主要用于产品平面定位和高速分拣作业场合。并联式分拣机器人（主要指 Delta 机器人，又名"拳头"机器人或"蜘蛛手"机器人）如图 5-3d 所示，具有刚度大、受力平衡、自重负载比小、动力性能好等特点，配备工业相机和相应类型的末端执行器后，可以自动识别、定位输送机上快速移动的产品或包装件，高速、精准地实现动态跟随和连续分拣。

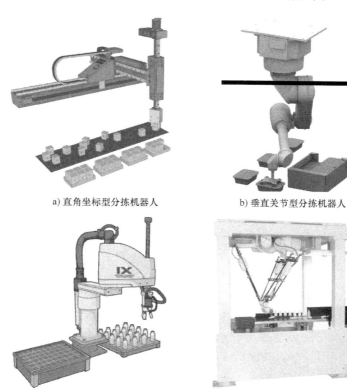

a) 直角坐标型分拣机器人　　　　　b) 垂直关节型分拣机器人

c) SCARA分拣机器人　　　　　d) Delta分拣机器人

图 5-3　分拣机器人分类

153

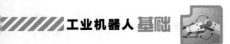

在机械、食品、药品、化妆品等制造加工车间，往往需要以很高的速度完成分拣、插装、封装、包装等操作，操作对象的体积小、质量轻（如导入案例中的巧克力），特别适合采用少自由度（自由度低于6）的高速SCARA机器人和Delta机器人，这也是与前面两章介绍的搬运、码垛机器人不同之所在。需要说明的是，在以机器人为主体的自动化生产或包装流水线上，企业需根据生产线吞吐量和作业对象特性，灵活配置各种类型的分拣机器人。例如，在如图5-4所示的纸箱包装件机器人自动化包装生产线上，首先由两台轻量级并联Delta机器人（分拣机器人）完成裸装产品的小范围高速分拣、整列，然后由两台中型垂直关节型机器人（装盒机器人、装箱机器人）配合纸盒（箱）成型机实现半成品的较大范围装盒、装箱，最后由一台重型垂直关节型机器人（码垛机器人）负责成品的大范围搬运、码垛。

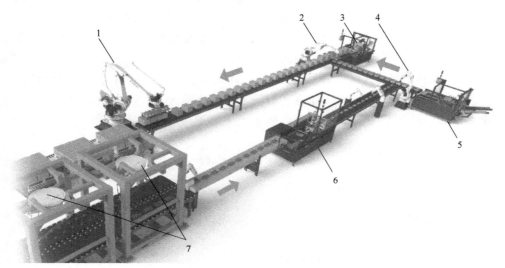

图 5-4　纸箱包装件机器人自动化包装生产线

1—码垛机器人　2—装箱机器人　3—纸箱成型机　4—装盒机器人　5—纸盒成型机　6—胶膜裹包机　7—分拣机器人

综上所述，参照 JB/T 8430—2014，分拣机器人按机械结构类型（坐标型式）分为直角坐标型分拣机器人、（垂直）关节型分拣机器人、平面关节型（SCARA）分拣机器人和并联式（Delta）分拣机器人。其中，SCARA分拣机器人和Delta分拣机器人最为常见。

第 2 节　分拣机器人的单元组成

在了解了分拣机器人的分类及适用场合之后，若要合理选型并构建一个实用的机器人自动分拣（装箱）生产线，还需掌握分拣机器人包装生产线的基本组成。前已述及，工业机器人生产线是由执行相同或不同功能的多个机器人单元和相关设备构成，而机器人单元又是包含相关机器人及设备的一个或多个机器人系统。以导入案例所述的食品分拣包装为例，机器人自动分拣单元是包括分拣机器人、分拣系统（末端执行器及其驱动装置）、传感系统（主要是定位传感器和视觉传感器）、周边设备（如输送机、裹包机等）及相关安全防护装置在内的柔性包装系统。为便于理解，如图5-5所示为省略辅助包装的周边设备和安全防护装置的食品包装分拣机器人单元基本组成。

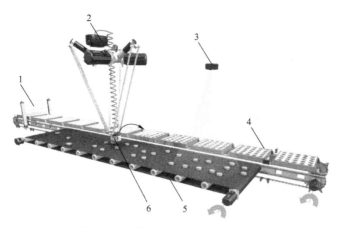

图 5-5　分拣机器人单元基本组成

1—光电防护　2—操作机　3—工业相机　4—包装容器输送机　5—物料（品）输送机　6—夹持器

2.1　分拣机器人

同前面章节介绍的搬运、码垛机器人一样，分拣机器人作为工业机器人家族中的一员，同样主要由操作机和控制器两大部分构成。值得注意的是，分拣机器人也是搬运机器人的一个特例，一般被安置在包装流水线的中间位置，用于实现对轻小产品或包装件的快速分拣、整列、装箱等。目前包装领域应用最为广泛的 Delta 系列分拣机器人是主要由动平台、固定平台和若干支链组成的少自由度并联机构，如图 5-6 所示。三条或四条相同的运动支链将终端动平台和固定平台连接在一起，每条运动支链包含一个带转动关节的主动臂和一个由平行杆件与球铰构成的平行四边形结构的从动臂，从动臂的平行四边形结构决定了动平台的运动特性，主动臂在外转动副的驱动下摆动并带动从动臂驱动终端动平台，实现末端工具在空间 X、Y、Z 三个方向的平动。这种闭环结构的并联机器人可将伺服电动机、减速器等驱动装置固定在机架上，且可将从动臂做成碳纤维等材质的轻杆，从而使系统的动力性能得到极大提高，获得很高的速度和加速度。

155

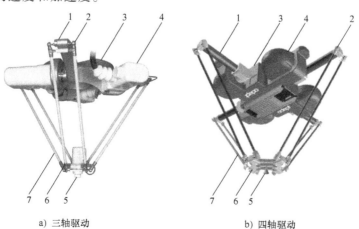

a) 三轴驱动　　　　　　　　　　b) 四轴驱动

图 5-6　Delta 并联分拣机器人本体结构

1—主动臂　2—球铰　3—固定平台　4—伺服电动机　5—末端执行器　6—动平台　7—从动臂

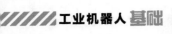

前面介绍过的直角坐标型分拣机器人、垂直关节型分拣机器人、平面关节型分拣机器人等均为串联机器人，结构上可看作为悬臂梁，与并联分拣机器人形成机构和性能上的对偶关系，两者在应用上不是替代而是互补关系，各自有其特殊的应用领域。低负载、高速度、高精度是并联分拣机器人区别于其他类型分拣机器人的最主要特点，但这些优势也不能替代性地满足更大末端负载能力的要求，实际上，正是其负载能力太小限制了并联分拣机器人在更多领域发挥作用。从技术方面来讲，增大负载能力需要以牺牲速度和精度为代价，目前只有少数几个品牌的并联机器人能够将末端负载能力提高到6kg以上。例如，荷兰 Codian Robotics 公司研发的 D2-1500-HP 机器人（Delta-2 机器人，图 5-7a）最大负载可达到 100kg，但其终端动平台仅能在二维平面内运动，在实际应用过程中需要配套其他的包装辅助设备。同时，为满足包装工艺对产品旋转和翻转等动作的需求，还需增加机器人末端执行器的自由度。由 Codian Robotics 公司推出的 D4 系列机器人（Delta-4 机器人，图 5-7b）是典型的三轴驱动式四自由度并联机器人，在其本体中间设计有一根旋转轴，可通过联轴结驱动终端动平台上的法兰实现一周（360°）内的任意角度旋转，机器人在抓取物料后可以先将物料旋转一定角度再放置到位。当然，在机器人终端加装复杂机构将使机器人的负载能力下降，所以该系列机器人虽可以完成这种复杂动作，但也只能用于重量较轻的物料的抓取。

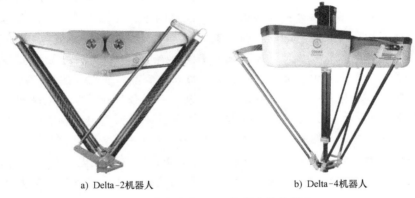

a) Delta-2机器人　　　　　　　b) Delta-4机器人

图 5-7　少自由度 Delta 并联分拣机器人

除上述本体结构的差异外，并联分拣机器人的卫生性能同样值得关注，因会用于食品包装过程，所以一些并联分拣机器人会采用满足食品卫生要求的形状、材料、表面处理方式和润滑方式。例如，日本 Fanuc 研制的 4 轴并联分拣机器人 DR-3iB 就有表面处理方式分别为涂装和镀装的两种机型供集成商或用户选择，其中，如图 5-8a 所示的涂装机型拥有优异的耐化学品性能，可应用于已包装食品的快速分拣、整列和装箱等作业场合；如图 5-8b 所示的镀装机型采用不锈钢机体，无需表面涂装，可应用于未包装食品的快速分拣和装盒等作业场合。此外，诸如肉类和奶制品等食品的包装过程对卫生要求苛刻，需要定期清洗或冲刷机器人本体，如图 5-9 所示，所以分拣机器人的防护等级应符合 IP65 甚至 IP69K[⊖]，机器人本体的所有金属部件可使用工业清洁剂甚至高压热水直接冲洗。关于分拣机器人的机械结构主

　⊖　IP65 和 IP69K 是指电气设备外壳对异物侵入的防护等级，第一个数字表示防尘等级，第二个数字表示防水等级。IP65 表示：完全防止粉尘进入（防尘等级为 6）和任何角度低压喷射无影响（防水等级为 5）。IP69K 表示：完全防止粉尘进入（防尘等级为 6）和能够进行高压和蒸汽清洗（防水等级为 9K）。

要特征参数可参见表 5-1。

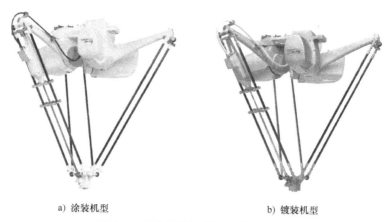

a) 涂装机型   b) 镀装机型

图 5-8 并联分拣机器人机身表面处理

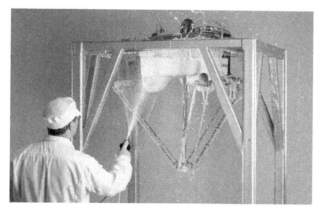

图 5-9 分拣机器人本体清洗

表 5-1 分拣机器人的机械结构特征参数

指标参数	表征内容
结构形式	以 SCARA 机器人和并联 Delta 机器人占多数
轴数(关节数)	2~5 轴
自由度	2~5 自由度
额定负载	0.5~100kg
工作半径	200~1600mm
位姿重复性	±0.02~±0.50mm
角度重复性	±0.1~±0.3°
标准循环时间	0.3~0.6 s (25mm-305mm-25mm,1kg)
基本动作控制方式	总位控制(PTP)
安装方式	主要为台面固定安装、侧挂和倒挂
典型厂商	国外有美国 Adept,瑞士 ABB,德国 ELAU、Bosch,荷兰 Codian Robotics,日本 Fanuc、Yaskawa-Motoman、Kawasaki、Epson、Omron 等;国内有沈阳新松,广州数控,东莞李群自动化,上海高威科,济南翼菲自动化,南京埃斯顿,浙江乐佰特等

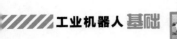

控制器是完成机器人分拣、整列、装箱等作业的动作控制和过程控制的结构实现，包括硬件和软件两大部分。目前主流的高速并联分拣机器人控制系统的软硬件平台大都具有优秀的开放性和扩展性，便于机器人公司或系统集成商针对行业应用做出深度的定制与开发。例如，瑞士 ABB 机器人公司开发的"拾料大师"PickMaster 是一个集成多个工艺流程的标准软件产品，通过与机器人控制系统的高度集成，PickMaster 成为包装工序中操纵机器人的最佳软件工具。这款基于 PC 的软件产品提供了友善的图形界面和超强的应用配置功能，成功地将配置机器人拾料包装系统的复杂操作化繁为简，从而使技术人员可以很快完成整条生产线的开发、模拟和编程，有效规避复杂生产解决方案中存在的风险。表 5-2 列出了高速并联分拣机器人典型厂商开发的物料拾放功能软件包。

表 5-2　分拣机器人功能软件包

典型厂商	拾放软件包
ABB	PickMaster
Fanuc	iRPickTool
Yaskawa-Motoman	MotoPick
Adept	Adept ACE，Adept ACE PackXpert

2.2　分拣系统

分拣系统作为机器人完成产品或包装件分拣、整列、装箱等操作的关键装备，主要由分拣工具（末端执行器或夹持器）及其动力装置组成。在对导入案例描述的巧克力等轻工产品实施"夹持"搬运作业时，分拣机器人末端执行器采用的类型无外乎 GB/T 19400—2003 中规定的两种类型，抓握型夹持器和非抓握型夹持器。相较前面介绍的搬运、码垛机器人的末端执行器，分拣机器人的操作对象主要是轻质物料（品），其末端夹持器的夹持力或吸附力要小得多（多数<1MPa），夹持场景如图 5-10a 所示。对于非抓握型夹持器，如美国 Adept 公司的 SoftPIC、Empire Robotics 公司的 Versaball 系列真空负压吸附式夹持器，均采用真空负压原理来"吸附"物料（品）以达到夹持目的，具有清洁、灵活、吸附平稳、不损坏所

a) 真空吸附式夹持器　　　　　　　　　　　　b) 端拾器

图 5-10　非抓握型夹持器

吸附物料（品）表面等优
点，在食品、医药、乳制品
等包装生产领域得到广泛应
用。同其他工业机器人一
样，在某些应用场合，为提
高机器人分拣、整列、装箱
等的操作效率，可将多个吸
盘安装在一个支架上组成吸
盘阵列（俗称端拾器），如
图 5-10b 所示，一次便可拾
取多个操作对象，作业效率

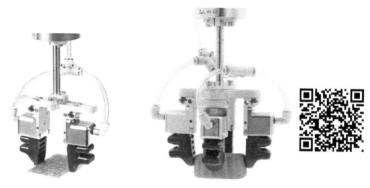

图 5-11　弹性体夹持器

提升数倍。而最近由德国 DIL 和 DIK 两家研究机构合作研制的一种弹性体夹持器如图 5-11
所示，它是由软弹性材料制成的弯曲"手指"构成的组合体，专用于拾取鲜肉、面食、果
仁、糖果等表面敏感的裸装产品。该型夹持器"手指"的弯曲程度及其夹持力可通过压力
来调整，能够适应食品形状、尺寸等固有特性的变化，也克服了上述真空吸附式夹持器工作
时因吸入油液而滋生细菌的潜在风险。

2.3　传感系统

分拣机器人要在生产线上实现精准的拣选动作，首要任务就是确定自身及周围环境。传
统生产线上，工业机器人的分拣运动一般采用在线示教或离线编程的方法来实现，所有动作
和抓取对象的摆放位置都需预先严格设定。但在实际应用中，目标对象的位置往往不是严格
固定的，甚至是移动的，导致分拣机器人的拣选动作难免存在偏差。采用传统人工分拣的方
式时，工人可以通过眼睛识别物料（品）及其位置，然后对物料（品）进行分拣和搬运。
如何使机器人模拟人眼的工作模式，在视觉引导下完成对批量散乱目标的准确、快速抓放操
作，逐渐成为国内外分拣机器人研究的方向。如图 5-12 所示，基于机器视觉的分拣机器人
是通过视觉传感器获取抓取对象的图像，然后将图像传送至处理单元（图像处理模块）进
行数字化处理，再由判断分析决策模块根据图像的颜色、边缘、形状等特征对目标进行识别

与定位，进而根据判别结果来引导控制机器人的动作，实
现对目标的在线跟踪和动态抓取。例如，如图 5-1（导入
案例）和图 5-5 所示的食品包装分拣机器人单元（或生产
线）中，当目标对象源源不断地进入视觉检测范围时，工
业相机将连续拍摄带式输送机上的食品图像，然后利用专
用机器视觉软件对所采集图像进行分析处理，提取食品的
边缘特征并确定食品的特征点 A 和绕该点的转角 θ（即抓取
对象的位置和姿态），再经过视觉标定技术，通过对比抓取
点和放置点的坐标对机器人的运动轨迹进行规划，继而驱
动分拣机器人及其末端夹持器移至位置 A' 处抓取食品，并
按工艺要求放置到相应位置。

机器视觉具有非接触性、可靠性高、实时性好等优

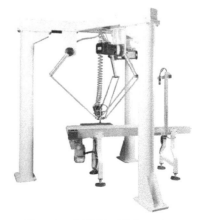

图 5-12　视觉导引分拣机器人

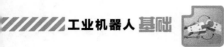

点，将其应用到工业分拣系统中，可以提高生产的柔性和自动化程度。根据工业相机的安装方式，机器人视觉系统可分为 Eye-in-Hand 和 Eye-to-Hand 两种方式。对于 Eye-in-Hand 系统，如图 5-13a 或者第 3 章中的图 3-13a~c 所示，工业相机安装在机器人末端，跟随机器人一起移动；而对于 Eye-to-Hand 系统，如图 5-13b 或者第 3 章中的图 3-13d 所示，工业相机安装在机器人本体外的固定位置，在机器人工作过程中不随机器人一起运动。由于 Delta 并联机器人的机械臂在移向目标和执行操作时会对目标造成遮挡，因此这类机器人的视觉系统一般采用 Eye-to-Hand 的方式，如图 5-12 所示。另外，机器视觉产品根据工业相机是否具有图像处理功能还分为两类，一类称为 PC-Based，由 PC 中的软件进行图像处理工作，检测速度受限；另一类称为 Smart-Camera，将图像处理器、数字摄像机、I/O 接口等高度集成于视觉传感器，并提供专用视觉开发软件，可大大简化软件开发难度、缩短开发周期、提高识别速度和可靠性，具有更为广阔的应用前景。在高速分拣包装生产线上，除利用视觉传感器完成对产品的颜色、形状、尺寸等的识别与定位外，往往还安装其他经济型传感器（如红外传感器、超声波传感器等）辅助实现产品质量、数量等的检测计数功能。表 5-3 为常见的机器人分拣包装生产线上配置的实用传感器及生产厂商所开发的功能软件包。

a) Eye-in-Hand　　　　　　　　　　　　b) Eye-to-Hand

图 5-13　分拣机器人视觉传感安装形式

表 5-3　分拣机器人实用传感器

工艺过程	设备名称	设备功能	功能软件包	结构图示	典型厂商
检测计数	光电开关	主要用以检测被测目标是否到达检测区域，以通知工业相机及时成像	—		国外：德国 SICK、日本 Keyence、美国 Omega 等；国内：上海海季等
	接近开关	主要用以检测被测目标是否到达检测区域，以通知工业相机及时成像	—		国外：德国 SICK、日本 Keyence、美国 Omega 等；国内：上海海季等

（续）

工艺过程	设备名称	设备功能	功能软件包	结构图示	典型厂商
检测计数	视觉传感器	主要通过产品及其包装件的颜色、边缘、形状等图像特征来判断其是否存在缺陷并判定质量等级	SICK IVC Studio、Keyence CV-X、Cognex Designer 2.0 等	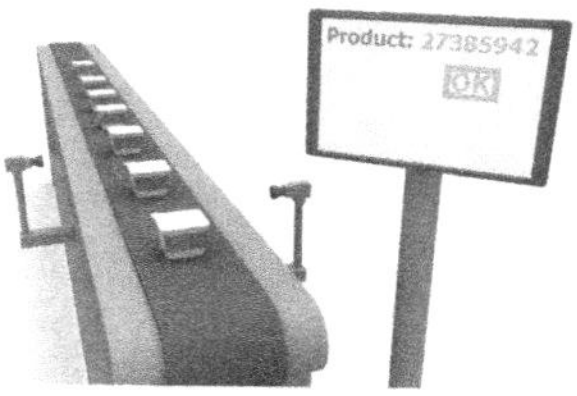	德国 SICK、日本 Keyence、美国 Cognex 等
	超声波传感器	采用"对射式"超声波实现物料输送的连续监测计数而不受材料、液体类型的影响	—	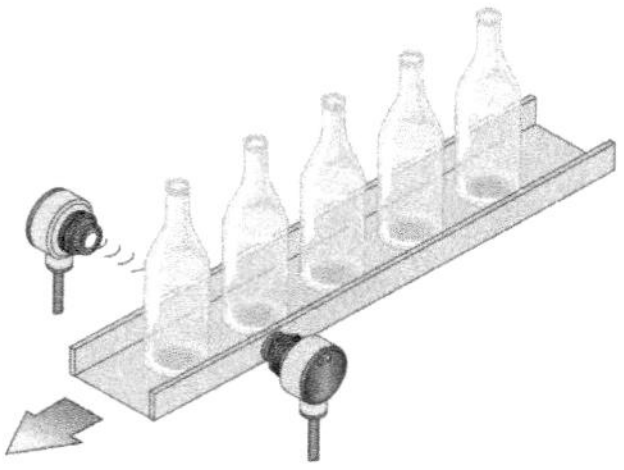	美国 Banner、德国 P+F、日本 Omron、日本 Panasonic 等
	红外传感器	采用"对射式"红外信息采集模式进行精确的累加计数	—	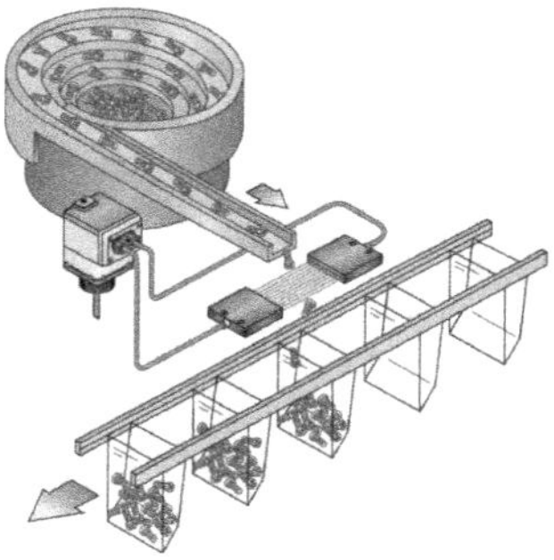	国外：日本 Omron 等；国内：深圳顺恩斯、深圳海王等
识别定位	定位传感器	安装于物料输送机附近，用于对移动物料进行检测定位。通常与机器视觉配合使用	—	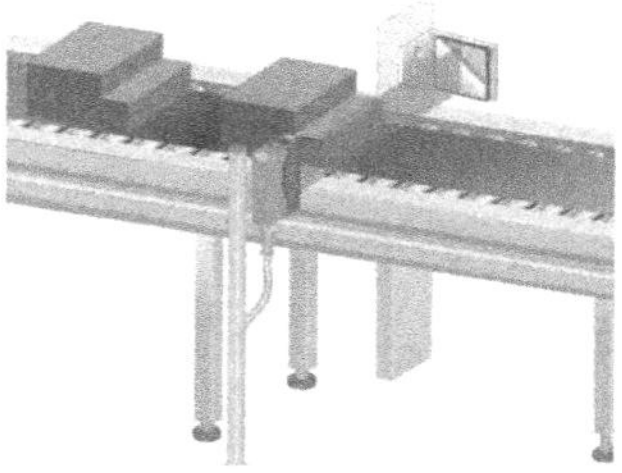	德国 SICK、日本 Tamagawa、德国 ASM 等
	视觉传感器	主要通过产品及其包装件的颜色、边缘、形状等图像特征来识别、定位和引导机器人拾取	AdeptSight3、Cognex InSight、NeuroCheck、Eurosys eVision、Fanuc iRVision、Moto Sight 2D、Vision Guide 等	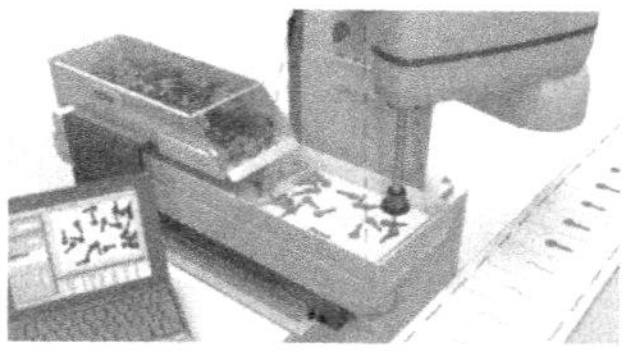	美国 Adept、Cognex，德国 NeuroCheck，比利时 Eurosys、日本 Fanuc、Yaskawa-Motoman、Epson 等

161

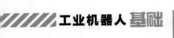

2.4　周边设备

要想使机器人高效快速实现自动分拣、整列、装箱等操作，除需要分拣机器人、分拣系统和传感系统协调配合外，还需要一些周边辅助设备。在导入案例中，裸装食品（巧克力）由物料输送机（带式输送机）负责将其输送至机器人附近的预定拣选区域，接着机器视觉系统对其进行识别和定位，进而引导机器人执行编写好的程序以完成对物料（品）的吸附、搬运、整列等特定任务，即将"夹持"的巧克力搬运至另一条物料输送机上依次排列整齐。随后由裹包机负责整列食品的膜包。简而言之，如图5-1所示的巧克力包装分拣机器人单元主要包括物料输送系统（物料输送机、包装容器输送机）和包装机械（裹包机）两类周边辅助设备。在轻工品（尤其是食品）分拣包装生产线上，物料输送系统除采用前两章介绍过的带式输送机、辊式输送机和板式输送机外，还经常用到刮板输送机和螺旋输送机，如图5-14所示。而包装机械需视物料或产品的包装容器及材料的不同而确定，参照 GB/T 23509—2009，常见的包装容器有塑料包装容器、纸包装容器、玻璃包装容器及金属包装容器等，形态有袋、盒、箱、瓶、罐、杯、碗等多种形式，需视情况使用成型机、封口机、裹包机、标签机等单一或多功能包装机械完成包装作业。例如，在如图5-15所示的纸箱包装件机器人自动化生产线上，为实现纸箱成型-充填-封口一体化包装作业方式，生产线采用立

　　a）刮板输送机　　　　　　　　　　　　b）螺旋输送机

图 5-14　物料输送机

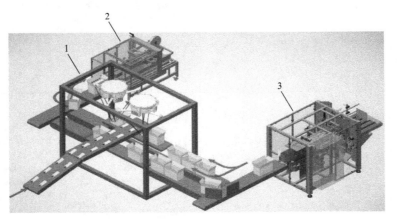

图 5-15　纸箱包装件机器人自动化生产线

1—分拣机器人（装箱）　2—纸箱封口机（封箱机）　3—纸箱成型机（开箱机）

式纸箱成型机制箱和开箱，并由输送机实现对开口包装箱的"分流"输送；待包装箱到达装箱区域后，两台倒挂安装在钢结构框架上的并联 Delta 机器人同时进行空箱的拣选装填任务，随后满箱包装件"汇流"并由纸箱封口机完成封口包装。同理，当将分拣机器人应用于其他类型容器的包装时，也需配置相应的辅助包装机械。表 5-4 列出了与分拣机器人的关联的常见包装设备。

表 5-4　典型的分拣机器人周边辅助包装机械

包装形态	关联设备	设备功能	结构图示	典型厂商
箱（盒）	开箱机	将压扁的纸箱打开以形成预期的包装形状		国外：加拿大 AFA Systems 等；国内：广州华美特、台湾天珩、江苏昊天等
	封箱机	待纸箱内盛装产品后对其进行封口		国外：加拿大 AFA Systems 等；国内：广州华美特、台湾天珩、江苏昊天等
	裹包机	用挠性包装材料（如薄膜）将纸箱全部或局部裹包起来		国外：加拿大 AFA Systems、Wexxar 等；国内：广州华美特、台湾天珩、江苏昊天等
袋（膜）	枕式包装机	利用塑料薄膜的热封性能，进行中封及两端头的封切，将薄膜袋做成枕头的形状		国外：西班牙 ULMA 等；国内：台湾天珩、广东速科、青岛众和等
	吸塑成型机	利用塑料的热可塑性，将加热软化后的塑料片状包装材料经过吸塑模具，使其在真空吸力的作用下形成各种形状的真空罩	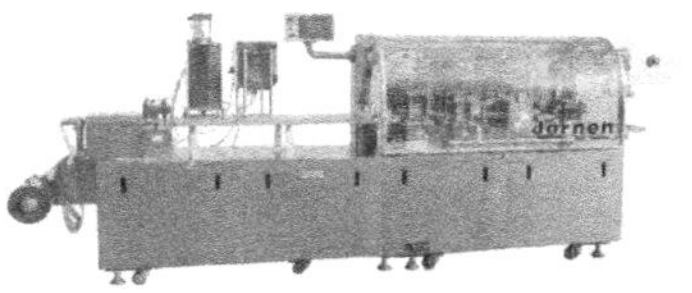	国外：西班牙 ULMA 等；国内：台湾天珩、广东盟星、济南维利达、宁波海曙骏鹰等

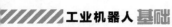

(续)

包装形态	关联设备	设备功能	结构图示	典型厂商
袋（膜）	热收缩包装机	采用收缩膜包裹在产品或包装件外面，加热使薄膜收缩裹紧产品或包装件		国外：西班牙 ULMA 等；国内：上海首颂、青岛科信、合肥三冠等
托盘	托盘成型机	在加热条件下，对热塑性片状包装材料进行深冲使之形成浅托盘		国外：加拿大 Wexxar 等；国内：浙江瑞安贝德、珠海博城机械、浙江瑞安天一等
	托盘封口机	待托盘中盛装产品后对其进行封口		国外：加拿大 Wexxar 等；国内：浙江瑞安贝德、珠海博城机械、浙江瑞安天一等

164

综上所述，要想构建一个实用的机器人自动分拣包装生产线，则需根据行业应用和产品包装流程完成包括分拣机器人、分拣系统、视觉系统、周边设备及相关安全保护装置在内的设备或单元的选型。

第 3 节　分拣机器人的生产布局

完成机器人自动分拣包装单元或生产线的设备选型后，如何确定分拣机器人与周边设备之间或者是多台分拣机器人之间的相对位置关系，即分拣机器人布局问题成为又一个挑战。同前面单元介绍的搬运、码垛机器人相似，分拣机器人单元或生产线的空间布局是以节约厂房占地、提高产品质量和增加企业产量为出发点，以保证机器人动作的可达性和安全性为基本原则，其布局合理性将直接影响包装效率和生产节拍。按照上述原则，导入案例描述的巧克力分拣包装机器人自动化生产线采用的是一线一机的点式集中分拣作业布局，即由一台高速并联 Delta 机器人拾取进料输送机上散放的巧克力，按程序设计的排列形式在带式输送机上进行快速整列。一般而言，分拣机器人单元或生产线的布局形式多种多样，常见的有按机器人分拣区域分类、按物料进出情况分类、按生产线匹配机器人数量分类。分拣机器人的生产布局类型、特点及其适用场合见表 5-5。

表 5-5　分拣机器人的生产布局

布局类型		布局特点	适用场合	布局图示
机器人分拣区域	点式分拣	一台分拣机器人安装在包装流水线的上方或侧面，通常对一条物料（品）输送线进行在线高速分拣、装箱等操作，具有占地面积小、投资成本低等特点	流水线吞吐量较低的场合	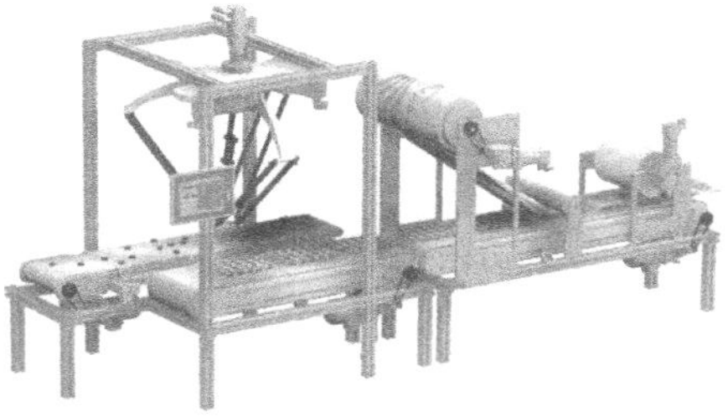
	线式分拣	两台或多台分拣机器人按线性串列布局安装在一条包装生产线的上方或侧面，以双机或多机联动的方式实现在线高速分拣、装箱等，具有人工操作少、应用柔性大、自动化程度高等特点	流水线吞吐量较高的场合	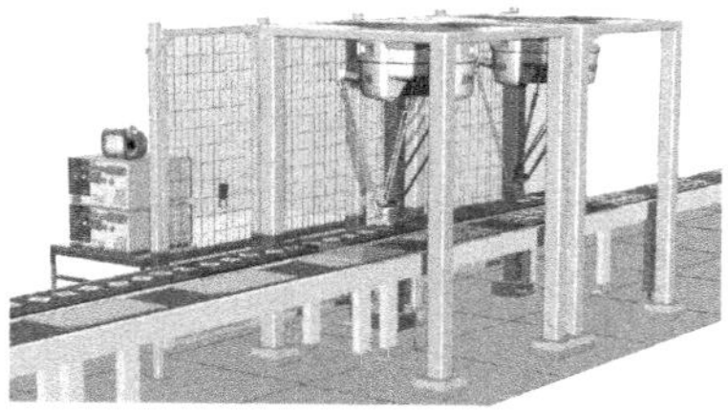
	面式分拣	多台分拣机器人安装在多条并行排列的包装生产线的上方或侧面，可实现区域集中的分拣、装箱作业，具有场地使用效率高、自动化程度高、人工操作少和便于管理等特点	流水线吞吐量较高的场合	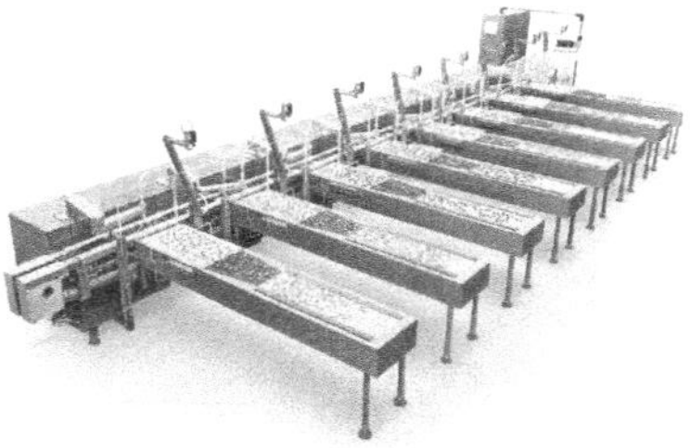
物料进出情况	一进一出	一台或多台分拣机器人安装在一条包装生产线的上方或侧面，将分拣、装箱完成的产品沿着一条输送线输出，具有占地面积小、投资成本低等特点	产品种类单一，流水线吞吐量较低的场合	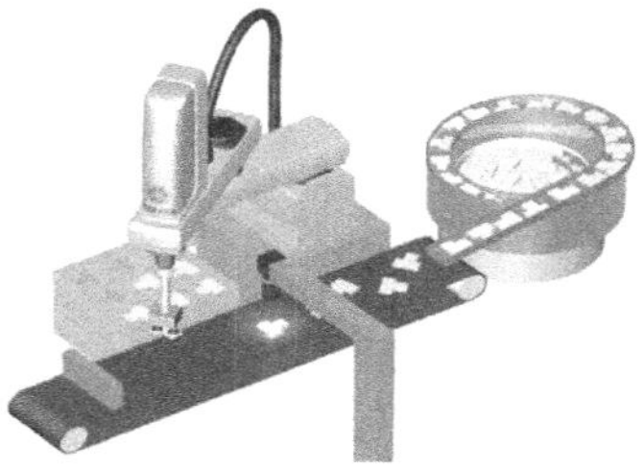
	一进多出	一台或多台分拣机器人安装在一条包装生产线的上方或侧面，将分拣、装箱完成的产品沿着两条或多条输送线输出，具有包装效率高、人工操作少、自动化程度高等特点	产品种类多样，流水线吞吐量较低的场合	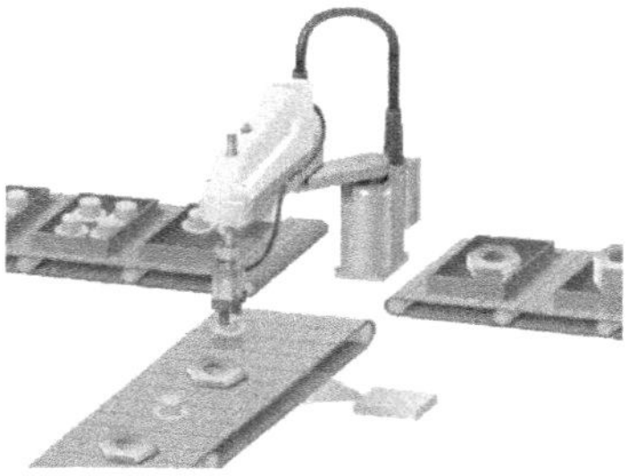

(续)

布局类型		布局特点	适用场合	布局图示
物料进出情况	多进一出	一台或多台分拣机器人安装在多条并行排列的包装生产线的上方或侧面,完成分拣、装箱的产品沿同一条输送线输出,具有场地使用效率高、投资成本低等特点	产品类型丰富、流水线吞吐量较高的场合	
生产线匹配机器人数量	一线一机	单台分拣机器人安装在一条包装生产线的上方或侧面,完成物料(品)的分拣、装箱等工作,具有占地面积小、投资成本低等特点	流水线吞吐量较低的场合	
	一线多机	多台分拣机器人按线性串列布局安装在一条包装生产线的上方或侧面,共同完成物料(品)的分拣、装箱等工作,具有自动化程度高、生产效率高等特点	流水线吞吐量较高的场合	

　　至此,关于分拣机器人单元设备选型及其生产布局方面的知识要点介绍完毕。下面通过生猪鲜肉自动包装生产线项目实施全过程的介绍,进一步加深对如何正确选型并构建一个经济实用的分拣机器人柔性包装单元或生产线的认识与理解。

 【案例剖析】

　　1. 客户需求

　　随着人们生活质量的不断提高,食品已不仅是一种基本需要,而且成为衡量生活水平的一个标准,越来越多的消费者开始重视食品在营养、卫生、安全等方面的品质要求,食品行业的竞争也日趋激烈,由此激发了更多的产品投放市场、更短的产品周期和更频繁的交货。

　　以占日常消费食品市场重要部分的肉类食品为例,目前市场上主要以热鲜肉、冷冻肉和冷鲜肉⊖等方式进行销售。冷鲜肉作为一种较为先进的生鲜肉产品,具有色泽鲜艳、质地柔

　　⊖ 热鲜肉是畜禽被宰杀后,不经过任何冷却处理方法而直接上市销售的生鲜肉,是在我国各地都能普遍见到的肉类销售方式;冷冻肉是指畜禽被宰杀后,在-18℃以下进行快速冷冻数小时而使肉表面和深层温度都降低至-6℃以下的肉类;冷鲜肉,准确地说为冷却排酸肉,是指严格执行兽医检疫制度,对屠宰后的畜禽胴体迅速进行冷却处理,使胴体温度(以后腿肉中心为测量点)在24h内降为0~4℃,且在后续加工、包装和销售过程中胴体温度仍保持在0~4℃的生鲜肉。

软有弹性、汁液流失少、安全系数高、食用价值高等优点。换句话说，冷鲜肉不仅具备热鲜肉和冷冻肉的优点，而且克服了它们在品质上存在的不足。这使得冷鲜肉开始越来越多地走进百姓的生活，尤其在北京、上海等国内一线城市，冷鲜肉的消费呈逐年快速上升的趋势。实际上在欧美发达国家中，生鲜肉的消费中有 90% 是冷鲜肉。可以预见，冷鲜肉在我国零售鲜肉市场将会有巨大的发展潜力。

　　冷鲜肉从屠宰到加工，再到物流和销售，是一个漫长而复杂的过程，而包装作为保护产品的一种存在形式，对保障食品安全具有重要作用，同时作为产品的外衣，也是肉类企业塑造品牌的重要元素之一。从国外冷鲜肉市场的发展来看，包装技术的发展是冷鲜肉产业发展的重要保障。气调包装（MAP）正是肉类食品加工企业在这种背景下开发出的一种食品保鲜包装技术。气调包装的基本原理是利用高阻隔材料（塑料托盘和封盖膜）将冷鲜肉与外界空气隔绝，内充 O_2、CO_2 和 N_2 等的混合气体使肉色鲜美同时抑制细菌生长，其货架期较一般包装（2~3天）长 3~5 倍。在冷鲜肉气调包装的整个环节中，如图 5-16 所

图 5-16　冷鲜肉装盘作业

示的装盘操作占据着极其重要的地位，其作业模式的完善是提高效益和包装品质的关键，如何实现冷鲜肉气调包装流程中装盘操作的自动化成为各肉类食品加工企业亟待解决的问题。为此，国内某生猪鲜肉加工企业率先尝试基于分拣机器人的冷鲜肉气调包装技术及其自动化包装生产线来提升自身品牌价值和市场竞争力。

　　2. 方案设计

　　生猪冷鲜肉的基本加工生产流程为加工、保鲜、包装和运输等，本项目重点关注的是冷鲜肉包装环节。为便于后续运输，企业要求对生猪冷鲜肉的包装按照"先小托盘包装、再大托盘包装"的原则实施，即先完成裸装鲜肉的一次气调包装，再将一定数量的包装冷鲜肉装入大托盘进行二次码放包装。整个包装过程实现自动化作业。

　　结合产品包装工艺和客户要求，某系统集成商初步设计了如图 5-17 所示的生猪冷鲜肉自动化包装生产线。图示生产线主要由分拣机器人（操作机和控制器）、分拣系统（夹持器及其驱动装置）、传感系统（红外传感器和视觉传感器）、周边设备（吸塑成型机、托盘拆码机和托盘堆码机等）及相关安全防护装置等组成，可实现生猪鲜肉的拣选装盘、气调包装、拣选（整列）输送、检测计数、托盘供给以及托盘堆码等包装功能。生产线执行动作过程如下：

　　1）线首高速并联 Delta 机器人依据上游传感器和输送机的信息对源源不断运送过来的冷鲜肉实施"抓取"，按特定装盘顺序将"手"中冷鲜肉放入塑料托盘中。

　　2）装有冷鲜肉的托盘跟随输送机前移进入一个密闭的真空室，吸塑成型机先利用高氧真空泵将真空室内的空气抽出形成一定的真空度，然后充入混合保鲜气体并对托盘进行封口，完成生猪冷鲜肉气调保鲜包装过程。

　　3）一次包装区线尾安装的并联 Delta 机器人负责将包装好的冷鲜肉快速拾取并整齐摆放

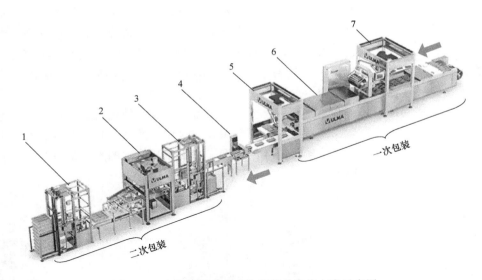

图 5-17　生猪冷鲜肉自动化包装生产线方案示意图

1—托盘堆垛机　2—托盘充填机　3—托盘拆卸机　4—红外传感器+视觉传感器　5—分拣机器人（整列）

6—吸塑成型机　7—分拣机器人（装盘）

至另一台物料输送机上，实现二次包装区的产品输送。

4）一次包装产品在进入二次包装区之前需经过视觉、红外传感器的质量检测和计数统计。

5）经检查合格的包装产品进入二次包装区后，由托盘拆卸机（即第 4 章描述的托盘输送机）负责将一定数量的托盘依次送入包装区指定位置。

6）高速并联 Delta 机器人按照程序设计的特定顺序，将一定数量的包装产品分拣码放入空托盘。

7）装盘完毕的满托盘由线尾堆垛机进行逐层堆码，码放完毕后则由工人借助手推小车将其移走。

表 5-6 列出了生猪冷鲜肉自动化包装生产线主要设备清单。需要强调的是，在构建上述生产线时，选择技术可靠、性能稳定、经济实用的包装设备是关键。以分拣机器人选型为例，由于输送机带宽较窄（最宽为 500mm，最窄为 300mm），冷鲜肉及其包装产品质量较轻（0.1~0.2kg），所以在选取机器人类型和型号时，如何保证包装生产线的作业效率是关键问题。综合考虑后，最终选择适合轻工产品高速搬运作业的西班牙 ULMA 公司生产的并联 Delta 机器人。对于一次包装区线首的装盘机器人而言，拾取对象后需作一定的旋转运动，故选择四自由度 D12H 型 Delta 机器人，最大工作直径为 1200mm。而另外两台分拣机器人主要用于整列摆放和后期装盘作业，无需太多自由度，采用二自由度 U10H 型 Delta 机器人即可，最大工作直径为 1000mm。生产线其他主要周边设备的功能及其选型依据见表 5-7。

表 5-6　生猪冷鲜肉自动化包装生产线主要设备清单

设备类型	设备名称	生产厂家	型号规格	设备数量/台（套）
分拣机器人	操作机	西班牙 ULMA	U10H 和 D12H	3
	控制器	日本 Omron	NJ501-1400	1

（续）

设备类型	设备名称	生产厂家	型号规格	设备数量/台（套）
分拣系统	机械式夹持器	西班牙 ULMA	定制	1
	吸附式夹持器		定制	2
	气体发生装置	无锡凯斯威	AW100	1
	真空发生装置	温州蓝星	ZF-1	2
传感系统	视觉传感器	日本 Omron	ZFV-C	1
	红外传感器		E3Z-F	1
周边设备	吸塑成型机	西班牙 ULMA	TFS 600	1
	托盘拆卸机		定制	1
	托盘堆垛机		定制	1
	钢结构框架		定制	3

表 5-7　生猪冷鲜肉自动化包装生产线主要设备选型

工艺流程	关联设备	设备功能	结构图示	选型（定制）依据
拣选装盘	分拣机器人	负责将带式输送机上裸装的生猪鲜肉按特定顺序装入塑料托盘		①工作空间 ②额定负载 ③拾放频次 ④运动轴数（自由度）
气调包装	吸塑成型机	利用真空泵产生的真空吸附力将加热软化后的热可塑性塑料片材经过模具吸塑成各种形状的真空罩		①成型时间 ②批次耗电 ③有效成型面积
整列输送	分拣机器人	将气调保鲜包装好的冷鲜肉托盘快速从一次包装输送机上整齐摆放到二次包装输送机上	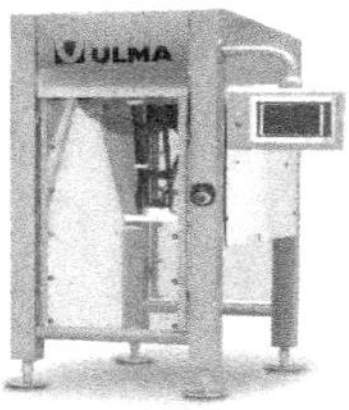	①工作空间 ②额定负载 ③拾放频次 ④运动轴数（自由度）
检测计数	视觉、红外传感器	对生猪冷鲜肉的包装质量进行检查，同时完成合格包装品的自动计数	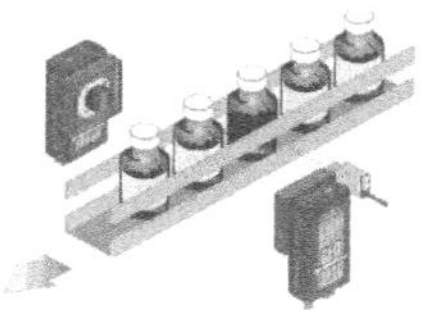	①测量范围或指向角 ②工作温度范围 ③检测物体

169

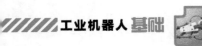
（续）

工艺流程	关联设备	设备功能	结构图示	选型（定制）依据
托盘供给	托盘拆卸机	将整齐叠放的空托盘拆开、卸下,实现连续自动输送托盘作业		①拆垛速度 ②托盘属性 ③叠放高度
托盘装填	分拣机器人	通过执行预先编好的程序将包装产品按照特定的码放顺序进行装填作业		①工作空间 ②额定负载 ③拾放频次 ④运动轴数（自由度）
托盘码垛	托盘堆垛机	将装填完毕的满托盘逐层进行叠放,以备后续输送		①码垛速度 ②托盘属性 ③叠放高度

在初步完成生猪冷鲜肉自动化包装生产线的设备选型任务后，为规避企业投资风险和缩短制造周期，同其他案例类似，在离线编程系统软件中建立如图 5-17 所示生产线几何模型，编制机器人任务程序并进行离线动画仿真，检验生产线合理性，尤其是机器人动作的可达性、运动过程中是否存在奇异姿态以及发生碰撞的可能性等，进而优化整条生产线的布局形式。在此过程中，一并完成对上述所选设备的参数和型号的确认。优化后的生猪冷鲜肉自动化包装生产线布局如图 5-18 所示，采用了一线多机的串行排列形式。

3. 实施效果

基于分拣机器人的生猪冷鲜肉自动化包装生产线投产后，将彻底改变冷鲜肉手工拣选装盘、整列摆放等作业方式，工作人员只需按动按钮，生产线便会实现产品的自动装盘、气调包装以及包装产品的自动码垛。在整个包装生产过程中，工作人员负责空托盘的送入和满托盘的送出，人员和设备得到充分利用。将分拣机器人应用于肉类食品包装领域具有如下优势：①包装更卫生，相比人工作业方式，机器人拣选装盘避免了工人与食品的直接接触，可有效保障产品包装质量，甚至有可能延长货架期；②效率更高，高速并联 Delta 机器人的拾取频次基本保持在 120p/min（次每分钟）以上，且可实现 24h 连续工作，包装效率提高两倍以上；③环境更优，气调包装需要环境温度在 0~4℃ 范围，自动化拣选装箱使工作人员远离包装现场，大幅降低工人风湿、肌肉和骨骼损伤等职业疾病的发生概率，劳动强度得到减轻。

通过对上述案例的学习，相信对分拣机器人及其外围设备的选型以及整个系统（单元

a) 一次包装区

b) 二次包装区

图 5-18　生猪冷鲜肉自动化包装生产线布局

或生产线）的集成有了更深刻的认识。分拣机器人的选型需要综合考虑机器人的额定负载、工作空间、运动轴数（自由度）、拾放频次等；分拣系统尤其是机器人末端夹持器的选型需要考虑抓取对象的特性，如类别、尺寸、重量等；传感系统和周边设备的选型则与产品类型、包装工艺流程以及系统的集成方式紧密相关。分拣机器人单元乃至生产线的布局形式需要综合考虑厂房面积、投资成本、产品类型、生产效率以及后期维护难度等众多因素。当然，企业以分拣机器人自动化作业替代人工作业，可提高生产效率、改善包装品质、减轻劳动强度和降低运营成本。

【本章小结】

　　分拣机器人是用在工业生产过程中执行轻小产品或包装件分拣、整列、装箱等包装任务的一类工业机器人，普遍采用多关节机械结构，尤其是高速并联 Delta 机器人，具有 2~4 个自由度，末端额定负载 0.5~100kg，工作半径 200~1600mm，位姿重复性 ±0.02~±0.50mm，角度重复性 ±0.1~±0.3°，拾放频次在 120p/min 以上。

　　机器人自动分拣单元是集分拣机器人、分拣系统、传感系统、周边设备及相关安全防护装置等于一体的柔性物流包装系统。夹持器作为分拣系统的关键部件，是机器人与操作对象直接接触的执行工具，主要采用抓握型夹持器（机械式夹持器）和非抓握型夹持器（真空吸附式夹持器）两种，具体设计或选型时需依据作业对象和夹持要求而定。在实际应用中，待包装物件在一条输送带上，包装容器在另外一条输送带上，由于输送带是移动的，物件的位置信息可以通过传感器、视觉系统获取，进而引导机器人不断调整自身末端执行器（夹

171

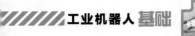

持器）的位置和移动速度，使其不断接近待包装物件，最终实现动态抓取；抓取待包装物件之后，机器人还需定位和跟踪包装容器，然后把待包装物件放进包装容器里面。分拣机器人的辅助周边设备与应用领域、产品包装形式等息息相关，不可一概而论，具体选型依据为产品包装工艺。

机器人自动化分拣包装生产线是由执行相同或不同功能的多个机器人单元和相关设备构成，主要用于实现批量物料（品）的流水加工和包装生产。分拣机器人及生产线布局需要综合考虑机器人工作空间、企业厂房面积、产品包装流程等因素，以期达到投资效益最优化。

【思考练习】

1. 填空

（1）如图 5-19 所示是月饼包装机器人自动化生产单元。如按照机械机构特征划分，图示包装生产单元采用一台轻型_____机器人完成半成品的小范围拣选、装盒作业，随后由一台中型_____机器人负责成品的大范围搬运、装箱。

（2）如图 5-20 所示，在机器人自动化包装生产线上，裸装物品和包装盒通常分别由两条带式输送机输送。由于输送机工作时输送带是移动的，因此其上运载对象的位置随之不断发生变化，所以用在实际生产中的高速分拣机器人通常配备_____传感器，以识别、定位目标对象，并不断调整自身末端执行器的位置和移动速度，完成动态目标的抓取和装箱等作业。

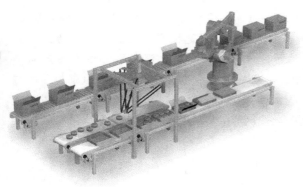

图 5-19　题 1（1）图

图 5-20　题 1（2）图

（3）如图 5-21 所示，该箱装食品机器人自动化包装生产线除采用传统带式输送机输送包装箱外，还采用_____输送机实现待包装食品的连续供给。该型输送机占用空间小，适用于垂直或有较大倾角地输送黏性不大、细密松散的物料（品）的场合。

2. 选择

（1）如图 5-22 所示，某型高速分拣机器人正在进行袋装食品的快速拾取装袋作业。图中的分拣机器人末端执行器采用的是_____夹持器。　　　　　　　　　　　　（　　）

A. 外抓握　　　B. 内抓握　　　C. 气吸附　　　D. 磁吸附

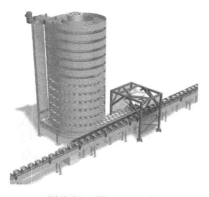

图 5-21 题 1（3）图

图 5-22 题 2（1）图

（2）如图 5-23 所示为一种巧克力机器人自动化包装生产线。包好纸皮的单颗巧克力由线首（右侧）SCARA 机器人分拣装盒，随后成盒的巧克力依次通过枕式包装机和标签机进行包装和粘贴标签，最终由线尾（左侧）SCARA 机器人完成盒装巧克力的拾取装箱。图示包装生产线采用的布局是_____。

①点式分拣；②线式分拣；③一进一出；④多进一出；⑤一线一机；⑥一线多机

能正确填空的选项是（　　　　）。

A.①③⑥　　　　B.②③⑥　　　　C.①④⑤　　　　D.②④⑤

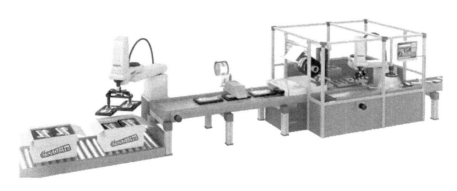

图 5-23 题 2（2）图

3. 判断

如图 5-24 所示为鲭鱼自动包装生产线。该生产线可实现鲭鱼的自动输送、雌雄辨别、拣选剔除、水分烘干、分拣装盘、重量检测、封装贴标、托盘码垛等环节的全自动化包装过程。看图判断以下说法的正误。

（1）生产线上的两台分拣机器人为 Delta 机器人，属于高速并联机器人，通常具有 3 个空间平动自由度和 1 个可选转动自由度，由 3 个并联的伺服轴确定末端执行器的空间位置，实现对产品的快速拾取、分拣、装箱等操作。　　　　　　　　　　　　　　　　（　　　）

（2）线尾码垛机器人是串联垂直关节型机器人，其自由度与关节数相等，可实现包装产品的柔性码盘作业。　　　　　　　　　　　　　　　　　　　　　　　　　　（　　　）

（3）由于包装对象（鲭鱼）的体积小、重量轻，机器人末端执行器可采用吸附式夹持

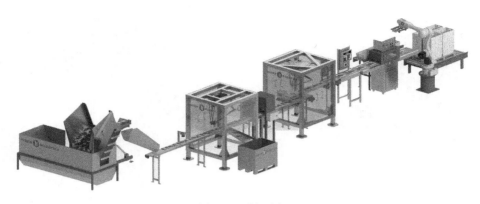

图 5-24　题 3 图

器，其对产品无污染且能够适应轻小包装产品的快速拾取作业。　　　　　　　　　（　　）

（4）图示生产线运用比色法来分辨鲭鱼雌雄，在线首安装有一台工业相机，其作用主要是实时获取输送机上鲭鱼的图像，以及跟踪输送机上鲭鱼的位置，引导分拣机器人完成对鲭鱼的动态抓取。　　　　　　　　　　　　　　　　　　　　　　　　　　　　　（　　）

（5）在图示生产线上，辅助机器人完成分拣、装箱、码垛作业的周边设备有输送机、干燥机、检验机、封口机等。　　　　　　　　　　　　　　　　　　　　　　　　　　　（　　）

4. 综合练习

国内 A 食品饮料有限公司（以下简称 A 公司）是一家专门致力于绿色食品、饮料开发及生产销售的专业化食品生产企业，主要产品为谷物饮料、功能型饮料等各种饮料。经过二十多年的不断发展，A 公司的产品从最开始的一种到如今的数十种，营业额也发展到上千万元人民币，且对应的市场需求还在不断增加。为扩大产能，A 公司引进了两条具有国际先进水平的饮料生产和利乐包（牛奶、饮料的纸盒包装，是世界知名食品包装企业"利乐"公司开发生产的复合纸类饮料包装）灌装设备，使得饮料的生产、灌装全部实现自动化生产。但是，饮料生产的最后工序——利乐包拣选装箱（包括拾取箱板、箱子成型、底部折边、箱体传送、产品收集及装箱、封箱等工序，如图 5-25 所示）仍采用手工装箱、人工搬运的传统方式，装箱速度无法与前期饮料生产、灌装速度相匹配，导致利乐包积压、装箱效率低下、装箱车间现场管理混乱等现象，严重制约公司产品的正常销售和资金周转。面对市场需求的不断增加、市场竞争的日益激烈，如何降低成本、减少浪费、满足客户和市场需求、创造最大利润，是 A 公司等众多企业追求的终极目标。

依据上述情形，某机器人集成商为 A 公司设计了一套双机联动的利乐包机器人自动化拣选装箱单元，如图 5-26 所示。该机器人包装单元采用一线多机的线式串联布局，由两台高速并联 Delta 机器人（Fanuc M-3iA/12H）负责将带式输送机源源不断送入的已灌装利乐包拾取并从顶部放入另一条伺服驱动辊式输送机上的开口纸箱里，每箱装入 12 袋利乐包（250mL 标准包），直至装满为止。整个装箱单元结构紧凑，占地面积小，且易于与上游装填设备、箱成型设备等集成。Fanuc M-3iA 机器人装箱频次超过 100p/min，而双机布局在保证装箱效率的同时能最大程度地避免出现漏拣、少拣等问题，包装质量得到保证。另外，为保证包装过程中不损伤包装容器，机器人末端执行器采用的是真空吸附式夹持器。机器人自动化拣选装箱单元的设备配置清单见表 5-8。

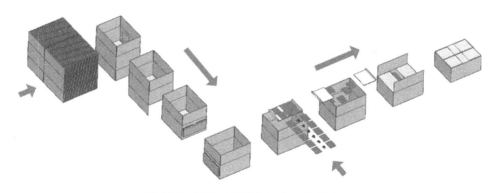

图 5-25　饮料（利乐包）拣选装箱流程

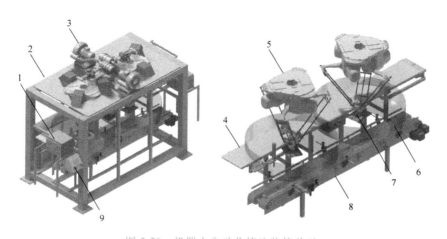

图 5-26　机器人自动化拣选装箱单元

1—控制器　2—钢结构框架　3—真空发生装置　4—包装箱输送机　5—并联 Delta 机器人
6—机器人工作空间　7—真空吸附式夹持器　8—物料输送机　9—液晶触摸屏

表 5-8　机器人自动化拣选装箱单元配置清单

类别	名称	品牌	型号	数量/台（套）
分拣机器人	操作机	日本 Fanuc	M-3iA/12H	2
	控制器		R-30iB	1
分拣系统	吸附式夹持器	加拿大 AFA Systems	定制	2
	真空发生装置	山东伯仲	ZF-1A	1
周边设备	输送机	加拿大 AFA Systems	定制	2
	钢结构框架		定制	1
	PLC	美国 Allen-Bradley	CompactLogix PLC	1
	液晶触摸屏		PanelView 700	1

说明：M-3iA/12H 机器人手腕额定负载为 12kg，最大工作直径为 1350mm，最大工作高度为 500mm，位姿重复性为 ±0.10mm。

（1）结合装箱对象（利乐包）的重量以及输送机带宽（物料输送机带宽为 300mm，包装箱输送机带宽为 500mm），判断上述机器人单元中选用的操作机是否合理？可否用表 5-9

所列 Fanuc 机器人中的其他型号替代？说明理由。

表 5-9 备选机器人操作机一览表

序列	品牌	型号	轴数	额定负载/kg	工作空间/mm		位姿重复性/mm
					直径	高度	
1	Fanuc	M-1iA/1H	3	1	280	100	±0.02
2		M-1iA/1HL	3	1	420	150	±0.03
3		M-2iA/6H	6	6	800	300	±0.10
4		M-2iA/6HL	3	6	1130	400	±0.10
5		M-3iA/6S	4	6	1350	500	±0.10
6	ABB	IRB 360-1/800	4	1	800	250	±0.10
7		IRB 360-1/1130	4	1	1130	300	±0.10
8		IRB 360-1/1600	4	1	1600	350	±0.10
9		IRB 360-3/1130	4	3	1130	300	±0.10
10		IRB 360-8/1130	4	8	1130	350	±0.10

（2）若客户指定采用 ABB 机器人本体和控制器，请结合拣选对象及输送机尺寸信息根据表 5-9 设计选型方案。

（3）上述分拣机器人所采用的真空吸附式夹持器可否改用普通抓握型夹持器？试说明理由。

【知识拓展】

与传统串联式机器人互补，并联式机器人扩充了工业机器人的类型和应用场合。在空间狭小、对精度和频次又有严格要求的流水线生产中，并联 Delta 机器人能充分发挥其结构优势，提高生产效益，因而备受工业界与学术界的青睐。近年来，在工业需求刺激与专利保护解限、柔体动力学的发展与轻量化结构的应用、虚拟平台与多领域新技术的出现与发展等因素的综合作用下，Delta 系列机器人更加成为研究热点，并呈现出新的发展趋势。

1. 3D 打印机器人

除了在分拣包装流水线领域的应用外，并联 Delta 机器人及其变种机构在其他领域也有广泛应用。当前，数字化制造浪潮正在全球兴起，3D 打印是数字化增材制造的关键技术之一。它是一种以三维数字化模型为蓝本，由软件将建成的三维模型"分区"成逐层的截面（俗称"切片"），运用塑料颗粒、金属粉末、陶瓷粉末、细胞组织等可粘结材料，通过逐层堆积的方式构造符合设计的三维实体产品的新兴技术。从运动本质来讲，3D 打印机就是通过一系列手段来控制打印机构（喷头）沿 X、Y、Z 三个方向的微动，使其实现材料的逐层堆积的一种并联式机器人。其中，X、Y 方向由驱动装置控制喷头进行平面扫描，Z 方向则由驱动装置携带喷头进行材料的逐层堆积，应有一定的承载能力和运动平稳性。基于对 3D 打印机构性能需求的分析，用于 3D 打印的机构应具有运动平稳、高速、高精度的特点，这与直线驱动型 Delta 机器人"不谋而合"，吸引众多眼球的 Delta Maker 正是以直线驱动型 Delta 机器人为平台的 3D 打印机，如图 5-27 所示。它由 Delta 机器人的三个机械臂携带打印喷头沿 X、Y、Z 三个方向运动，并且进料马达被固定安装在支架上，不与喷头同时运动，使得喷头的惯性大大减小，这对打印速度以及控制精度的提高均有很大帮助。

2. 双臂并联式机器人

负载能力是衡量并联式机器人的综合性能的三大关键指标之一，也是机器人企业技术实力的体现。从目前的实际使用情况看，约 70% 使用中的并联式机器人的负载能力在 3kg 以下，负载能力超过 6kg 的并联式机器人占比不到 5%，这也是并联式机器人未能像串联机器人一样在更多领域发挥作用的原因之一。围绕如何在不影响机器人精度和速度的情况下提高并联式机器人的负载能力，各大并联式机器人生产厂商不断推出新型并联机构。例如，荷兰 Codian Robotics 公司研发的二自由度 Delta 机器人 D2-1500-HP 的最大负载为 100kg，最大拾取频次为 30p/min。另外，Codian Robotics 公司在 D2-1000 Delta 机器人基础上，成功研制出双臂并联式 Delta 机器人，如图 5-28 所示，其额定负载能力由 30kg 提升至 40kg，最大拾取频次由 50p/min 降至 40p/min，位姿重复性保持在 ±0.30mm 不变。此类中型甚至重型负载并联式机器人的不断出现将有助于进一步拓展并联式机器人的应用空间。

图 5-27　Delta Maker 3D 打印机

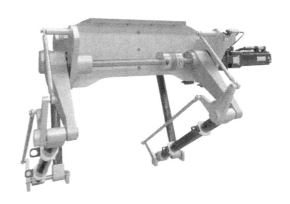

图 5-28　双臂并联式 Delta 机器人

3. 多机器人协同分拣技术

目前，机器人自动分拣流水线主要存在两种作业方式，间歇式分拣和在线动态分拣。对于间歇式分拣流水线而言，当输送机上的待拣对象被检测到进入分拣工位后，输送机停止向前运转，待分拣机器人完成对目标的抓放动作后，输送机继续向前运转，开始下一轮的循环。在这种分拣方式中，机器人在输送机上的目标处于静止状态时抓取，目标定位容易，抓取准确可靠。但其缺点也是显而易见的，输送机一直处于一动一停的运行方式，不仅导致电动机的损耗较大，更重要的是影响到整个分拣流水线的效率。相比之下，在线动态分拣则是当待拣对象进入视觉检测范围后，输送机继续维持移动状态，输送机跟踪系统对目标的行进轨迹进行预测判断，并规划出合理的分拣机器人抓取路径，待目标移动至机器人的工作空间内时，机器人即可完成对其的动态抓取。由于所有拣选动作都是在输送机连续运转的状态下进行的，所以该方式的工作效率可以随着输送机速度的调整而进一步提高。

当然，如果输送机上的待拣对象太多，一台分拣机器人根本解决不了遗漏问题，那么就应该考虑多台机器人协同分拣作业，如图 5-29 所示。在分拣流水线上，上一台机器人遗漏

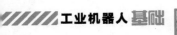

的待拣对象由输送机传递给下一台机器人，下一台机器人继续作业，依次传递下去。如图 5-29 所示多机器人协同分拣作业仅配备一套 Eye-to-Hand 机器视觉系统，利用以太网控制自动化技术（EtherCAT、EtherNet/IP 等）实现一台控制器对多台分拣机器人及其他外围设备的同时控制，这既可以提高工作效率、解决遗漏问题，又可以节约成本。

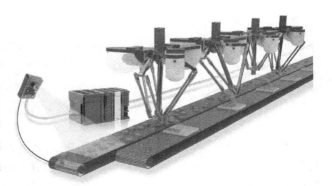

图 5-29　单视觉导引的多机器人协同分拣装盘作业

不过，在某些高度自动化的分拣包装流水线上，往往是多类型分拣机器人协调作业以完成整条流水线的托盘供给、拣选装盘、托盘装盒等包装工序。例如，如图 5-30 所示的巧克力分拣包装生产线是由一台地面安装的四自由度 SCARA 机器人（图中右上角，标号 1 区）完成空托盘的自动上料任务，随后由三台倒挂安装的四轴驱动式三自由度并联 Delta 机器人（图中标号 2 区）借助安装于六条输送机上方的视觉传感器（图中标号 3 区）实现对各自所负责输送机上不同颜色巧克力的拣选装盘作业，装满后的托盘则由线尾侧挂安装

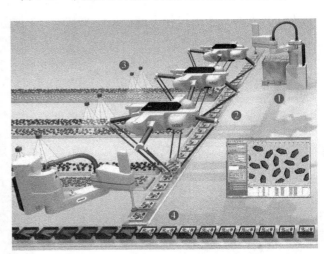

图 5-30　多视觉导引多机器人协同分拣装盘作业

的四自由度 SCARA 机器人（图中左下角，标号 4 区）对其进行最后的拾取装盒操作。

【参考文献】

［1］　兰虎. 工业机器人技术及应用［M］. 北京：机械工业出版社，2014.

［2］　FANUC America Corporation. FANUC Robot M-1iA Series［OL］.［2014-07-02］. http：//www. fanu-camerica. com/cmsmedia/datasheets/M-1iA%20Series_ 171. pdf.

［3］　FANUC America Corporation. FANUC Robot M-2iA Series［OL］.［2015-09-15］. http：//www. fanu-camerica. com/cmsmedia/datasheets/M-2iA%20Series_ 167. pdf.

［4］　FANUC America Corporation. FANUC Robot M-3iA Series［OL］.［2014-02-27］. http：//www. fanu-crobotics. com/cmsmedia/datasheets/M-3iA%20Series_ 168. pdf.

［5］　Ningbo Flexsys Robotics Inc. 富乐礼机器人样本［OL］.［2014-06-24］. http：//www. flexsys-robotics. com/upload/1. pdf.

［6］　Inser Group Inc. Robotic Solutions for Full Production Line Automation［OL］.［2014-04-30］. http：// www. inser-robotica. com/descargas. php？doc = 368.

［7］　AFA Systems Inc. TL-PFG Fanuc Delta 3 Top Load Case Packer［OL］.［2014-04-02］. http：//www. afasystemsinc. com/literature/TL-PFG-Fanuc-Delta-3-Robotic-Top-Load-Case-Packer. pdf.

第 6 章

装配机器人的认知与选型

装配机器人（Assembly Robot）是工业生产中服务生产线且在指定位置或范围对相应零部件进行装配的一类工业机器人，是集光学、机械、微电子、自动控制和通信技术等多学科及技术于一体的高科技产品。目前，装配机器人已被广泛应用于电子工业、机械制造业、汽车工业等诸多行业。

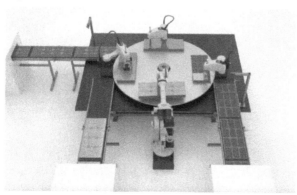

1975 年，意大利 Olivetti 公司成功研制出直角坐标型机器人"西格玛（SIGMA）"，它属于首批用于装配的工业机器人。

1978 年，美国 Unimation 公司研制出通用工业机器人（Programming Universal Manipulator for Assembly，PUMA），并将其用于 GM 汽车组装生产线。同年，日本山梨大学的 Hironshi Makino 成功发明四轴选择顺应性装配机器手臂（Selective Compliance Assembly Robot Arm，SCARA）。SCARA 机器人具有四个运动自由度，分别为 X、Y、Z 方向的平移自由度和绕 Z 轴的旋转自由度，在 XY 平面上具有顺应性，在 Z 方向具有良好的刚度，此特性特别适合装配作业。

1984 年，美国 Adept Technology 公司开发出首台直接驱动的 SCARA 机器人，命名为 Adept One。Adept One 的电力驱动马达和机器人手臂直接连接，省去中间齿轮或链条系统，使机器人在连续自动操作下同时具备良好的鲁棒性和高精度。同年，瑞典 ABB 公司生产出当时速度最快的装配机器人 IRB 1000。IRB 1000 是一个配备垂直手臂的钟摆式机器人，其移动速度比传统手臂机器人快 50% 以上。

2006 年，德国 KUKA 公司与德国宇航中心机器人及机电一体化研究所合作开发首款轻型机器人，采用全铝结构，自重仅为 16kg，末端载荷能力为 7kg。由于安装了集成传感器，机器人具有高度敏感性，非常适合装配任务。

2008 年，丹麦 Universal Robots 公司推出两款"协作机器人"，自重 18.4kg、有效载荷 5kg 的 UR5 以及自重 28.9kg、有效载荷 10kg 的 UR10，这些产品的自重仅是同等载荷传统工业机器人的 1/3~1/2，且无需安全围栏，填补了全自动生产线与全手动装配生产线间的市场空白。

2014 年，瑞士 ABB 公司推出全球首款真正实现人机协作的双臂工业机器人 YuMi，助推电子工业等小件装配领域实现自动化应用。

2015 年，日本 Fanuc 公司推出协作机器人 CR-35iA，其腕部最大负载达到 35kg，工作半径可达 1813mm，是当今世界上负载最大的协作机器人。

2017 年，美国洛·马丁公司发布了世界上首台复合材料混联结构机器人 XMini。该机器人重量轻，易于拆卸，具有模块化、高刚性、高精度、高可达性的特点，机器人本体由 3 个并联机械臂依次串联 2 个机械臂和 1 个高速主轴组成，5 个机械臂均采用碳纤维复合材料，总重量仅为 250kg，共 10 个自由度，最大工作范围为 1200mm×1300mm×300mm，重复定位精度为 5μm，高于同类机器人两倍以上，能够适应不同类型的加工与装配任务，极大限度地拓展了机器人的应用领域。

装 配 术 语

装配系统图（Assembly Flow Charts） 表明产品零、部件间相互装配关系及装配流程的示意图。

装配（Assembly） 按规定的技术要求，将零件或部件进行配合和连接，使之成为半成品或成品的工艺过程。

装配件（Assembly Part） 由零件、组合件通过多种形式的装配连接在一起形成的单元，装配件可分为拆卸性装配件和不可拆卸性装配件，而且装配件可由更小的装配件组成。

装配基准（Assembly Datum） 装配时用来确定零件或部件在产品中的相对位置所采用的基准

装配顺序规划（Assemble Sequence Planning） 在装配工序中应用人工智能的一项新技术。首先通过对众多不同装配工序的分解和分析，建立一个装配事例库，然后针对目标装配工序任务，应用事例推理技术，从事例库中检索出相似的事例，再利用认知和推理方法对几种装配事例进行模式匹配，最后经过人机交互修演，得到所需的装配顺序规划，使装配工作实现智能化。

夹持力（Gripping Force） 对于两点接触式抓握，除接触力外加于物体的合力（包括外力、重力和惯性力）和合力矩均为零时接触力的大小。

　　夹持力感知（Gripping Force Sensing）　为控制指关节使其实现给定夹持力作业和稳定抓握，而进行的对指关节施加于物体上的夹持力感知。

　　传感器（Sensor）　从夹持器和（或）物体获取信号并用于装配物体时控制夹持器的装置。

　　传感器融合（Sensor Fusion）　通过融合多个传感器的信息以获得更多信息的过程。

　　夹紧元件（Clamping Element）　为直接与物体接触而专门设计的手指零件或手指连杆。

　　抓握稳定性（Grasp Stability）　物体受到动力作用时，夹持器手指与抓握物体能保持接触且无滑动的性能。

　　手指位置感知（Finger Position Sensing）　手指控制需获取手指位置信息，用于夹持测量物体的尺寸和形状。

　　滑动检测（Slip Detection）　手指和物体间的滑动感知，主要为避免夹持或举起过重的物体，避免物体松动和不稳定抓握以及当用最小力夹持物体时，避免物体滑动。

　　总装（General Assembly）　把零件和部件装配成最终产品的过程。

　　压装（Press Fitting）　将具有过盈配合的两个零件压到配合位置的装配过程。

　　试装（Trial Assembly）　为保证产品总装质量而进行的各连接部位的局部试验性装配。

　　供料器（Feeder）　指各类零件供应补充的外围设备，兼顾贮料、供料功能的部件。

　　输送机（Conveyor）　按照规定路线连续地或间歇地运送散状物品或成件物品的输送机械。

　　拆卸（Disassembly）　使用一定的工具和手段，解除对零部件造成各种约束的连接，将产品零部件逐个分离的过程。

 【导入案例】

装配机器人助力通信业"疾雷迅电"，实现手机电路板自动化装配

　　在通信业中，生产方式由少品种、大批量，多品种、少批量到变种、变量的改变，对传统的生产方式提出了较为严峻的考验，尤其是为适应变种、变量生产的装配生产线，极大地挑战了装配人员的职业技能和专业素养，因此，装配工序一度成为通信业实现高能效生产的"瓶颈"。

　　某手机生产厂家为实现手机的自动装配，提升生产效率，在其手机电路板装配生产线上引入 3 台装配机器人，这些机器人具有拣选和装配功能，配备了具有高速、准确的识别能力的三维视觉传感器和力学传感器等传感器件。简化的装配现场如图 6-1 所示，机器人 3 负责将输送机 1 输送的手机外壳搬运至输送机 4 上，并按一定的位置姿态将手机外壳摆放整齐，当手机外壳移动到装配工位 5 时，机器人 6 在视觉系统的协助下，识别手机外壳的状态，将供料器中的电路板放置于手机外壳中的指定位置，完成第一道装配作业；完成第一道装配作业的半成品经过输送机 4 的输送移动到装配工位 7 后，机器人 8 会在视觉系统和力觉系统的协作下进行螺钉紧固工作，即利用放置于供料器中的螺钉将电路板和手机外壳紧固连接，完成第二道装配作业（这里认为第二道装配作业完成即为成品），成品经过输送机输送进入下一工序。

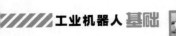

三维视觉传感器安装在机器人3、6、8的顶端，用于识别三维形状，具备识别精度高、响应速度快、质量轻等特点，同时还具有装配时识别电路板安装位置和螺钉插入错误并提供反馈的功能。力觉传感器主要应用在机器人8上，用于螺钉的紧固作业。该装配系统可应对复杂、多变的生产线，可以极大程度地解放劳动生产力，降低对装配人员的职业技能和专业素养的要求，提升了装配生产效率的同时保障了装配的稳定性和一致性。

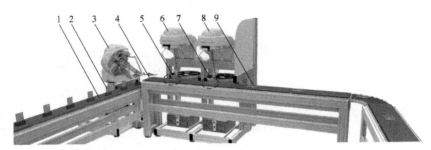

图6-1　机器人装配手机电路板现场

1、4—输送机　2—手机外壳　3、6、8—机器人　5、7—装配工位　9—成品

——资料来源：中国数控机床网，http://www.c-cnc.com/

【案例点评】

装配机器人是为适应复杂多变的装配生产要求而发展起来的一种柔性自动化设备。在追求现代化智能生产制造的进程中，装配机器人因具有灵活多变、不知疲倦、适应性强、稳定性高等诸多优点，被越来越广泛地运用在电子装配生产线或机械装配生产线等自动化装配生产线上，用来完成对零件或部件的抓取、定位及装配。与传统人工装配相比，机器人自动化装配可大幅度降低装配生产中的人力、物力和财力，使企业在降低装配成本的同时保证了装配质量。随着我国经济实力的提升，我国社会主要矛盾已经转化为人民日益增长的美好生活需要和不平衡不充分的发展之间的矛盾，这也迫使各大生产制造企业为解放生产力、提高生产效率、解决"用工荒"绞尽脑汁，而装配机器人的出现，可以在一定程度上提高生产效率，保证装配精度，减轻装配人员的劳动强度，适应复杂多变的装配过程，助力中国制造向中国智制的迈进。

【知识讲解】

第1节　装配机器人的常见分类

装配是指按规定的技术要求，将零件或部件进行配合和连接，使之成为半成品或成品的工艺过程。目前，装配方式主要有手工装配、自动装配和人机协作装配，如图6-2所示。本节以汽车总装为例阐明装配制造技术的演进。在传统的汽车装配生产线上，因装配零件或部件的质量相对较轻，尺寸和形状变化较少，批量相对较小，采用手工装配的经济成本相对较低；自动装配是指以自动化机械代替人工劳动的一种装配技术，自动装配技术以机器人为装配机械，同时需要柔性的外围设备，该技术的出现极大地提升了汽车装配效率并解放了人力资源；随着智能化设备的普及，人们对汽车装配质量要求的提高，自动装配的局限性越来越凸显，如缺乏一定的创造力和灵活性，在此情况下，人机协作装配应运而生，该技术是将机器人的高效率与人的创造力和灵活性相结合，实现"人机合力"，所展现的将会是"1+1>2"的效果，促进了汽车行业向着"高、精、尖、稳"的方向发展。

a) 手工装配　　　　　　　　　　b) 自动装配　　　　　　　　　c) 人机协作装配

图 6-2　装配方式

　　为适应装配场地、工位布局等因素的不同，装配机器人衍生出了诸多类型，但仍以 4~6 轴为主，目前市场上常见的装配机器人按照臂部运动形式进行分类主要可分为直角坐标型装配机器人和关节型装配机器人。关节型装配机器人主要包括水平串联关节型装配机器人、垂直串联关节型装配机器人和并联关节型装配机器人。直角坐标型装配机器人（亦称为单轴机械手）如图 6-3a 所示，其结构及运动轨迹相对简单，主要在空间 X、Y、Z 三个方向上进行移动，借助末端执行器实现对零件或部件的装配动作，其结构的刚性较其他类型的机器人要好很多，可以用于大型零件或部件的装配作业，但难以满足厂房高度有限及装配位置有特殊要求的场合。水平串联关节型装配机器人（亦称为 SCARA 装配机器人或平面关节型装配机器人）如图 6-3b 所示，是目前在装配生产线上应用的数量最多的一类装配机器人，具有速度快、精度高、柔性好等特点，常应用于电子和轻工业等行业的自动化装配生产线。垂直串联关节型装配机器人本体大多具有 6 个自由度，如图 6-3c 所示，从理论上来讲，具有这样本体的工业机器人可以实现其覆盖区域内空间任意位置的姿态调整，其面向的对象多为三维空间任意位置和姿态的作业对象，多用于装配过程相对复杂的场合。并联关节型装配机器人（亦称为拳头装配机器人、蜘蛛装配机器人或 Delta 装配机器人）如图 6-3d 所示，这种装配机器人是一种轻型、结构紧凑的高速装配机器人，常用于工作空间密集、流水生产速度快的场合，如导入案例中的手机电路板自动化装配生产线，目前在装配领域，这种机器人主要有两种结构可供选择，即三轴手腕（总计 6 轴）结构和一轴手腕（总计 4 轴）结构两种。实际的生产线情况和不同类型装配机器人的结构、性能特点等是重要的选型依据。

　　综上所述，装配机器人按臂部运动形式划分为直角坐标型装配机器人和关节型装配机器人。除此之外，参照 GB/T 26154—2010，装配机器人还可按负载能力、重复位姿精度和作业环境划分，按负载能力可分为轻型装配机器人（额定负载≤1kg）、小型装配机器人（额定负载 1~10kg）、中型装配机器人（额定负载 10~30kg）和大型装配机器人（额定负载>30kg）；按位姿重复精度可分为普通装配机器人（>0.1mm）和精密装配机器人（≤0.1mm）；按作业环境可分为一般环境装配机器人和特殊环境装配机器人。

183

a) 直角坐标型装配机器人　　　　　　　　b) 水平串联关节型装配机器人

c) 垂直串联关节型装配机器人　　　　　　d) 并联关节型装配机器人

图 6-3　装配机器人分类

第 2 节　装配机器人的单元组成

在明确了装配机器人的分类及适用场合之后，要想合理选型并构建一个实用的机器人自动化装配单元或生产线，仍需掌握装配机器人工作单元的基本组成。装配机器人生产线是由执行相同或不同功能的一个或多个装配机器人单元和相关设备构成，而装配机器人单元又是包含相关机器、设备及安全防护装置的一个或多个装配机器人系统。现以衬套件螺栓紧固装配为例，装配机器人单元是包括装配机器人、装配系统（夹持器和动力装置）、相关附属周边设备（如进料输送机、装配工作台和出料输送机等）、视觉系统、力觉系统及安全防护装置在内的柔性搬运系统。如图 6-4 所示为省略了装配机器人控制装置（含示教器）和集成控制柜的衬套件螺栓紧固装配机器人系统基本组成。

2.1　装配机器人

装配机器人作为工业机器人家族中的一员，主要由操作机和控制器两大部分构成。与搬运、码垛机器人相比，其动作的轨迹有所不同，这是因为搬运、码垛作业的运动轨迹多为开放性的，即不同的操作人员设定的机器人运动轨迹过程可以各不相同，而装配机器人的作业过程是一种带有约束的运动类操作，如导入案例中需要将螺钉移动到指定位置并完成紧固动作。而且装配机器人还需要与作业对象直接接触并产生一定的力或力矩，如 6-5 所示的控制

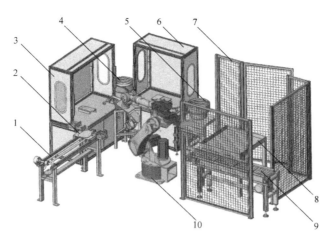

图 6-4　衬套件螺栓紧固装配机器人系统基本组成

1—进料输送机　2—进料定位装置　3、6—装配工作台　4—垫圈振动供料器　5—螺栓振动供料器
7—防护栏　8—废品盒　9—出料输送机　10—装配机器人

柜线路板装配内存条作业；此外，装配过程亦对位置精度及重复定位精度要求比较严格，如导入案例所述，借助三维视觉传感器、力学传感器等，才能精准完成装配作业。应该认识到装配机器人在本体性能上与其他类型的工业机器人相比的需求差异，是实现工业机器人在装配领域应用的前提。

随着装配作业对工业机器人工作的要求越来越高，如何使装配机器人安全、精准、智能地完成装配作业，并在此基础上尽量节省占地面积成为各大机器人生产厂商亟须解决的问题。在这方面最具代表性的是 KUKA 公司的 LBR iiwa 装配机器人，如图 6-6 所示。该装配机器人拥有 6 个自由度，其各臂外形为圆形流线设计，能有效减少在移动过程中对外界物品及人员的刮碰；该装配机器人在每个关节上都安装有力矩传感器，以力矩信号辅助路径控制及

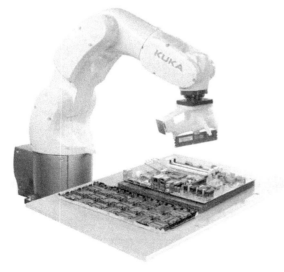

图 6-5　装配内存条作业

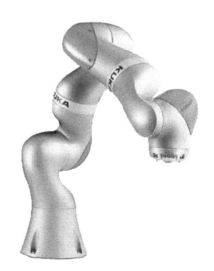

图 6-6　KUKA LBR iiwa 装配机器人

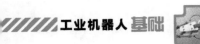

规划，保障装配平稳性；通过位置和缓冲控制可防止在移动或装配过程中对工作人员碰伤，或者对作业零件夹伤或损坏，当出现意外情况时，只需人为触碰一下该装配机器人本体，机器人便会自动停止正在进行的作业并进入等待指令操作状态，同时，该机器人还可以快速识别待装配零件的轮廓，自主定位并感应测量确定正确的装配位置，即便没有人员编程，亦可以自主完成装配作业；在自动装配作业时，可以连续地记录过程和力等相关参数，实时调整装配参数，而无需人为密集修改参数来进行外部质量控制，能够在保证最小装配公差的同时又提高路径规划精度。

此外，LBR iiwa 装配机器人还可以进行人机协作，借助其各臂的设计优势，完全可以在开放状态下进行装配，而不必安装外部防护栏等保护措施，极大限度地减少了占地面积。如宝马集团将 LBR iiwa 装配机器人以倒挂形式安装在装配生产线上部（无需对原装配生产线进行改动），并集成到一个相对狭小的空间内实现对汽车前轴变速箱差速器的装配。在此之前，需要手工将重达 5.5kg 的差速器装入变速箱，不仅费时而且难以达到装配的精度要求，采用 LBR iiwa 装配机器人与人工协作的形式（即人机协作，HRC）后，可在 30s 内完成精准装配，在达到精准装配要求的同时提高了装配效率。

表 6-1 列出了装配机器人机械结构的主要参数。在类似导入案例中描述的手机电路板自动化装配应用场合，装配机器人采用的是地面固定安装方式，以适应装配流水线的布局，如宝马集团的变速箱差速器自动化装配应用场合，装配机器人采用的是倒挂安装方式以节约装配空间。当然为了进一步拓展装配机器人的作业范围，一些厂家也会给装配机器人安装"行走腿"，此部分可参考第 3 章的相关内容，不再赘述。但与搬运机器人略有不同的是，在装配机器人中有一类特殊的"行走腿"，如 KUKA 的 flexFELLOW 移动机器人，该移动机器人是与所搭载的机器人的移动位置要求无关的子机器人，可以到达所需要的任何位置，其结构主要包括功能板、可选气动装置、机器人本体及叉车运输单元。功能板用于安装装配机器人，可以选择在左侧或右侧；带有叉车的运输单元可以辅助人员对装配结束的零件进行运输。flexFELLOW 移动机器人具有出色的自动化性能，同时具备"手动"和"自动"两种功能选择，可以随时进行切换，便于人工操作，也能自动运行，与 LBR iiwa 装配机器人集成后，则称为 KMR iiwa 装配机器人，如图 6-7 所示，可在装配生产线上"自由移动"，当某部分工段的装配任务密集时，不繁忙工段上的 KMR iiwa 装配机器人会在程序控制下自主移动到装配任务密集的工段进行装配作业，对大幅度提升装配机器人的利用率及增加装配生产线上的机器人灵活性具有重要意义。

图 6-7　KMR iiwa 装配机器人

表 6-1　装配机器人机械结构的主要参数

指标参数	表征内容
结构形式	以水平串联关节型、垂直串联关节型、并联关节型居多
轴数（关节数）	一般为 4~7 轴
自由度	一般为 4~6 自由度
额定负载	0.5~1000kg

（续）

指标参数	表征内容
工作半径	50~4200mm
位姿重复性	±0.02mm
各轴扭矩精度	±2%
基本动作控制方式	PTP
安装方式	地面固定安装、侧挂、倒挂
典型厂商	国外有瑞士 ABB、Stäubli，意大利 COMAU、奥地利 IGM，日本 Fanuc、Kawasaki、Nachi、Yaskawa-Motoman，丹麦 UR 等；国内有沈阳新松、上海新时达、北京时代、KUKA 等

　　控制器是完成机器人自动装配作业过程控制和动作控制的结构实现，包括硬件和软件两大部分。目前应用相对广泛的装配机器人控制系统多为半封闭式分布系统架构，而开放式分布系统构架正处于探索和发展期，但无论是半封闭式还是开放式系统架构，都具备轨迹规划、运动学和动力学计算、简化用户作业编程的装配功能软件包等功能或程序。现以导入案例阐述的装配机器人为例，在装配过程中机器人需要有抓取（或吸附）零件或部件的末端执行器和对螺钉紧固的末端执行器，进行小批量生产时需要每次手动示教运行轨迹动作，每次更改装配零件部件或末端执行器时都需要重新进行示教。这样就在无形之中增加了工作量并耗费时间，还会对装配生产节拍产生一定的影响，为此，可以借助专用装配软件辅助编程，只要把工件设计图输入系统软件，即能输出与机器人型号相对应的作业程序，并自动进行碰撞及力矩检测，然后将程序下载到机器人控制器再稍加调试，即可进行装配作业，极大地提高装配作业效率。当然，这种软件并不是全自动的，仍需要人工进行一定的干预，但已经可以大幅节省时间和精力。表 6-2 列出了部分典型厂商开发的机器人辅助装配作业相关的软件包。

表 6-2　装配机器人功能软件包

典型厂商	装配软件包
ABB	RobotWare Assembly FC（Force Control for assembly）
KUKA	KUKA. ConveyorTech
Yaskawa-Motoman	MOTOFit

2.2　装配系统

187

　　装配系统是完成装配作业的核心装备，主要由装配工具（末端执行器）及其动力装置组成。末端执行器是机器人完成抓取、放置、装配工件的"手"。对于装配过程中的软线材类、轴类及内孔类零件，机器人末端执行器多采用抓握型夹持器，如图 6-8 所示为 KUKA KR 1000 titan 装配机器人通过抓握型夹持器抓握缸体进行装配，该类型夹持器具有重量轻、负载大、速度高、惯性小、灵敏度高、转动平滑及力矩稳定等特点。而对于销、螺钉及螺栓类零件，机器人末端执行器

图 6-8　装配机器人抓握缸体结构

多采用专用型夹持器，也可称为工具型夹持器，此类夹持器多为针对某一类型或型号产品定制的专用夹持器，具有针对性强、效率高等优点。对需要进行多次装配的零件，可以将多种不同类型的单组夹持器组合在一起，以获得各单组夹持器的优势，形成组合型夹持器，该类夹持器可以大幅度节省更换夹持器的时间，提升装配效率。在装配作业中，吸附式夹持器（非抓握型夹持器）属于应用相对较少的一类，主要应用在电视、录音机、鼠标等对表面质量有要求的和轻、小工件的装配场合，吸附式夹持器的介绍及特点可参考第3章中的相关部分。专用型夹持器及组合型夹持器的驱动方式、工作原理及应用场合等见表6-3，抓握型夹持器和非抓握型夹持器的介绍可查阅第3章中的相关部分。由于装配机器人的末端执行器多为非标产品，选用时需以几何参数、材料特性、物体重量等装配零件特征作为依据。

表6-3　机器人装配工具

工具类型	驱动方式	工作原理	应用场合	结构图示	典型厂商
专用型夹持器	气动或电动	夹持方向垂直于工件，部分带有磁力，手指一般呈夹钳形、内六角形、"一"字形或"十"字形等	主要应用于特定场合的装配，如轻型零件、螺钉、螺栓及螺母等		国外：德国SCHUNK、FESTO等；国内：苏州拓德等
组合型夹持器	气动或电动	将单组夹持器组合在一起安装到装配机器人末端法兰盘上，通过装配机器人位姿调整或者通过组合型夹持器旋转机构调整获得目标夹持器，原理与单组夹持器相同	主要应用于装配过程需要多组夹持器的情况，如汽车变速箱装配等场合		国外：加拿大RO-BOTIQ、美国Right-Hand等；国内：常州欧创等

188

　　由上可知，组合型夹持器可在装配作业中按照任务需求自动更换末端执行器，一定程度上提升装配过程的效率，在轻型零件或部件的多工序装配中起到重要作用。但是，若对重量及体积相对较大的零件或部件进行装配作业，末端执行器的重量及体积就会随着零件或部件的重量及体积的增大而增大，这就会增加装配机器人的负载能力，影响装配作业的精度及速度。为解决此类问题，装配机器人会在程序的控制下自动更换末端执行器，这与数控加工中心的换刀操作类似，用于完成不同的装配作业任务。如图6-9所示，装配

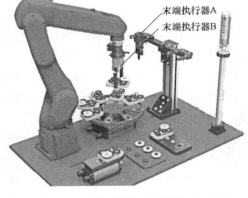

图6-9　末端执行器自动更换系统

机器人在自动更换系统的协助下完成末端执行器的更换，完成零件的抓取、释放及装配（螺钉紧固）等动作，这会在重量及体积较大的零件或部件的装配上展现出一定优势。

2.3 周边设备

实现自动化装配作业，除需要装配机器人及装配平台外，通常还需要一些周边辅助设备用于构成装配柔性单元，如前面提及的供料器及输送机等。尽管装配机器人已经向开放式装配环境发展，并取得一定的成果，但截至目前，开放式装配环境仅在小范围内得到应用，故为保证人员及设备的安全，仍需给装配单元安装一定的防护装置，如第 3 章中提到的护栏+安全门锁、护栏+安全地毯、护栏+安全光幕和护栏+激光区域保护扫描器等。通常，装配机器人的一个完整装配作业周期主要包括抓取、释放、装配及紧固四个阶段，所需用到的辅助设备相对较少；主要为输送机，且多数为通用类辅助设备，取料、输送等的设备与第 3 章表3-4 所列辅助设备基本相同，在此不再赘述。表 6-4 列出了常见自动化装配单元中与机器人装配密切关联且在第 3 章中不曾介绍的一些辅助周边设备以供参考。

表 6-4 常见装配机器人辅助周边设备

工艺流程	关联设备	设备功能	结构图示	典型厂商
取料	供料器	通常用振动或回转机构将零件排齐，并逐个送到指定位置，以输送小型零件为主，如螺钉、螺栓等		国内:东莞聚川、东莞横沥鼎科、厦门鑫长欣等
取料或送料	格子托盘	易损坏的零件多会放置于有格子的托盘中，以保证零件的安全，如轻型塑料配件等		国内:江苏顺发、浙江翔旺、上海朝盛等
校验	力矩校验器	在螺钉、螺栓、螺母等紧固的装配场合，用于校验力矩大小，以免力矩超出正常范围，造成装配不紧产生松动或过紧对装配零件造成损伤		国外:意大利 GIMATIC、美国 ATI 等;国内:深圳瑞速等

2.4 视觉系统

给装配机器人集成视觉系统就像给机器人安装了"眼睛"，为实现自动化装配提供便利条件，若未进行集成视觉系统，装配机器人在作业过程中的定位和安全防护只能通过手动示教或集成接触觉传感器。此类传感器多固定于末端执行器的顶端，只有末端执行器与被装配零件接触时才起作用，通常分为点式、棒式、缓冲器式、平板式及环式，可用于探测被装配

189

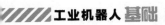

零件位置或进行安全保护，属于分散性装置。应用接触觉传感器来进行定位的效率不高，尤其很难对尺寸、形状或结构进行全面把控，利用装配机器顺利完成装配过程仍面临严峻的挑战。因此，可以利用视觉传感技术，"武装"装配机器人的"头脑"，让其在装配领域更好地完成工作。

通常在装配机器人作业中，视觉传感器的安装可分为三种方式：固定安装、机器人末端安装和组合安装。其中，固定安装是将视觉传感器固定安装在装配机器人的一侧，且多数情况下都安装在正对于待抓取零件的上方位置，要求安装位置不影响装配机器人在装配过程中的动作轨迹，主要用于对零件的抓取定位，多使用在装配速度要求较高，装配精度要求相对较低的场合；机器人末端安装是将视觉传感器安装在机器人末端手臂上，要求固定精准无松动，主要用于对零件的装配定位及过程检测；而组合安装是固定式安装和机器人末端安装的组合，可以获取两者的优势，多用于复杂零件的装配或装配精度要求比较高的流水作业场合，安装效果及其所对应流程简图分别如图 6-10、图 6-11 所示。

图 6-10　组合安装的视觉传感器

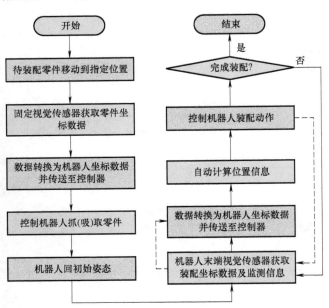

图 6-11　有组合安装的视觉传感器的装配流水线作业流程简图

2.5　力觉系统

如图 6-5 所示为控制柜电路板装配内存条的机器人装配作业，将内存条插入电路板的过程可以看作"轴-孔"配合的装配作业，"轴-孔"装配作业是众多装配工艺中的典型作业之一，"轴-孔"装配作业牵扯到接触和力的作用，若装配的力过小，则内存条安装不到指定位置，使内存条与控制柜电路板接触不良；装配的力若过大，则可能会损坏内存条或控制柜电路板。此时，力觉传感器便会发挥作用，将其所获得的力及力矩信息反馈给装配机器人控制器，用于指导装配动作的执行。由于机器人运动的轨迹存在于三维空间中，因此装配过程中机器人与工件之间产生的力也是三维空间中的力及力矩，为能准确地、同时地检测三维空间中不断变化的力（含大小和方向），需借助一定的力觉传感器（多为六维力矩传感器）。

在装配作业中，力觉系统具有尤为重要的作用，它伴随着整个装配过程，若无力觉系统，那么整个装配过程便没有任何保障，如螺栓、螺钉的紧固及配合面的过盈配合等，均需要在一定的力矩范围内进行装配，以达到所需效果。在装配机器人中，力觉传感器不仅要对末端执行器与零件紧固作用过程中的力进行测量，而且需要对装配机器人自身运动控制和末端执行器夹持物体的夹持力进行测量。通常，力觉系统主要包含关节力传感器、腕力传感器和指力传感器等。关节力传感器即安装在机器人关节驱动器处的力觉传感器，主要测量驱动器本身的输出力和力矩；腕力传感器即安装在末端执行器和机器人最后一个关节间的力觉传感器，主要测量作用在末端执行器各个方向上的力和力矩，其安装位置如图 6-12 所示；指力传感器即安装在末端执行器指关节上的传感器，主要测量装配零

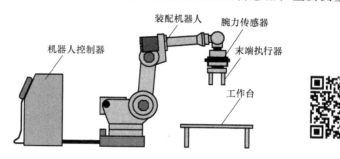

图 6-12　腕力传感器安装位置简图

件时的受力状况，其安装位置如图 6-13 所示。力觉系统为机器人在运动或装配过程中提供力矩信息，保障装配机器人运行安全，进而精准可靠地完成复杂、精细的装配作业，为实现装配机器人的智能化起到重要作用。

Fanuc 公司在装配机器人集成的过程中，将力觉传感器采用固定式安装的方式安装在末端执行器的位置，进而代替了指力传感器，这在一定程度上减轻了装配机器人的重量，使其"轻装上阵"。而将力觉传感器安装在装配工作台上便可以在满足机器人负载及工作范围的条件下实现不同类型机器人的装配作业，使得装配工作不再局限于装配机器人。需注意的是，此类力矩传感器需要进行坐标系的初始设置，其作业简图如图 6-14 所示。

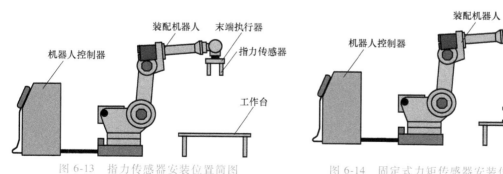

图 6-13　指力传感器安装位置简图　　　图 6-14　固定式力矩传感器安装位置简图

综上所述，欲构建一个实用的机器人柔性智能装配系统或单元，需针对具体行业应用并结合零部件加工工序完成包括装配机器人、装配系统、周边设备、视觉系统、力觉系统及安全保护装置在内的相关设备或单元的选型。

第 3 节　装配机器人的生产布局

明确机器人辅助装配单元的设备选型后，如何按需确定装配机器人及外围设备的相对位

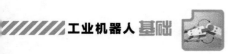

置关系，即确定机器人的生产布局就成为下一个挑战。对于装配机器人而言，其布局的合理性将直接影响各组成设备之间的协作效率，设计布局时通常以节约场地、降低成本、提升产量为原则，兼顾流畅、短距离和柔韧性等特点。按照上述原则和特点，导入案例描述的手机电路板自动化装配单元采用的是线式布局，即由输送机配合装配机器人完成物料的抓取、释放及装配（紧固）等作业任务。实际上，装配机器人系统或工作单元的生产布局形式有多种样式，可按零件或部件流向、工位匹配机器人数量、机器人安装方式等分类。装配机器人的布局类型、特点及适用场合见表 6-5。

表 6-5　装配机器人生产布局

布局类型		布局特点	适用场合	布局图示
零件或部件流向	线式	依附于装配生产线，机器人排布于生产线的一侧或两侧，具有效率高、节省装配资源、易于维护等特点	多为流水线"递进式"装配及复杂装配作业的场合	
	回转式	装配机器人集中在回转工作台周围，可以进行单工位或多工位装配，灵活性较大，可针对一条或两条装配生产线的装配，具有较小的输送及占地面积成本	多为回转"递进式"装配，广泛应用于中小型或大型（难以搬运）零件的装配场合	
工位匹配机器人数量	一机一位	由一台装配机器人辅助完成一个工位的抓取、释放、装配作业	多用于零件或部件的装配过程简单但繁琐且精度要求较高的场合，适合生产节拍不高的场合	
	一机多位	由一台装配机器人分别实现多个工位的供料、搬运及装配等作业，进程中需多次更换末端执行器，以实现最终的装配，此布局的机器人利用率高但生产效率较其他类型布局低	多用于生产节拍不高但对精度要求较高的场合	

192

（续）

布局类型		布局特点	适用场合	布局图示
机器人安装方式	倒挂式	机器人安装于装配工作台上方,以节约占地面积,结构简单,但不利于维护	多用于场地面积有限,中小型零件或部件的装配场合	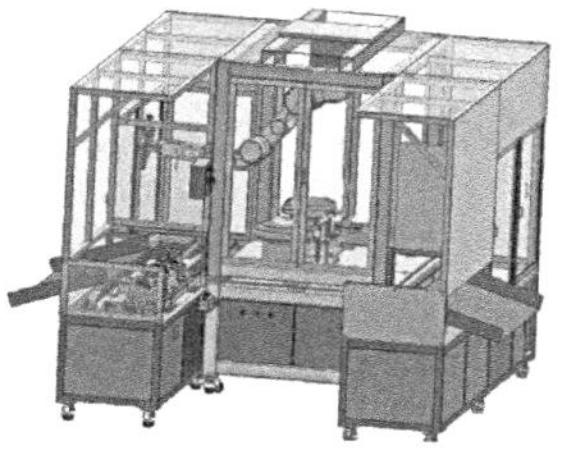
	地装式	机器人固定安装于装配工作台或流水线一侧或者两侧,结构简单,利于维护	适合多数装配作业场合	

至此,关于装配机器人及周边设备的选型与布局方面的知识要点介绍完毕。下面以小家电自动装配生产线项目的实施全过程为例,进一步加深对如何正确选型并构建一个经济实用的装配机器人柔性工作单元的认识和理解,以达到融会贯通的水平。

【案例剖析】

随着国民收入与城镇化水平的不断提高,小家电作为功能型与享受型产品,近年来受到追捧,行业发展迅速。GGII（高工产业研究院）数据显示,2017 年,中国家电市场整体规模约为 10718.46 亿元,同比增长 29.74%,涨势喜人。其中,小家电市场规模 868 亿元,占比 9%。

为迎合消费者对小家电商品时尚化、健康化、人性化和智能化的需求,小家电产品的研发方向,将从单一实用主义逐渐向个性化、可定制化发展。以国内某些知名小家电品牌的产品为例,为满足消费者个性化商品的需求,同类产品往往会研发多种款式,如图 6-15 所示。

在庞大的市场规模及相对高速的增长下,小家电行业也面临着很多问题。小家电产品种类众多,更新快,产品需求量大,传统手工装配需要大量的劳动力,产品装配质量良莠不齐。目前,超过 90% 的企业面临着从业人员流动性大、人员成本逐年增高、资金压力大等问题,小家电企业也不例外。研发设计工业机器人自动化装配生产线,不仅可以提高生产效率、完善产品质量、降低生产成本,同时还可解决企业"用人难"的问题,是小家电行业未来发展的必经之路。

1. 客户需求

国内某家电制造商主要生产各种小家电,产品种类多,更新快。在企业规模快速扩张的

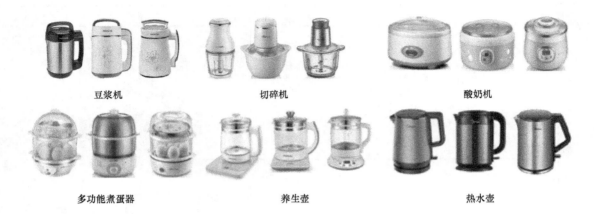

豆浆机　　　　　　　　　切碎机　　　　　　　　　酸奶机

多功能煮蛋器　　　　　　　养生壶　　　　　　　　热水壶

图 6-15　小家电产品

背景下，为完成产品需求，只能被动选择代加工模式。然而，代工厂商普遍规模较小，承接加工份额有限，导致产品加工地分散，难以把控产品质量，为企业良性发展带来隐患。究其原因，小家电产品在生产装配过程中仍以传统的人工为主，生产效率低，产品质量受人为因素影响。

　　以该企业生产的切碎机为例，需要装配的零配件主要分为底盖、电动机、主体外壳、上盖以及装饰盖等，如图 6-16 所示。在装配过程中，根据其装配工序种类又可分为零配件压装和螺钉紧固。手工装配生产时，每条生产线至少需要 25 名工人，人员成本高、生产效率低、产品质量参差不齐。为此，该企业预尝试采用机器人自动装配生产线，取代传统手工装配流水线，以期实现企业的降本增效，提升企业产品品质。

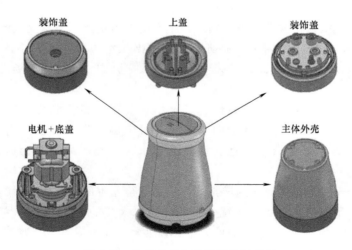

装饰盖　　　　　　　　上盖　　　　　　　　装饰盖

电机+底盖　　　　　　　　　　　　　　　主体外壳

图 6-16　切碎机成品及零配件示意图

2. 方案设计

　　小家电产品装配是保证产品质量的关键环节。在产品装配前，配件已完成加工工序，摆放在指定位置。传统手工装配流水线工艺流程如图 6-17a 所示，主要分为人工上料、手工紧固组装，组装完成后人工质检，手动包装，将装箱后的产品搬运至指定位置存放。该装配流水线模式下，工人劳动强度大，面对大额订单时，装配效率的提升和产品质量的稳定性是企业亟待解决的难点。

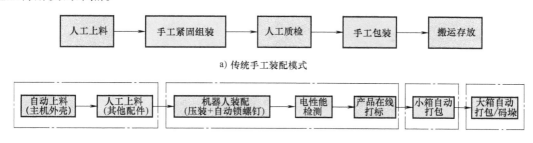

a) 传统手工装配模式

b) 机器人自动装配模式

图 6-17　小家电产品装配工艺流程优化

小家电产品种类众多，采用自动装配生产线时，需考虑产线柔性化，以满足多规格、多型号产品的装配。为帮助企业解决实际生产问题，经多次现场协商交流，某机器人系统集成商为企业拟定出一套机器人自动上料、装配、检测、包装、码垛生产线方案。通过机器人（视觉）自动上料（主机外壳）、其他配件人工上料、机器人自动装配、性能检测、产品包装，小箱自动打包和大箱自动打包、码垛等工艺流程优化，如图 6-17b 所示。结合企业场地建设规划，自动装配生产线的工位、区域设置和生产布局如图 6-18 所示。该方案中，生产线布局以包装流程为主线，可分为四段布局：A 段——机器人（视觉）自动上料、人工上料，配置 1 套多关节型上料搬运机器人；B 段——自动装配、检测、打标，配置 3 套多关节型自动锁螺钉机器人，3 套多关节型配件组装机器人和 1 套多关节型贴标机器人；C 段——小箱套袋、热缩、包装，配置 3 套多关节型主机搬运机器人；D 段——大箱包装、码垛，配置 2 套多关节型码垛机器人。各工位、区域的详细功能参见表 6-6。

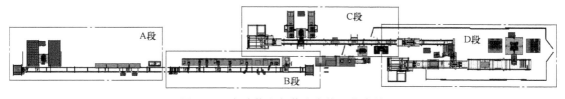

图 6-18　自动装配包装生产线工位布局

表 6-6　自动装配生产线工位、区域功能描述

工位、区域名称	工位、区域功能描述
自动上料、人工上料区	产品配件由机器人、人工上料至工装板夹具上
自动装配区	机器人自动装配，以及产品检测、贴标、打码
小箱打包区	机器人自动装主机，独立小箱包装
大箱打包、码垛区	机器人将产品小箱装入大箱，进行码垛

自动装配生产线布局采用小物件装配生产线常用的线式布局，如图 6-19 所示。鉴于本章节主要介绍机器人装配基础知识，所以设备选型及生产布局等系统集成设计重点聚焦于生产线 B 段，其他三段机器人应用系统请分别参见第 3~5 章。

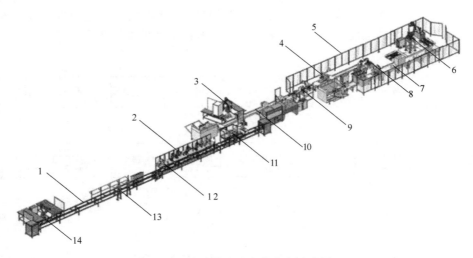

图 6-19 自动装配生产线方案示意图

1—链式输送机 2—自动装配机器人 3—自动放泡沫 4—自动封箱 5—防护栏 6—自动码垛
7—辊道输送机 8—自动装大箱 9—自动放说明书 10—带式输送机 11—自动贴标
12—自动紧螺钉 13—其他人工上料 14—自动上料区

  自动装配单元（图 6-20）主要是由自动紧螺钉机器人、组装机器人、贴标机器人、标签机、激光打码机、工装板夹具以及链式输送机等构成，其设备明细参见表 6-7。采用链式输送机和工装板夹具组合的方式，可以做到精准定位，确保零配件按一定精度要求送到指定位置。

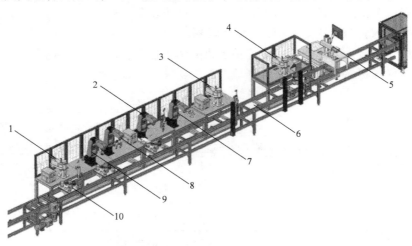

图 6-20 自动装配单元组成

1—电动机紧固机器人 2—上盖本体紧固机器人 3—底盖紧固机器人 4—贴标机器人 5—激光打码机
6—链式输送机 7—主体总装机器人 8—本体上盖组装机器人 9—装饰盖组装机器人 10—工装板夹具

  装配前，已完成加工工序的主机外壳由上料搬运机器人放置在工装板夹具指定位置上，其他配件由人工上料放置在工装夹具指定位置上。其中，人工上料时已完成电动机和底盖装配（图 6-21）。随后，已按顺序摆放好配件的工装板夹具经链式输送机依次输送到各装配机器人指定工作点。考虑到产品配件数量及安装工序，配备 3 套自动紧螺钉机器人，3 套组装机器人和 1 套贴标机器人。待产品装配完成后，进行在线电性能检测，对检测合格的产品贴标，打码。在装配过程中，各配件之间通过压装和螺钉紧固来确保装配质量。自动紧螺钉机器人末端执行器为专用型夹持器——自动锁钉枪，自带力觉传感器，可检测螺钉扭矩，保障自动紧螺钉机器人在紧固产品过程中的质量稳定性。为避免产品外观在装配途中出现磕碰夹持损伤，组装机器人末端执行器根据组装配件的特点分别选用气吸附式夹持器和气动抓握型夹持器。贴标机器人主要用来贴标，标签轻而小，其末端执行器选用气吸附式夹持器即可。

表 6-7　自动装配单元主要设备明细表

设备类别	设备名称	生产厂家	型号规格	设备数量(台/套)
控制系统	电气控制柜	华数	定制	4
	信息管控系统	华数	定制	1
工业机器人	操作机	华数	HSR-SR6600	4
			HSR-JR605	3
	机器人控制器	华数	定制	7
装配系统	自动锁钉枪	华数	定制	3
	自动螺钉供给装置	华数	定制	3
	集中供气系统	SMC	定制	3
	气动抓握型夹持器	华数	定制	2
	气吸附式夹持器	华数	定制	2
周边设备	工装板夹具	终端客户(企业)	自备	视工位而定
	电性能检测仪	终端客户(企业)	自备	2
	标签机	终端客户(企业)	自备	1
	激光打码机	富兰激光	自备	1
	链式输送机	终端客户(企业)	自备	1

鉴于自动装配包装生产线较长，为避免在实际生产中因某一工序（工位）设备故障而导致整条生产线停机，系统集成商最终选择的是分布式控制系统架构，如图 6-22 所示。生产线的每个区段分别采用一台可编程逻辑控制器（PLC，A 段为主控制器，B、C、D 段为从控制器），通过工业以太网与机器人控制器互联通信，并通过 I/O 接口与链式输送机、电性能检测仪、激光打码机等周边设备进行状态采集与动作控制。另外，通过工

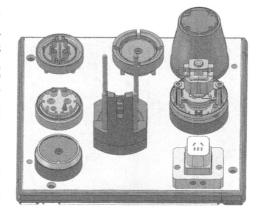

图 6-21　工装板夹具示意图

业以太网实现生产线网络信息化管控，包括生产标准管理、生产计划管理、生产过程管理、生产现场管理、生产警示和生产分析等。

基于优化后的自动装配生产线的工艺流程，在图 6-22 所示的机器人装配生产线硬件架构基础上，集成商开发出了多机器人多工位装配工作流程，如图 6-23 所示。

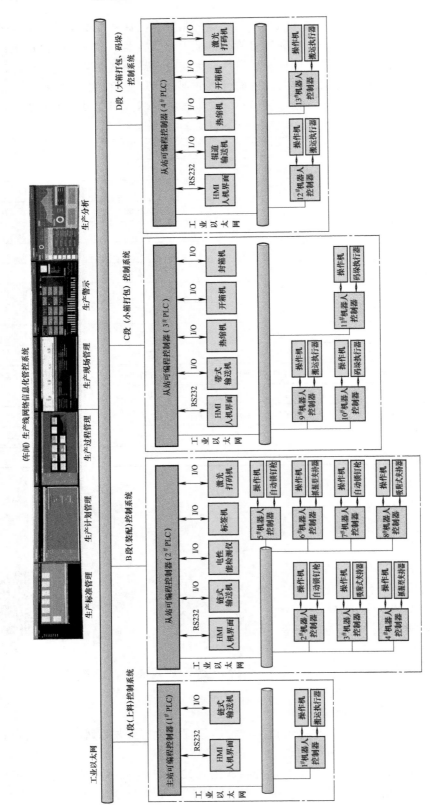

图 6-22 机器人装配生产线硬件架构

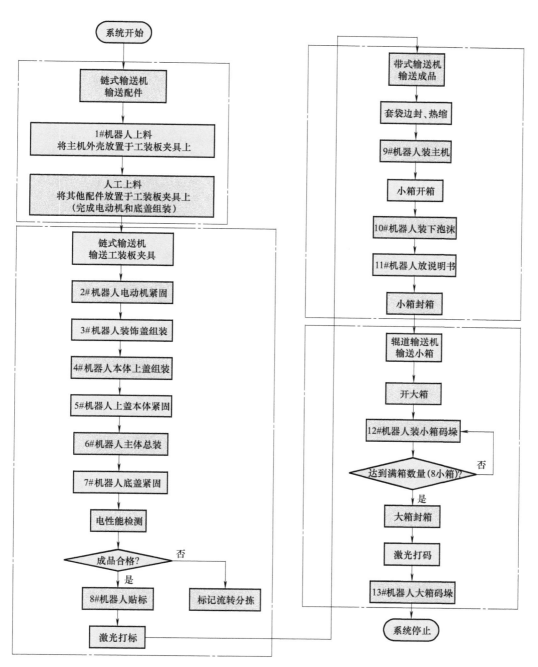

图 6-23 自动装配生产线工作流程

一个标准的自动装配生产线工作循环描述如下：

1）由 1# 搬运机器人将主机外壳放置于链式输送机上的工装板夹具指定位置上，其他配件由人工放置在工装板夹具指定位置上，并完成电动机与底盖装配。

2）2# ~ 7# 机器人分别针对电动机、装饰盖、本体上盖、主体、底盖进行紧固组装。

3）组装好的成品经过电性能检测。

4）合格的成品由 8# 机器人贴标，并进行激光打码，不合格的产品标记流转分拣。

5）打码后的成品在带式输送线上经历套袋边封、热缩。

6）开小箱，9#~11# 搬运机器人依次将主机、泡沫、说明书放到小箱里，封箱。

7）封好后的小箱放置在辊道输送线上，由 12# 码垛机器人将小箱放于大箱内，装满 8 小箱，封大箱。

8）对大箱激光打码，由 13# 机器人进行大箱码垛。

上述自动装配方案从工艺优化到工位布局，从工位配置到设备硬件选型，始终围绕解决企业需求展开。在硬件设备选型过程中，以自动化生产线技术方案先进、工作稳定可靠以及设备经济实用为主要依据。其中，自动装配单元的主要设备功能及其选型依据参见表 6-8。

表 6-8　自动装配包装生产线的装配单元设备选型

工艺流程	关联设备	设备功能	结构图示	选型依据
自动紧螺钉	工业机器人	自动紧螺钉	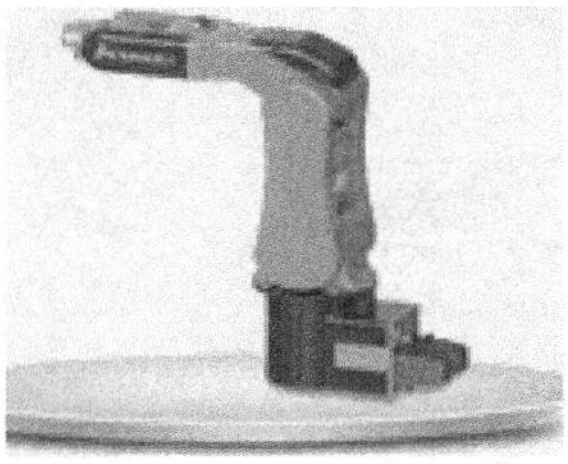	①品牌 ②轴数 ③额定负载 ④工作空间 ⑤位姿重复性
	自动锁钉枪	机器人末端执行器，紧固螺钉	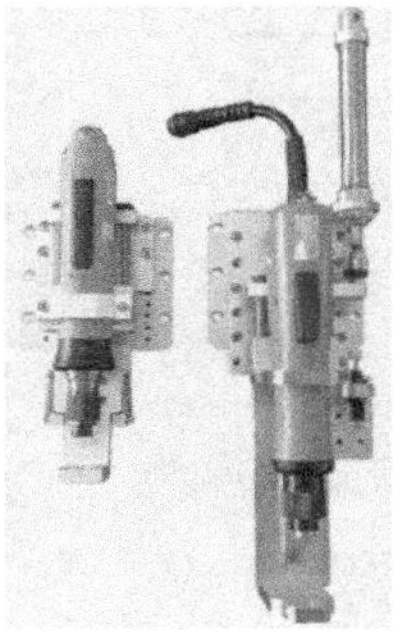	①适应性 ②可靠性 ③稳定性 ④锁紧扭矩 ⑤滑牙检测
	自动螺钉供给装置	为自动锁钉枪提供螺钉	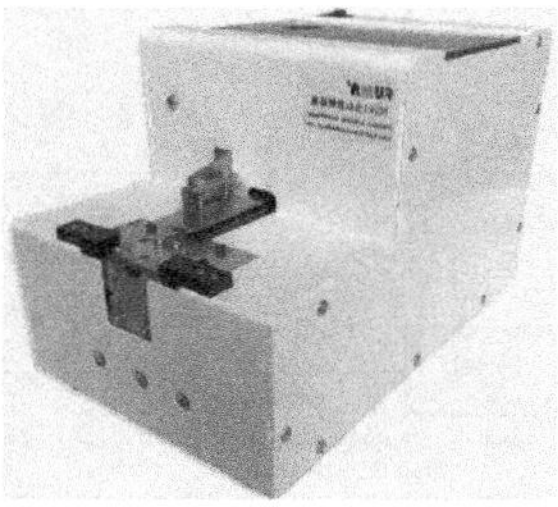	①适应性 ②可靠性 ③稳定性
	集中供气系统	为自动锁钉枪提供气源		①品牌 ②压力范围 ③稳定性 ④供气能力

（续）

工艺流程	关联设备	设备功能	结构图示	选型依据
配件组装	工业机器人	配件组装	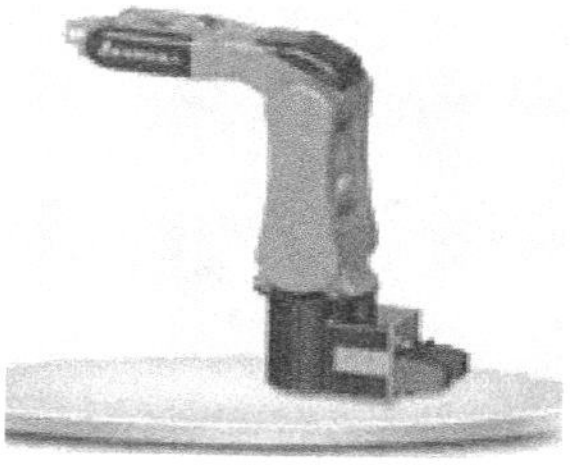	①品牌 ②轴数 ③额定负载 ④工作空间 ⑤位姿重复性
	气动抓握型夹持器	机器人末端执行器，夹持配件	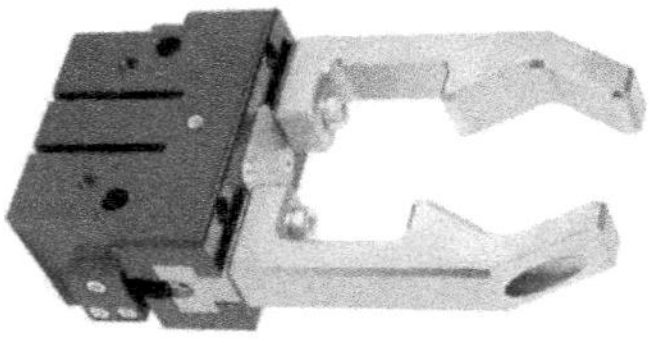	①适应性 ②可靠性 ③稳定性
	气吸附式夹持器	机器人末端执行器，吸附配件		①适应性 ②可靠性 ③稳定性
电性能检测	电性能检测仪	对组装好的成品进行电性能检测	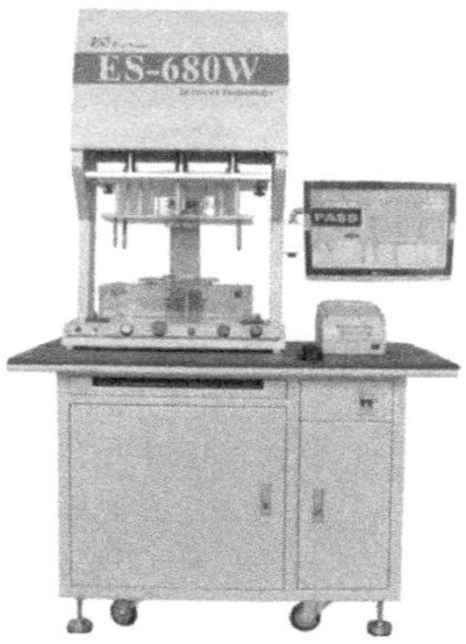 ES-680W	①性能检测范围 ②稳定性 ③可靠性
贴标	工业机器人	为质检合格的成品贴标签		①品牌 ②轴数 ③额定负载 ④工作空间 ⑤位姿重复性

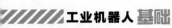
（续）

工艺流程	关联设备	设备功能	结构图示	选型依据
贴标	气吸附式夹持器	机器人末端执行器，吸附标签		①适应性 ②可靠性 ③稳定性
	标签机	为贴标机器人提供标签		①适应性 ②可靠性 ③稳定性
打码	激光打码机	在质检合格的成品标签上打码	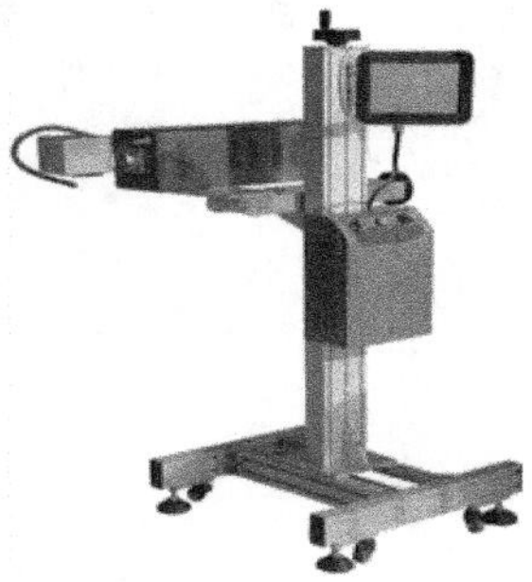	①激光器功率 ②激光类型 ③打码效率 ④打码范围
输送	链式输送机	输送工装板夹具，可做到精准定位输送		①输送速度 ②定位精度 ③稳定性 ④可靠性

待上述硬件设备选型后，为有效规避集成商和企业的投资风险，缩短生产线调试周期，集成商往往会通过虚拟仿真软件建立设计方案的几何模型和设备布局，编制机器人任务程序，离线仿真验证设计方案的可行性，机器人动作的可达性，设备间的运动干涉以及工艺流程的可靠性，以此进一步优化设计方案和确认设备选型的合理性。经过离线仿真验证与优化，自动装配生产线的实际布置如图 6-24 所示。

图 6-24　实际建成后的自动装配生产线

3. 实施效果

自动装配生产线的投入使用，从上料、机器人装配、电性能检测，再到成品包装，直至大箱打包、码垛，实现全流程多机器人协作生产，将人力从上料、装配、检查、打包、搬运等重复繁重的工作中解放出来，减轻了个人的劳动强度，改善了企业的生产环境，提升了产品的装配效率和质量稳定性。同时，通过调整机器人末端执行器——夹持器，即可对多规格、多型号的产品进行装配制造，有效增强自动装配生产线的柔性，调节企业生产能力。总的来说，自动装配生产线具有如下优势：

1) 产品标准化：机械手精度高，能保证每次放料位置的精度，提高产品质量稳定性。其次，生产线结合先进的检测技术，如螺钉扭矩、产品电性能等在线检测，可确保产品品质标准化。

2) 生产高效化：生产线投入使用后，由原人工生产 25 人减少到自动化生产 8 人，生产节拍由人工 23s 提升到自动化生产 12s，生产效率明显提高。

3) 产线柔性化：由机器人唱主角，通过调整机器人夹持器，即可对多规格、多型号的产品进行装配，最大化发挥生产线的利用率。

4) 生产信息化：信息化系统对产线实时数据、历史数据进行数据分析，可为管理层和决策层提供数据来源，为远程维护设备方面提供信息。

与传统人工装配模式相比，机器人自动装配包装模式在"提质、降本、增效"方面表现更为突出，详见表 6-9。

表 6-9　传统人工装配模式与机器人自动装配模式对比

装配方式	人工装配	机器人自动装配
作业人数	25 人	8 人
生产节拍	23s	12s
产品质量	工人技术决定产品质量,质量不稳定, 装配过程中易出现磕碰	产线自诊断,产品质量稳定
劳动强度	重复繁重的工作,劳动强度大	产线管理维护,劳动强度低

通过对小家电自动装配生产线实施过程的简单阐述，相信读者对装配机器人生产线（或

单元）的选型与构建有了更为深刻的认识。装配机器人的选型需要根据产品装配工艺综合考虑机器人的末端（手腕）负载、运动轴数、工作空间、位姿重复性等技术指标，同时为保证作业精度还需选配传感器件及功能软件包；装配系统和周边设备亦是根据装配工艺需求进行选取，同时兼顾设备集成端口问题。此外，装配机器人单元以及生产线布局需要综合考虑产品特点、工艺要求、生产效率以及后期维护等因素。当然，企业使用装配机器人替代人工作业，可提高生产效率、提升产品质量、降低运营成本、减轻劳动强度和改善作业环境。

【本章小结】

装配机器人是工业生产中服务生产线且在指定位置或范围对相应零部件进行装配的一类工业机器人。装配机器人一般具有 4~7 个可自由运动的轴，依靠自身动力、控制能力以及各轴之间的相互配合来实现对物件的抓取、释放及装配动作，末端额定负载为 0.5~1000kg，工作半径为 50~4200mm，位姿重复精度为±0.02mm。

装配机器人自动化装配单元或生产线是集装配机器人、装配系统、周边设备、视觉系统、力觉系统及安全防护装置等于一体的柔性装配系统。因装配机器人需要与作业对象直接接触，并产生一定的力或力矩，故对位置精度及重复定位精度要求较高，且其装配动作的轨迹为一种带有约束的运动类操作，与其他类型的工业机器人有一定差别；末端执行器作为装配系统的重要部件之一，本章主要介绍了专用型夹持器和组合型夹持器，具体设计或选型需依据作业要求及物件特点而定。在某些场合，可采用末端执行器自动更换系统来提高"手爪"的适应性或作业效率；装配机器人的辅助周边设备与其应用领域密切相关，不可一概而论，应依据现有条件进行选择；选用视觉系统与力觉系统可在一定程度上消除示教作业所带来的一些误差，保障装配质量。

装配机器人工作单元是由执行相同或不同功能的多个机器人系统和相关设备构成，主要用于实现零部件的自动化装配作业，其布局需要综合考虑企业的厂房面积、产品类型、生产节拍等因素，以期达到装配效益最大化的目的。

【思考练习】

1. 填空

（1）如图 6-25 所示的装配机器人按臂部运动形式分类为_____装配机器人，其中该机器人所用末端执行器类型为_____。

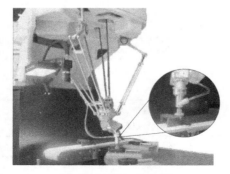

图 6-25　题 1（1）图

（2）如图 6-26 所示为某机器人装配生产单元，当中体现出的机器人类型有_____、_____。观察放大部分，确定其为螺钉紧固作业，作业中可能用到的传感器类型主要有_____，其驱动方式主要为_____。在实际生产过程中，为避免工作人员和其他无关人员随意出入机器人动作范围而发生意外事故，企业通常采用如图所示的_____作为安全防护装置来限制工作人员的活动范围和防止无关人员的误入。

（3）在如图 6-27 所示的机器人装配单元中，机器人安装方式为_____，为完成装配作业，周边设备有_____、_____。

图 6-26　题 1（2）图

图 6-27　题 1（3）图

2. 选择

（1）对装配机器人而言，通常采用的传感器有（　　）。

①听觉传感器　　②视觉传感器　　③滑觉传感器　　④力觉传感器　　⑤位移传感器

A.①②③　　　　　　　　B.②③⑤

C.②④⑤　　　　　　　　D.③④⑤

（2）按照零件或部件流向可确定如图 6-28 所示的装配机器人布局形式为（　　）。

图 6-28　题 2（2）图

A. 线式　　　　　　B. 回转式　　　　　C. 地装式　　　　D. 一机多位

3. 判断

如图 6-29 所示为某企业购置的机器人装配单元，主要实现汽车钥匙的自动装配生产。看图并做出判断。

图 6-29　题 3 图

（1）图示机器人为并联关节型装配机器人，并联关节型装配机器人是目前在装配生产线上应用的数量最多，装配精度最高的一类装配机器人。　　　　　　　（　　）

（2）图示装配机器人应用传感器主要为生产线上的零件进行定位。　　　　（　　）

（3）按零件或部件流向分类，该机器人布局形式为回转式。　　　　　　　（　　）

4．综合练习

机器人用于汽车电磁阀柔性加工生产单元的自动化方式逐步得到广泛应用，在提高生产效率、降低人工成本、保障作业安全、提升产品品质等方面起到显著作用。某公司的一部分业务是为汽车提供电磁阀。所生产的汽车电磁阀如图 6-30 所示，尺寸为 $\phi27mm \times 115mm$，约 0.25kg。由于供货量较大以及人力成本的快速上涨，企业拟为电磁阀实现自动化装配，期望提高生产效率和降低生产成本。

图 6-30　汽车电磁阀

某机器人公司依据企业情况和工件特点，为该公司设计了一整套装配方案，完全实现了汽车电磁阀装配的柔性化。方案中的一道装配工序为阀芯与阀体的装配，其机器人单元生产布局如图 6-31 所示，装配机器人采用地装式安装形式，该单元还包含被装配零件料库单元、装配工作台、电磁阀存放台、防护装置及控制器等，其中被装配零件料库单元如图 6-32 所示。

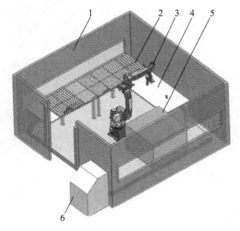

图 6-31　阀体与阀芯装配的机器人单元生产布局

1—防护装置（围栏）　2—被装配零件料库单元
3—装配机器人　4—装配工作台　5—存放台　6—控制器

图 6-32　被装配零件料库单元

现就阀芯与阀体的装配过程进行简要叙述。首先，装配机器人抓取存放在被装配零件料库单元的阀体并将其放置于装配工作台上，然后装配机器人再抓取装配好的阀芯并将其装配至阀体中，最后装配机器人将装配完成的电磁阀放置于电磁阀存放台，至此，一个简单的装配作业周期结束，全部装配用时约 38s。机器人自动装配阀芯、阀体的设备清单见表 6-10。

表 6-10 装配机器人单元主要设备清单

类别	名称	品牌	型号	数量/台（套）
搬运机器人	操作机	日本 DENSO	VS-6577G	1
	控制器		RC8A	1
装配系统	夹持器	德国 IPR	定制	1
	动力装置	宁波摩科机器人	—	1
周边设备	防护装置	宁波摩科机器人	定制	1
	零件料库单元		定制	1

说明：VS-6577G 操作机手腕额定负载为 7kg，最大工作半径为 934mm，位姿重复精度为 ±0.03mm。

（1）结合电磁阀的总体质量和尺寸，判断上述机器人单元选用的操作机是否合理？可否用表 6-11 所列型号替代？说明理由。

表 6-11 备选操作机一览表

序列	品牌	型号	轴数	额定负载/kg	工作半径/mm	位姿重复性/mm
1	ABB	IRB 52	6	7	1200	±0.15
2		IRB 460	4	110	2403	±0.08
3	KUKA	LRB iiwa 7 R800	7	7	800	±0.10
4		KR 120 R2700-2	6	120	2701	±0.05
5	Fanuc	M-430iA/2F	5	2	900	±0.50
6		M-20iA/35M	6	35	1813	±0.08

（2）从提高机器人装配作业效率角度考虑，上述机器人单元的生产布局可否换为其他布局类型？试说明理由。

 【知识拓展】

装配机器人新技术与应用

（1）**多机器人协同装配工作组** 在一些复杂零件或部件的装配场合，采用一台机器人往往无法高效率、准确地完成装配任务。为此，KUKA 公司突破传统机器人协同工作组的概念，将协同机器人当中的每一个机器人使用单独的控制器进行控制，打破了之前一个控制器控制多个机器人的理念。该工作组以以太网为通信连接和数据交换的基础，借助工业控制计算机强大的网络控制功能，展现协同机器人工作组相较于"一控多"模式的优越性，尤其是在复杂的协同作业中得到广泛认可，其不仅仅超越了单个控制器的区域局限性，更体现出柔性装配的独立性。像在梅塞德斯奔驰的车间里由多达 15 台机器人构成的协同工作组中，机器人被有"组织"地安排在一个小区域内，对板件或车身件进行搬运、装配和焊接作业，一台机器人可以和另外一台或多台机器人相互配合工作，亦可以作为"个体"独立地进行工作，如图 6-33 所示。需特别指出的是，在多机器人协同装配工作组中，示教是一项非常困难和复杂的任务，这是因为多任务处理程序需要同时进行编辑和调试，为了简化协同工作中多任务处理的难度，KUKA 公司开发了共用示教器，大幅度降低了编程的难度。

多机器人协同装配技术不仅体现出柔性装配自动化，更在一定程度上实现了装配开放化，可以有效减少夹具专用的局限性，展现装配作业的灵活性，满足不同工艺的装配需求，对促进生产线结构简单化和提升设备利用率具有重要意义。在传统的封闭区间装配作业中，零件或部件需在视觉系统辅助进行精确定位后，方可被机器人通过定性专用夹具抓取，在此过程中，夹具会随着使用时间的延长而有一定的磨损量，难以长时间保持精度，且多数为定性夹具，频繁更换不利于生产成本的控制。而多机器人协同装配在

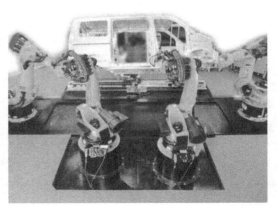

图 6-33　多机器人协同装配车身

无夹具工作站的设计和开发中体现出强大的优势，不仅能够通过机器人动作保证抓取精度，而且可以通过机器人位姿调整实现最佳装配姿态，满足复杂工艺的装配要求，保证作业安全无干涉，如图 6-34 所示。多机器人协同装配技术可以在一定程度上取消专用夹具，减少传统机械结构的存在，使装配工作站或生产线结构精简，提升工作效率的同时降低设备投入量，这对实现装配作业无人化和智能化提供了新的解决方案。

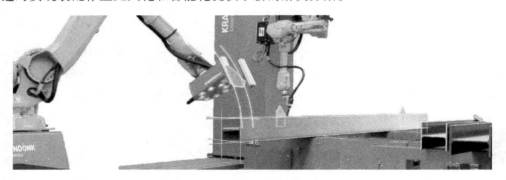

图 6-34　机器人协同装配梁

（2）人机协作装配　人机协作（Human and Robot Collaboration）机器人是一种新型的机器人，它能够直接和操作者并肩工作而无需使用安全围栏进行隔离，人机协作机器人在装配领域有望弥补纯手动装配生产线与全自动生产线之间的差距。人机协作装配生产线如图 6-35 所示，协作机器人可以与操作者配合作业，也可以独立作业，同时操作者可以近距离地观察和检测装配作业过程，并在必要时进行适当干预，保障作业精度。

随着对机器人技术研究的不断加深，人们对机器人的认知也发生了一定的改变，过去人们通常认为机器人是为了代替人类劳动，而现在却认为机器人是一种辅助工具，这种认知的转变使得自动化和手工劳作之间的界限正在逐渐淡化。人机协作机器人可以作为灵活的生产助手用于多种生产制造过程，并通过承担以前无法自动化且不符合人体工程学的手动工作步骤来减轻人员的负担，具有高协作性、高安全性等优势，兼具学习速度快、适应能力强等特点。目前，协作机器人所具有的优势正在打破传统机器人的桎梏，在追求低价、高效、安全和生产多样化的今天或将掀起一场制造业风暴。

目前已有许多型号的协作机器人问世，如本章开篇所介绍的 YuMi 及 CR-35iA 协作机器人，此外，优傲机器人公司（UniversalRobots）推出了 UR3、UR5 和 UR10，其中，UR3 自重仅为 11kg，有效负载高达 3kg，所有腕关节均可 360°旋转，而末端关节可无限旋转；UR5 自重 18kg，负载高达 5kg，工作半径 850mm；UR10 可负载 10kg，工作半径 1300mm，此三款机器人均以编程的简易性、与人一起工作的协作性和安全可靠性享誉业内。而作为国内机器人生产厂家"领头雁"的新松机器人亦推出了众多型号的协作机器人，如 GCR20-1100、GCR14-1400、SCR5、SCR3、DSCR3、DSCR5 等，这些协作机器人广泛活跃于国内外市场，是我国自主制造机器人中的典范。IRobot 与思科共同开发的 iRobotAva 500 视频协作机器人、RethinkRobotics 公司的 Baxter 和 Sawyer 智能协作型机器人、安川电机的 MOTOMAN-HC10DT 协作机器人等也都各有特色。

图 6-35　人机协作装配生产线

（3）力控装配复合机器人　　在核电行业，许多设备本身或其运行环境具有放射性，有时还兼具水下、高温、高压、强辐射等特点，因此很多相关工作不适合工作人员直接操作完成，而由于设备结构的复杂性等因素，简单的机械手往往不能完成相关操作，利用机器人进行设备检修、乏燃料转运、放射性废物处置和核事故应急处理等工作或许是一种必然解决方案。中国原子能科学研究院辐射安全研究所机器人及智能装备创新研发团队联合库柏特科技团队研制的力控装配复合机器人——拧螺钉机器人如图 6-36 所示。其通过远程遥控 AGV 运动到指定工作区域，结合库柏特自

图 6-36　拧螺钉机器人

研 3D 相机 COMATRIX，可以根据实时视频画面搜索寻找目标螺钉。在 3D 识别定位后，螺钉目标被锁定，接着可选择任务类型为拧紧或拧松，智能机器人操作系统 COBOTSYS 3.0 可以自主规划机器人运动轨迹，并实现运动过程可视化仿真、确认运动轨迹等。机器人在六维力传感器和末端工具的配合下，最后实现拧螺钉任务。该机器人是集安全、灵巧、自然交互为一体的人机协作机器人系统，可在结构复杂、有辐射环境的核电设备中完成竖直平面内的螺钉定位与螺钉拆装应用，突破了系统设计、自主视觉与力感知、柔性行为控制等关键技术。

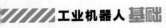

 【参考文献】

［1］　兰虎. 工业机器人技术及应用［M］. 北京：机械工业出版社，2014.

［2］　郭洪红. 工业机器人运用技术［M］. 北京：科学出版社，2008.

［3］　顾震宇. 全球工业机器人产业现状与趋势［J］. 机电一体化，2016，02：6-10.

［4］　刘少丽. 浅淡工业机械手设计［J］. 机电工程技术，2011，07：45-46，149，170.

第 **7** 章

hapter

焊接机器人的认知与选型

焊接机器人（Welding Robot）是在工业生产领域代替焊工执行焊接任务的工业机器人，是综合了材料、机械、电气、电子信息和计算机等学科于一体的柔性自动化焊接设备，而不仅是一台携带焊炬（枪）以规划的速度和姿态移动的单机。目前焊接机器人已被广泛应用在钢结构、工程机械、轨道交通、能源装备等行业及其他相关制造业生产中。

1969 年，美国 GM 公司在其洛兹敦装配厂安装了世界首台点焊机器人，极大地提高了生产效率，使得 90% 的车身焊接任务实现了自动化。

1971 年，由 KUKA 机器人公司设计实施的第一条机器人自动化焊接生产线投入戴姆勒-奔驰工厂。

1974 年，日本 Kawasaki 公司研制出世界首台弧焊机器人，用于川崎摩托的车身框架生产。

1979 年，日本 Nachi 株式会社推出首台采用电动机驱动的点焊机器人，机器人开始由液压驱动转向电气驱动。

1991年，瑞士 ABB 机器人公司推出额定负载为 200kg 的 IRB 6000 大功率机器人，该机器人采用模块化结构设计，是当时市场上速度最快、精度最高的点焊机器人。

2002年，瑞士 ABB 机器人公司开发了首款弧焊仿真软件 VirtualArc，用于实现对 MIG/MAG 焊接过程的完全"离线"控制。

2004年，日本 Panasonic 机器人公司推出 TA 系列机器人，同时推出独创的 TAWERS 智能融合型机器人，使机器人与焊接实现了"完美"结合。

2008年，KUKA 机器人公司推出真正的气体保护焊接专家机器人 KR 5 arc HW，该机器人采用完全开放的中空手臂结构设计，可以保护机械臂上敷设的整套气体保护软管。同年，日本 Yaskawa 公司推出首款 7 轴弧焊机器人 Motoman-VA1400，构成第 7 轴的旋转轴位于小臂的中间部位，能够在确保最佳焊接姿势的同时，避免工件和夹具对机械臂的干扰。

2014年，国内唐山开元特焊推出单电双丝埋弧焊机器人系统，该机器人系统使用的焊丝直径为 φ1.6mm，送丝速度为 65~650mm/h，熔敷速率达到 5~22kg/h。

焊 接 术 语

焊接（Welding） 通过加热或加压，或者同时加热和加压，以用或不用填充材料的方式，使工件达到结合的一种方法。

接头（Joint） 由两个或两个以上零件用焊接组合或已经焊合的接点。检验接头性能应考虑焊缝、熔合区、热影响区甚至母材（待焊金属）等不同部位的相互影响。

坡口（Groove） 根据设计或工艺需要，在焊件的待焊部位加工并装配成的一定几何形状的沟槽。

焊缝（Weld） 焊件经焊接后所形成的结合部分。

热影响区（Heat-affected Zone） 焊接过程中，材料因受热的影响（但未熔化）而发生金相组织和力学性能变化的区域。

熔焊（熔化焊，Fusion Welding） 将待焊处的母材金属熔化以形成焊缝的焊接方法。

电弧焊（Arc Welding） 以电弧作为热源的熔焊方法，简称弧焊。

气体保护电弧焊（Gas Metal Arc Welding） 以外加气体作为电弧介质并保护电弧和焊接区的电弧焊，简称气体保护焊。

窄间隙焊（Narrow Gap Welding） 对厚板对接的接头，焊前不开坡口或只开小角度坡口，并留有窄而深的间隙，采用气体保护焊或埋弧焊的多层焊完成整条焊缝的高效率焊接法。

压焊（Pressure Welding） 焊接过程中，必须对焊件施加压力（加热或不加热），以完成焊接的方法。包括固态焊、热压焊、锻焊、扩散焊、电阻焊等。

电阻焊（Resistance Welding） 将工件组合后通过电极施加压力，利用电流通过接头的接触面及邻近区域产生的电阻热进行焊接的方法。

电阻点焊（Resistance Spot Welding） 焊件装配成搭接接头，并压紧在两电极之间，利用电阻热熔化母材金属，形成焊点的电阻焊方法。

钎焊（Brazing & Soldering） 硬钎焊和软钎焊的总称。采用比母材熔点低的金属材料作钎料，将焊件和钎料加热到高于钎料熔点、低于母材熔点温度，利用液态钎料润湿母材，填充接头间隙并与母材相互扩散实现连接焊件的方法。

　　烙铁钎焊（Iron Soldering）　使用烙铁进行加热的软钎焊。

　　焊接位置（Welding Position）　熔焊时，焊件接缝所处的空间位置，可用焊缝倾角和焊缝转角来表示。有平焊、立焊、横焊和仰焊位置等。

　　焊接工艺（Welding Procedure）　制造焊接所有相关的加工方法和实施要求，包括焊接准备、材料选用、焊接方法选定、焊接参数、操作要求等。

　　焊接参数（Welding Parameter）　焊接时，为保证焊接质量而选定的各项参数，如焊接电流、电弧电压、焊接速度、线能量等。

　　焊接材料（Welding Material）　焊接时所消耗材料（包括焊丝、焊剂、气体等）的通称。

　　焊丝（Welding Wire）　焊接时作为填充金属或同时作为导电材料的金属丝。

　　保护气体（Shielding Gas）　焊接过程中用于保护金属熔滴、熔池及焊缝区的气体，它使高温金属免受外界气体的侵害。

　　焊接缺陷（Weld Defects）　焊接过程中在焊接接头中产生的金属不连续、不致密或连接不良的现象。

【导入案例】

工业机器人"加码"能源设备制造业，实现风电机座焊接自动化

　　随着全球气候的变暖和石化燃料的日渐枯竭，开发可再生能源已成为世界共识。我国将核电、风电、水电等绿色能源作为主要发展方向。其中风力发电规模近几年来更是突飞猛进。风电设备需求量也不断提高。在这之中机座是风电设备动力部分中承载风力发电机、转子等部件的关键结构件，不仅结构复杂，焊接质量要求高，而且焊接工作量大，生产周期长，传统的手工焊接已无法满足产品生产的严格要求和企业应对市场竞争的需要。以1.5MW风电机组为例，其机座前段长达4500mm，重约9000kg，所用钢板多为Q345E低温钢中厚板，焊接填充金属量为350kg左右，焊接变形控制严格，尤其要求高应力区域焊缝100%超声波探伤，达到GB/T 11345—2013的B级验收标准。

　　针对上述现状，国内中钢集团邢台机械轧辊有限公司率先尝试和实施了风电机座制造领域的机器人自动化焊接解决方案。如图7-1所示，一个工作单元包含2套中厚板焊接机器人系统，配备8名焊接工人四班轮转作业，2名工人同时操作2台机器人，机器人连续焊接时不需要工人看护，工人可进行其他的工作，如清根、手工焊接机器人焊接不到的部位等，从而使机器人和工人的劳动力得到充分发挥。

　　风电设备制造企业在关键岗位采用机器人自动化焊接替代传统手工焊接，其优势主要体现在提高生产效率和保证焊接质量上，尤其在焊接机座这类大型厚板钢结构件时，焊接机器人的优势得到了"完美"发挥。以1.5MW风电机座前段为例，手工焊接机座大约需要170h，而机器人焊接用时仅为66h（一次焊接12h，二次焊接50h，辅助时间4h），按照相同焊工人数计算，8名焊工四班轮转的月产量为4~5件，2套机器人自动化焊接系统的月产量为30件，且焊缝质量完全达到GB/T 11345—2013标准的B级要求。

图 7-1 风电机座机器人自动化焊接单元

——资料来源：唐山开元机器人官网，http：//www.robotweld.com.cn/

【案例点评】

焊接机器人是工业机器人在焊接领域的应用，它能够根据预先设定的程序同时控制机械手臂末端工具的动作和焊接过程，在不同的场合可以进行重新编程。焊接机器人主要用于代替工人从事一些特殊环境（如危险、污染等）的焊接任务，或者是简单而单调重复的任务。在国家重视、工业需求和产业升级的背景下，全副武装的焊工手持焊炬（枪）"火花四溅"的作业画面必将定格为时代的记忆，取而代之的是以焊接机器人为支撑的自动化、柔性化、智能化焊接装备。在实际生产中引进先进的机器人自动化焊接技术，不仅可以改变人工焊接带来的质量难以控制的问题，而且可以提高生产效率、缩短制造周期、降低产品成本和改善卫生环境。

【知识讲解】

第1节 焊接机器人的常见分类

焊接作为基础制造工艺中不可缺少的一环，是一种通过适当的物理化学过程使两个分离的固态物体之间产生原子或分子间的结合而连成一体的材料连接方法。除具有重要性和普遍性之外，焊接还具有多样性，比如想实现金属材料的连接可采用熔焊、压焊或钎焊。焊接作业过程产生的烟尘、弧光、噪声、废气、残渣、飞溅物、电磁辐射等危害人体健康或污染环境，促使焊接设备面临着从手动、半自动到自动化、智能化升级，自动化焊接专用设备和焊接机器人即是升级浪潮中的产物，凭借自身能在恶劣环境下连续工作、能提供稳定的焊接质量和减轻工人的劳动强度等突出特点而备受企业追捧。如图 7-2a 所示的焊接专用设备在设计时更有针对性，结构相对比较简单，功能比较单一，一般应用于焊缝数量少、焊缝规整（如长直焊缝或环形焊缝）的工件，具有焊接效率高、操作简单、维修成本低等优势，而劣势为应用范围小、柔性差，焊接质量不如焊接机器人稳定。相比之下，如图 7-2b 所示的焊接机器人则主要用于焊接一些开放性好、形状规则、位置固定、有一定批量的，且对强度、外观有要求的关键焊缝。例如，导入案例中描述的风电机座，对于这些部件，无论是从经济效益，还是从产品质量的角度来讲，焊接机器人都是最好的选择。

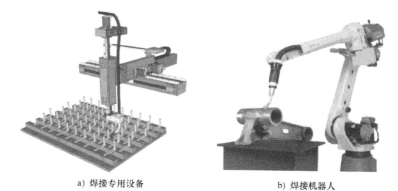

a) 焊接专用设备　　　　　　b) 焊接机器人

图 7-2　焊接专用设备和焊接机器人

　　实际上，工业机器人在焊接生产中的应用最早是从汽车装配生产线上的电阻点焊（压焊的一种）开始的，如图 7-3 所示。这主要缘于点焊过程比较简单，只需点位（PTP）控制，对机器人位姿准确度和位姿重复精度的要求比较低。而弧焊（熔焊的一种）要比点焊复杂，一方面待焊工件的加工、装配普遍存在误差，使得焊缝坡口宽度的一致性较差；另一方面，由于局部加热熔化和冷却过程会产生焊接变形，焊接轨迹发生偏移，机器人要适应这种工况，须首先"感知"变化，方可采取相应的调整措施，即起始点寻位和焊缝跟踪。所以说弧焊机器人（图 7-4）在汽车整车和汽车零部件制造中的应用普及与焊接传感系统的研制及其在机器人中的应用密不可分。

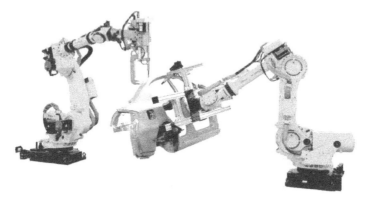

图 7-3　汽车后立柱（C 柱）的机器人电阻点焊

　　近年来，汽车工业的飞速发展对平均板厚为 1.5～4.0mm 镀层钢板和轻金属材料的焊接提出了新的挑战。机器人技术与激光技术的融合——激光焊接（熔焊的一种）机器人开启了汽车制造的新时代，诸如德国大众、美国通用、日本丰田、一汽大众、奇瑞捷豹路虎等汽车装配生产线上，均已大量采用如图 7-5 所示的机器人激光焊接汽车白车身技术代替传统的电阻点焊工艺，不仅可以提高产品质量和档次，而且可以减轻车身重量和节省材料。如今，焊接机器人已成为汽车生产制造企业的"标配"。在焊接技术、传感技术、软件技术和系统技术等科技发展的带动下，机器人焊接及其应用市场现在已经呈百花齐放的局面，各种压焊机器人、熔焊机器人和钎焊机器人一时间遍地开花，让人眼花缭乱。

图7-4　汽车消音器机器人弧焊

图7-5　汽车车身机器人激光焊接

综上所述，焊接机器人按所采用的焊接工艺方法分为压焊机器人、熔焊机器人和钎焊机器人三大类，其中每类机器人又包括三种常见的应用类别，如图7-6所示。除此之外，焊接机器人还可按坐标型式、驱动方式和现场安装的方式等分类，如按坐标型式分为直角坐标型焊接机器人、圆柱坐标型焊接机器人、球坐标型焊接机器人和关节型焊接机器人。

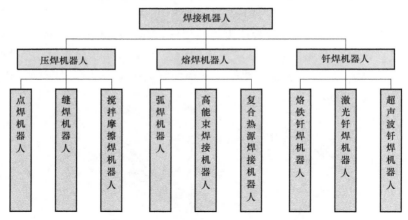

图7-6　焊接机器人分类

第2节　焊接机器人的单元组成

在基本了解焊接机器人的分类及适用场合之后，要想选型并构建一个实用的机器人自动化焊接单元，就需要先掌握焊接机器人单元的基本组成。前已述及，工业机器人自动化生产线是由执行相同或不同功能的多个机器人单元和相关设备组成。以导入案例所述的风电机座机器人自动化焊接为例，焊接机器人单元是包括焊接机器人（含操作机、控制器和移动平台等）、焊接系统（含焊接电源、送丝装置、冷却装置和焊炬等）、传感系统（主要是接触传感和电弧传感）、周边设备（如焊接变位机、焊接夹具和清枪剪丝装置等）及相关附属安全防护装置（护栏）在内的柔性焊接系统。鉴于焊接机器人种类繁多，其单元组成也因待焊工件类型和工艺方法而各有不同。为便于理解，本章将以如图7-7所示的省略传感系统、周边安全防护装置等的标准弧焊机器人单元为例，重点阐述目前主流的熔焊机器人、压焊机器人和钎焊机器人单元组成，以期在阐述中使读者明晰三者之间的设备组成差异。

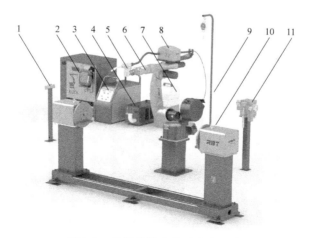

图 7-7　弧焊机器人单元基本组成

1—外部操作盒　2—控制器+示教盒　3—焊接电源　4—冷却装置　5—焊炬（枪）　6—操作机
7—焊接烟尘净化器　8—送丝装置　9—平衡器　10—焊接（件）变位机　11—清枪剪丝装置

2.1　焊接机器人

与搬运、码垛和分拣机器人一样，焊接机器人同样主要由操作机和控制器两部分组成。根据机器人运动学理论，通常六自由度机器人就能满足一般焊接任务需求，这也是目前生产中焊接机器人普遍采用垂直六关节串联本体结构的原因。相较本书介绍过的关节型搬运和码垛机器人而言，焊接（包括切割）机器人的腕部负载能力较小但结构较为复杂，具有腕转、腕摆、腕捻三个独立旋转关节，可实现末端工具的姿态调整。值得指出的是，针对焊接电缆在机器人运动过程中容易与工件、夹具或周边设备发生干涉，影响机器人动作的可达性和编程的时效性的问题，陆续有一些机器人厂家对机器人本体（操作机）进行改进，比较有代表性的包括中空手腕和 7 轴本体结构设计。

（1）中空手腕结构　早期的焊接电缆外置型焊接机器人（图 7-8a）主要是通过支架连接焊炬（枪）到机器人手腕末端，送丝装置安装在第 3 轴处，焊接电缆悬空布置。为克服电缆干涉问题，有人提出将第 4 轴和第 6 轴设计成空心结构，焊接电缆内藏于机器人本体（图 7-8b），焊炬（枪）能够 360° 旋转，由此不仅可以实现先前比较困难的工件内部焊接、连续焊接和圆周焊接，而且可以避免焊接电缆组件受到机械性损伤，防止其在机器人改变方向时随意甩动。为进一步解决焊接电缆扭曲带来的送丝波动问题，又将焊接动力电缆和送丝软管分离，即动力电缆内藏而送丝软管外置（图 7-8c），大大提高送丝稳定性。

（2）7 轴本体结构　传统的 6 轴机器人可再现手臂和手腕独自具有的关节，但由于动作限制，离机器人很近的区域成为"死区"。如图 7-9 所示是一种典型的 7 轴驱动的垂直串联关节型机器人，通过在图示位置增加一个回转关节，并采用中空减速器实现焊接电缆的内藏化，可以让机器人行动更加灵活、顺畅，即使在离机器人很近的区域，焊炬（枪）也可以保持良好的姿态同时进行直线运动（焊接），有效弥补传统 6 轴焊接机器人因会与工件或夹具干涉而出现"死区"的

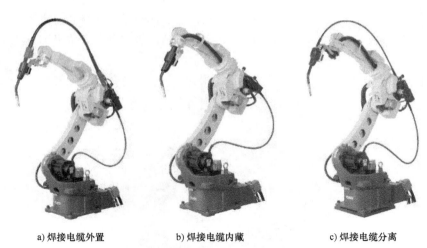

a) 焊接电缆外置   b) 焊接电缆内藏   c) 焊接电缆分离

图 7-8　焊接机器人中空手腕结构设计

缺憾。这种紧凑的机器人结构和优越的动作性能非常适合机器人的高密度摆放（可以贴近邻近的机器人，夹具或工件可紧凑放置），能够有效节省设备空间和缩短加工时间。

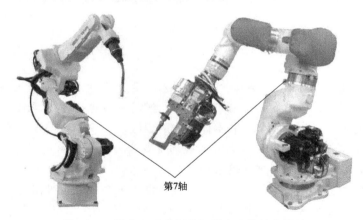

第7轴

图 7-9　7轴中空手腕焊接机器人本体结构设计

　　焊接机器人机械结构主要特征参数见表 7-1。在类似导入案例描述的产品结构件体积或质量较大的自动化应用场合，为提高机器人利用率和拓展其作业空间，需给机器人装上"腿"，即将操作机安装在 1~3 轴地装移动平台（地装行走轴）上，如图 7-1 所示。当然，从节约占地空间考虑，也可将机器人本体侧挂或倒挂安装在多轴龙门移动平台（天吊行走轴）上。如图 7-10 所示，机器人操作机侧挂在一个 2 轴龙门线性滑轨上，构建起 8 轴垃圾车后门混联型焊接机器人单元，这是直角坐标型机器人与关节型机器人的充分结合，集关节型机器人和直角坐标型机器人的优点于一身，使关节型机器人的工作效率得到充分发挥，工作范围得到充分拓展，且具备了易维护、操作方便、实用性强、性价比高等优点。

　　控制器（含硬件、软件及一些专业电路）是完成机器人自动化焊接作业运动控制和过程控制的结构实现，包括机器人控制器和周边设备控制器两部分。目前主流的焊接机器人控制系统基本采用开放式分布系统架构，除具备轨迹规划、运动学和动力学计算等功能外，还安装有简化用户作业编程的功能软件包和焊接数据库，用于实现焊接导航、工艺监控、焊丝回抽、粘

表 7-1 焊接机器人机械结构主要特征参数

机器人类型	指标参数	表征内容
熔焊机器人	结构形式	以垂直关节型结构为主
	轴数(关节数)	一般为 6~9 轴
	自由度	通常具有 6 个自由度
	额定负载	3~20kg(高能束焊接机器人为 30~50kg)
	工作半径	800~2200mm
	位姿重复性	±0.02~±0.08mm
	基本动作控制方式	PTP、CP 两种方式
	安装方式	固定式,如落地式、悬挂式;移动式,如地轨式、龙门式
	典型厂商	国外有奥地利 IGM,瑞士 ABB、Stäubli,德国 CLOOS、Reis,日本 Fanuc、KOBELCO、OTC、Yaska-wa-Motoman、Panasonic、Kawasaki 等;国内有沈阳新松、唐山开元、昆山华恒、上海新时达、北京时代、KUKA 等
压焊机器人	结构形式	以垂直关节型结构为主
	轴数(关节数)	一般为 6~7 轴
	自由度	通常具有 6 个自由度
	额定负载	50~350kg
	工作半径	1600~3600mm
	位姿重复性	±0.07~±0.3mm
	基本动作控制方式	PTP、CP 两种方式
	安装方式	固定式,如落地式、悬挂式
	典型厂商	国外有瑞士 ABB,意大利 COMAU,日本 Fanuc、Yaskawa-Motoman、Kawasaki、Nachi 等;国内有沈阳新松、安徽埃夫特、KUKA 等
钎焊机器人	结构形式	平面关节型结构和垂直关节型结构
	轴数(关节数)	一般为 4~6 轴
	自由度	通常具有 4~6 个自由度
	额定负载	≤6kg
	工作半径	300~600mm
	位姿重复性	±0.01~±0.02mm
	基本动作控制方式	PTP、CP 两种方式
	安装方式	固定式(台面固定安装)
	典型厂商	日本 UNIX、TSUTSUMI、APOLLO SEIKO 等

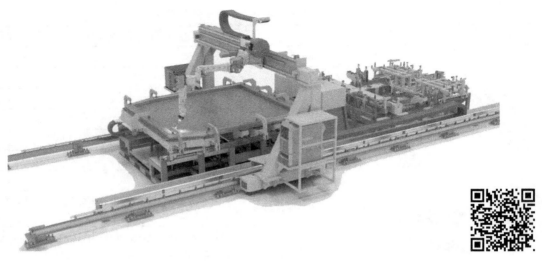

图 7-10　龙门式（混联型）焊接机器人单元

丝解除、电弧搭接、摆动焊接、姿态调整、焊接出错后自动再引弧等。以 Panasonic-GⅢ 控制器为例，加载"焊接导航"功能后，操作者只需在示教盒上选择接头形式和工件厚度，系统软件即可从丰富的专家数据库中自动匹配最合适的标准焊接规范，如焊接电流、电弧电压和焊炬（枪）姿态等，大大缩短实际任务编程及调试时间。表 7-2 列出了典型厂商针对熔焊、压焊和钎焊应用所开发的各类焊接功能软件包。

表 7-2　焊接机器人功能软件包

机器人类别	典型厂商	焊接软件包
熔焊机器人	ABB	RobotWare Arc，Production manager，VirtualArc
	KUKA	KUKA. ArcTech，KUKA. LaserTech，KUKA. MultiLayer
	Fanuc	ArcTool，LaserTool，Servo Torch，Smart Arc
	Yaskawa-Motoman	HyperStart
	Kawasaki	KCONG
	KOBELCO	AP-SUPPORT，ARCMAN™ PLUS
压焊机器人	ABB	RobotWare Spot
	KUKA	KUKA. ServoGun
	Fanuc	SpotTool
钎焊机器人	UNIX	TSCO WIN，TSUTSUMI SEL Software
	TSUTSUMI	USW-RK410RE

2.2　焊接系统

　　焊接系统是完成机器人自动化焊接作业的核心装备。根据焊接工艺方法的不同，熔焊、压焊和钎焊选用的焊接设备差异较大，主要体现在焊接电源及机器人-焊接电源的设备接口方面。由于手工焊接时采用的某些灵活手法和娴熟技能无法在机器人"手上"实现，可将保证焊点或焊缝质量的诸多技术"转让"给焊接电源，使得机器人用焊接电源相对于手工焊接电源有了较大变化，主要体现在功能全面化、数据库专业化和性能稳定化等方面。例如，导入案例描述的风电机座机器人自动化焊接单元配有专业化的中厚板焊接专家数据库，用户在实际作业编程过程中，可直接调用或上下微调专家数据库中的焊接规范即可。有关熔焊、压焊和钎焊所用的典型设备见表 7-3。对于某些长时间无中断自动化焊接场合（如导入案例），为减少设备停机时间和节省辅助焊接时间，可采用（连续桶）桶装焊丝（250～350kg）、送丝辅助机构和伺服拉丝焊炬（枪）替代传统盘装焊丝（10～20kg），如图 7-11 所示，可有效延长单根焊丝的长度，进而大大提高机器人焊接的生产效率。

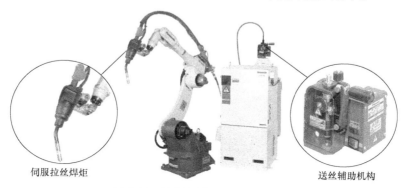

图 7-11　熔焊机器人配置桶装焊丝

表 7-3　机器人焊接系统的典型设备

工艺方法	设备名称	设备功能	结构图示	典型厂商
熔焊（弧焊）	焊接电源	为焊接提供电流、电压，并具有适合于弧焊和类似工艺所需特性的设备，常见的弧焊电源主要有弧焊发电机、弧焊变压器和弧焊整流器等		国外:奥地利 Fronius、瑞典 ESAB、德国 EWM、芬兰 Kemppi、美国 Lincoln、日本 Panasonic、OTC 等;国内:深圳瑞凌、深圳佳士、北京时代、山东奥太等
	送丝装置	将焊丝输送至电弧或熔池，并能进行送丝控制的装置，该装置可带送丝电源（一体式）或不带送丝电源（分体式），主要有推丝、拉丝和推拉丝三种送丝形式		国外:奥地利 Fronius、瑞典 ESAB、德国 EWM、芬兰 Kemppi、美国 Lincoln、日本 Panasonic 等;国内:南通振康、南京顶瑞、上海沪工、浙江肯得、深圳瑞凌、成都熊谷、杭州凯尔达等
	焊炬（枪）	在弧焊、切割或类似工艺过程中，能提供维持电弧所需电流、气体、冷却液、焊丝等必要条件的装置，主要有空冷焊枪（小电流施焊）和水冷焊枪（大电流施焊）两种		国外:奥地利 Fronius，德国 TBi、Binzel，日本 Panasonic 等;国内:任丘松源等

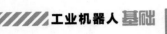

（续）

工艺方法	设备名称	设备功能	结构图示	典型厂商
熔焊 （弧焊）	冷却装置	机器人在进行长时焊接作业时，焊炬（枪）会产生大量的热量，因此常用冷却装置保证机器人焊接系统正常工作，如 CO_2 保护焊、间断通电、电流超过 500A 时，基本均采用水冷		国外：奥地利 Fronius，瑞典 ESAB，德国 EWM，芬兰 Kemppi，美国 Lincoln，日本 Panasonic，OTC 等；国内：深圳瑞凌、深圳佳士、北京时代、山东奥太等
	气路装置	气路装置是存储和输送弧焊、切割或类似工艺所需气体的装置，可采用单独气瓶供气或集中供气两种形式		国外：美国 Praxair、Air Products，法国 Air Liquide，德国 Linde、Messer 等；国内：上海加力、济南德邦、深圳深特等
压焊 （点焊）	焊接控制器	焊接控制器是由微处理器及部分外围接口芯片组成的控制系统，它可根据预定的焊接监控程序，完成电流、压力、时间等焊接参数输入，焊接焊钳的大小行程及夹紧、松开动作等的程序控制，并实现与机器人控制柜、示教盒的通信联系		国外：德国 Bosch-Rexroth 等；国内：沈阳骏瀚、开元阻焊、广州松兴等
	冷却装置	为及时散热，保护变压器和钳体，点焊机器人须配置水冷系统，包括进水阀门和回水阀门等		国内：沈阳骏瀚、开元阻焊、广州松兴、江苏浙南等
	焊钳	焊钳除构成焊接回路、传导焊接电流外，还需要提供焊接压力，按外形结构主要有 C 型和 X 型两种，而按驱动方式有气动焊钳和伺服焊钳两种		国外：奥地利 Fronius、日本 OBARA 等；国内：开元阻焊、江苏浙南等

（续）

工艺方法	设备名称	设备功能	结构图示	典型厂商
烙铁钎焊	控制器	加热控制器集中管理所有的焊接条件，如加热时间、焊锡数量、计时等		国外：日本 UNIX 等；国内：常州快克锡焊等
	焊丝供给装置	主要用于实现高精度焊丝供给		国外：日本 UNIX 等；国内：常州快克锡焊等
	烙铁式焊接头	点焊、直线焊接通用		国外：日本 UNIX 等；国内：常州快克锡焊等

　　在焊接工程中，提高焊接生产率一直是推动焊接技术发展的重要驱动力。最简单的办法是将多个焊炬（枪）叠加在一起，双丝焊（图 7-12a）就是近年发展起来的一种高速、高效复合热源焊接方法。该方法能在增加熔敷效率的同时保持较低的热输入，减小热影响区和焊接变形量，焊接薄板时速度可达 3000～6000mm/min，特别适合机器人焊接，典型的生产厂家有德国 CLOOS、SKS、Benzel 和 Nimark，美国 Miller 和 Lincoln，奥地利 Fronius 等。另一种高效焊接方法——激光电弧复合热源焊接是将激光热源与电弧热源相结合，兼各热源之长而补己之短，能够实现"1+1>2"的效果或更多的"协同效应"。这种复合热源焊接可以降低对装配间隙的要求，增加工艺适应性，减少焊接缺陷和降低焊接成本，尤其是光纤激光固有的全封闭柔性光路更易实现远距离传输和机器人柔性加工，世界著名的激光电弧复合热源机器人焊接系统集成商有德国 REIS、瑞士 Stäubli、意大利 COMAU 等。

a) 双丝复合焊机器人　　　　　　　　b) 激光电弧复合热源焊接机器人

图 7-12　复合热源焊接机器人

223

2.3 周边设备

要实现机器人自动化焊接作业，仅靠机器人与焊接系统的配合是远远不够的，还需要一些周边辅助设备。例如，机器人焊接产生的弧光、烟尘、飞溅物等危害已得到广泛承认，为消除或减小这些危害，须使用挡光板、弧光防护帘、焊接烟尘净化器等改善工作环境，以及护栏、屏障和保护罩等作业空间的安全防护装置。如图 7-13 所示为焊接烟尘治理（清除大量悬浮在空气中对人体有害的细小金属颗粒）的两种途径，一是采用单机移动式烟尘净化器（图 7-13a），其使用较为灵活、占地面积小，适用于工位变动频繁的小范围粉尘收集场合（如导入案例）；二是采用中央（集成）式烟尘净化系统（图 7-13b），其可供多个工位使用，风量可比单机风量高几倍，适用于整个制造车间（或工作场所）的粉尘收集。目前烟尘净化装置典型生产厂家国外有德国 TEKA、瑞典 Nederman、美国 Donaldson 等，国内有北京金雨、无锡博迪、广东酷柏、深圳高福等。此外，同焊接系统一样，不同工艺方法需要配备的周边设备差异较大。表 7-4 列出了熔焊、压焊和钎焊机器人工程应用中常见的典型周边设备。

a) 单机移动式

b) 中央(集成)式

图 7-13　焊接烟尘净化器

表 7-4　焊接机器人的典型周边设备

工艺方法	设备名称	设备功能	结构图示	典型厂商
熔焊（弧焊）	焊接工作台及焊接夹具	主要是放置工件并将工件准确定位与夹紧，以保证装配质量。焊接夹具按动力源可分为手动、气动、液压、磁力、电动和混合式夹具等		国外:美国 Strong Hand 等；国内:台湾 FECOM、Clamptek、Good Hand，宁波固特易等
	焊接(件)变位机	变位机的主要作用是将被焊工件旋转(平移)至最佳的焊接位置，按照驱动电动机数量可分为单轴、双轴、三轴和复合型变位机等		国外:奥地利 IGM，瑞士 ABB，日本 Fanuc、Yaskawa-Motoman、Panasonic 等；国内:沈阳新松、唐山开元、昆山华恒、上海新时达、北京时代、KUKA 等

（续）

工艺方法	设备名称	设备功能	结构图示	典型厂商
熔焊（弧焊）	工件加热装置	通常为履带陶瓷加热器，可以弯曲、折叠并与工件接触进行加热，适用于各种金属构件的焊前预热、消氢处理和焊后局部热处理		国内：吴江华力、吴江红菱、苏州忠携、苏州远能、苏州航达、盐城盛捷、上海翌灵等
	焊缝清根装置	主要有碳弧气刨和立式铣刀机两种，后者多用于半自动焊或全自动焊场合	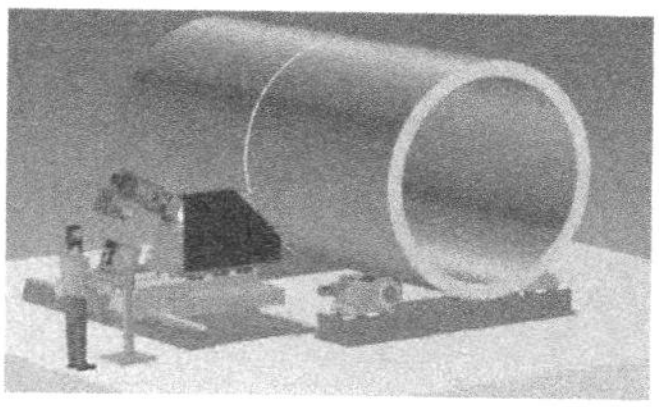	国内：唐山开元、东莞施罗德、浙江长征、深圳瑞凌、深圳佳士、上海沪工、北京时代、山东奥太等
	焊渣除锈装置	一般为气动（针束）除锈器，用于清除焊缝表面渣壳、飞溅物等		国外：美国 PUMA、Ingersoll Rand 等；国内：台湾 BENWEI、WellMade、KI 等
	清枪（剪丝）装置	用于清理焊枪喷嘴内的积尘飞溅并向喷嘴内喷防飞溅液，剪除多余焊丝以保证焊枪干伸长度，确保引弧；延长焊枪寿命，提高焊接工作效率		国外：德国 TBi、Binzel、TMC，日本 KOBELCO、TOKINARC 等；国内：北京德尔等
	焊炬更换装置	焊接作业时，机器人自动完成前端焊炬的直插式更换，无需操作人员进入焊接区更换，无需停下机器人的运行即可直接完成，大大提高机器人的工作效率	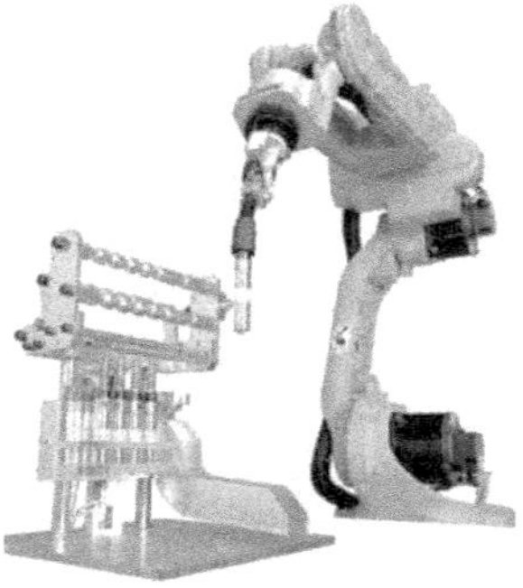	国外：德国 Binzel、日本 TOKINARC 等

225

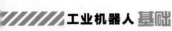

（续）

工艺方法	设备名称	设备功能	结构图示	典型厂商
压焊（点焊）	焊接工装夹具	同弧焊机器人类似，用于工件的准确定位与夹紧，保证装配质量	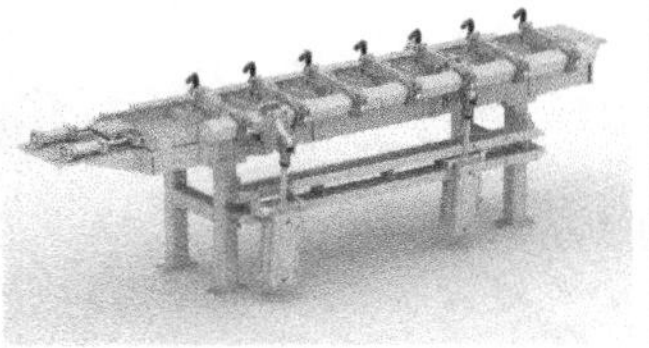	国外：美国 Strong Hand 等；国内：台湾 FECOM、Clamptek、Good Hand，宁波固特易等
	电极修磨（更换）装置	用于电极头工作面氧化磨损后的修磨，可加快生产线节拍，也可避免人员频繁进入生产线带来的安全隐患		国外：德国 LUTZ 等；国内：广州极动等
烙铁钎焊	烙铁头清洁器	用于烙铁头清洁，清洁时具有防止焊锡随处飞溅、减少烙铁头温度下降的功能，可以改善焊接工作环境和产品质量，适用于高精细焊接工作	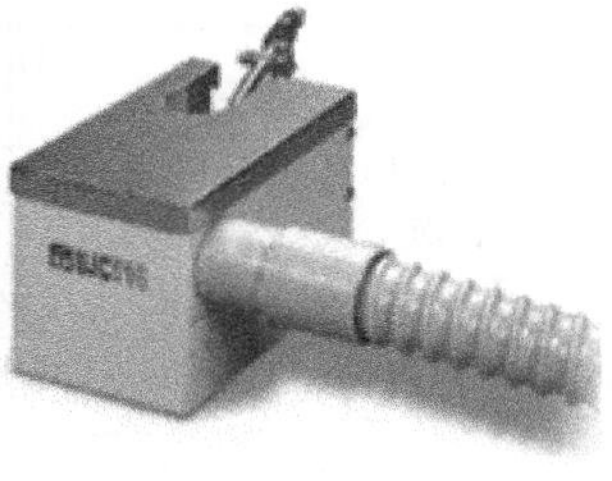	国外：日本 UNIX、HAK-KO 等

2.4 传感系统

与一般的通用工业机器人应用环境（物料搬运类）不同，焊接机器人（尤其熔焊机器人）的应用环境有其自身的特殊性与复杂性，诸如弧光、烟尘、飞溅物、复杂电磁环境等耦合干扰因素，以及加工装配误差、焊接热变形等实际工况变化。面对上述工程应用环境，机器人携带末端焊炬（枪）后若仅按照原有轨迹运动，将不再能够保证焊炬（枪）对焊缝的准确对中，进而导致焊接质量下降，甚至无法维持正常的焊接过程。为增强焊接机器人对外部环境的适应能力，机器人系统可通过外部传感器的实时反馈实现对焊接起始位置的自动寻位和焊接过程的自动跟踪。在导入案例描述的风电机座机器人自动化焊接系统中，为补偿工件装夹发生的位置偏移，熔焊机器人会通过高压接触传感器寻找焊接起始点；同时，利用电弧传感器的"坡口宽度跟踪"功能，实时跟踪焊接过程的坡口宽度变化，及时调整焊接规范，保证焊缝余高一致和坡口两侧侧壁熔合良好，实现高品质焊接。表7-5列出了机器人熔焊作业过程（装配和焊接）配置的实用传感器生产厂商及所开发的功能软件包。

综上所述，要想构建一个实用的机器人自动化焊接单元，需要综合考虑产品特点（如品种、尺寸、质量、产量等）、工艺要求（如焊缝位置、数量等）、车间现状（如加工装配精度、操作工人素质等）和预期投资等因素，完成焊接机器人、焊接系统、周边设备、传感系统及相关安全防护装置在内的设备选型。

表 7-5　熔焊机器人实用传感器

工艺过程	设备名称	设备功能	功能软件包	结构图示	典型厂商
装配	防碰撞传感器	在碰撞过程中能检测到碰撞发生,给机器人控制器发送反馈信号,提示机器人紧急停止,避免焊炬严重受损	—		国外:美国 ATI,德国 TBi、Binzel 等;国内:沈阳埃克斯邦 等
	激光位移传感器	主要完成工件设定点位的初始位置标定和焊接过程中对应设定点位的变形量检测	—	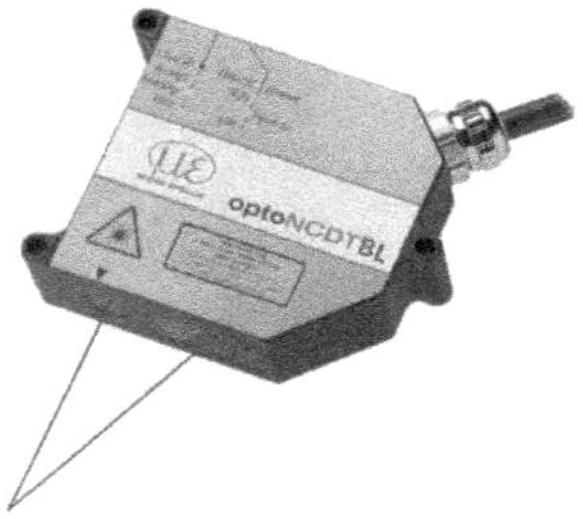	国外:德国 Micro-Epsilon、SICK,日本 Keyence,美国 Cognex 等
焊接	红外测温仪	主要负责焊前预热以及焊接过程中的层间温度检测	—	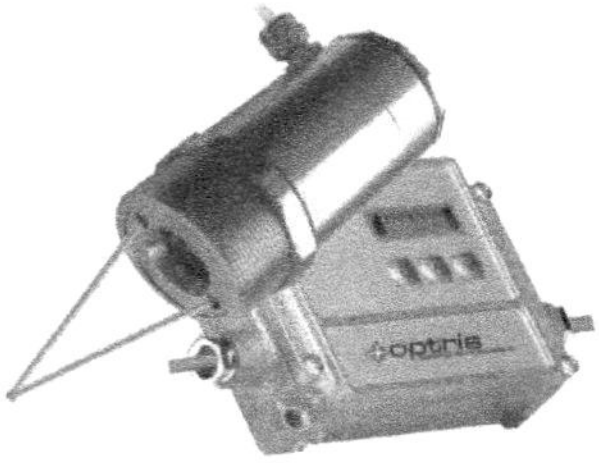	国外:德国 Optris、Testo,美国 Raytek、Omega、Fluke,英国 Land 等
	接触传感器	通过焊丝与工件的接触,实现高精度的焊缝初始寻位	KUKA. TouchSense,Fanuc Touch Sensor 等	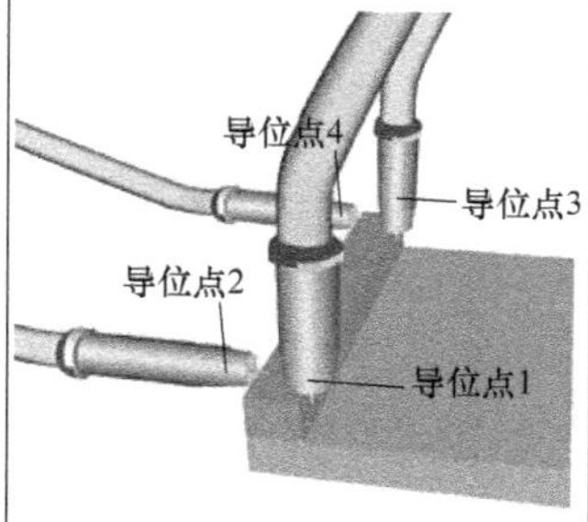	国外:德国 KUKA,日本 Fanuc、KOBELCO、Panasonic 等
	电弧传感器	通过检测焊炬(枪)摆动过程中的焊接电流、电弧电压等信号,实现对焊缝位置的实时自动跟踪	KUKA. SeamTech,Fanuc Thru-Arc Seam Tracking(TAST),Motoman COMARC 等	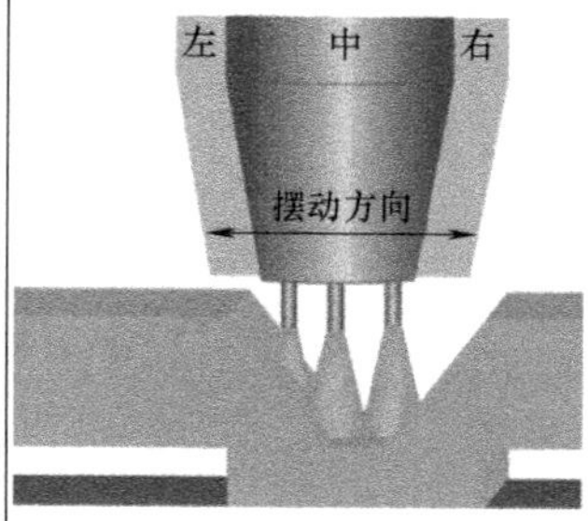	国外:德国 KUKA,日本 Fanuc、KOBELCO、Panasonic 等

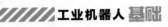

(续)

工艺过程	设备名称	设备功能	功能软件包	结构图示	典型厂商
焊接	激光视觉传感器	通过检测激光发射结构的光信号获取接头、坡口图像信息,实现焊炬对焊缝中心的对中	Fanuc iRVision、Moto Sight 2D、Vision Guide 等		国外:加拿大 Servo Robot、英国 Meta、德国 Scansonic、日本 Fanuc 等;国内:唐山英莱、宁波博视达、上海新时达等

第3节 焊接机器人的生产布局

在完成机器人自动化焊接单元设备选型后,焊接机器人的布局问题成为另一挑战,布局空间就是机器人的工作空间,待布局对象是焊接系统,以及周边设备和传感系统等外围设备。与搬运、码垛等机器人单元或生产线布局类似,焊接机器人的实际生产布局需要主要考虑如下因素:一是机器人在特定的位置能否完成所要求的焊接任务,即检验机器人对设定作业点的可达性;二是机器人执行焊接作业过程中能否与周边设备发生碰撞,即检验机器人对设备访问点的安全性;三是机器人开机作业时间和停机等待时间。综合考虑上述因素,焊接机器人单元通常采用双工位设计或一机多位布局,机器人(焊接)与操作者(上下料)在各工位间交替工作。当工件尺寸较大、焊接工作量较大时,如导入案例描述的风电机座机器人自动化焊接单元是由两套中厚板焊接机器人系统及相关安全防护装置组成,采用"一"字串行布局,而每个工位仅配有一台焊接机器人,即一机一位布局。简而言之,*焊接机器人工作单元(或生产线)的布局形式多种多样,可以按生产线布局形式分类,可以按工位布局形式分类,也可以按工位匹配机器人数量分类。* 焊接机器人布局类型、特点及适用场合见表7-6。

表 7-6 焊接机器人的生产布局

布局类型		布局特点	适用场合	布局图示
生产线布局形式	一字串行	两台或多台焊接机器人按线性一字排列,以单机或多机联动的方式实现构件的自动化焊接	产品离散型制造场合,如工程机械、能源装备等行业	
	一字并行	多台焊接机器人按线性串列布局安放在生产线的两侧,以多机联动的方式实现在线高效焊接,人工操作少、应用柔性大、自动化程度高	产品生产线型制造、待焊部位多而分散、要求效率较高的场合,如汽车焊装生产线	

228

（续）

布局类型	布局特点	适用场合	布局图示
工位布局形式 双工位固定一字式	机器人本体安装在呈一字形排布的两固定工位之间,结构紧凑,占地面积小	适合于小型结构件产品的自动化焊接,如汽车零部件、摩托车及其部件、家具、电器等行业	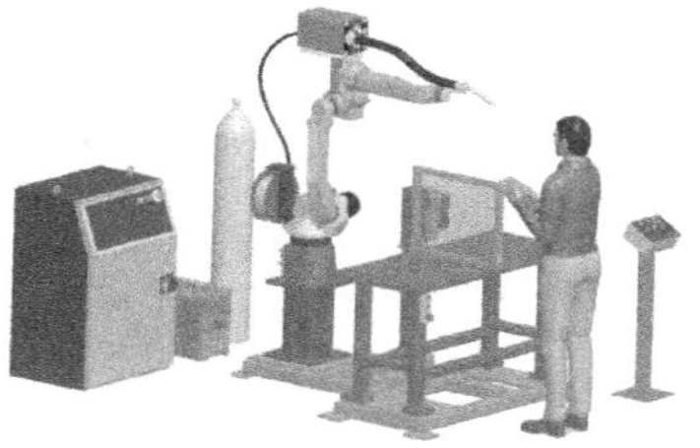
双工位固定A式	机器人本体安装在呈 A 字形排布的两固定工位之间,结构紧凑,占地面积小	适合于小型结构件产品的自动化焊接,如汽车零部件、摩托车及其部件、家具、电器等行业	
双工位固定H式	机器人本体安装在呈 H 字形排布的两固定工位之间,结构紧凑,占地面积小	适合于小型结构件产品的自动化焊接,如汽车零部件、摩托车及其部件、家具、电器等行业	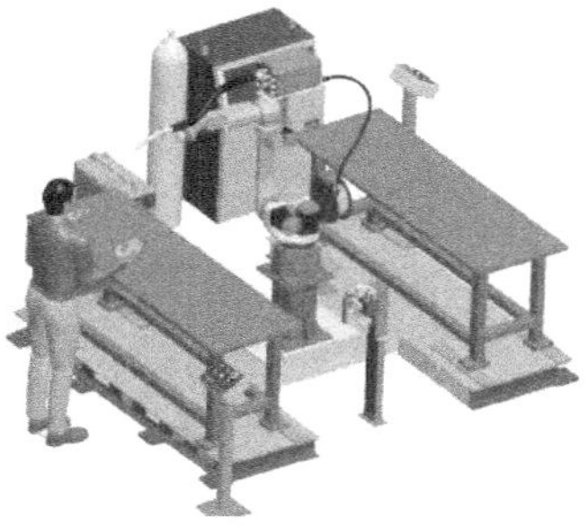
双工位单轴A式	机器人本体安装在呈 A 字形排布的两旋转工位之间,工件可以 360° 旋转,无论是直线、圆弧焊缝,还是其他曲线焊缝,都能较好地保证焊枪焊接姿态和可达性	适合焊缝分布在多个面的中小型结构件,如汽车零部件、摩托车及其部件、家具、电器等行业	
双工位单轴H式	机器人本体安装在呈 H 字形排布的两旋转工位之间,工件可以 360° 旋转,无论是直线、圆弧焊缝,还是其他曲线焊缝,都能较好地保证焊枪焊接姿态和可达性	适合焊缝分布在多个面的中小型结构件,如汽车零部件、摩托车及其部件、家具、电器等行业	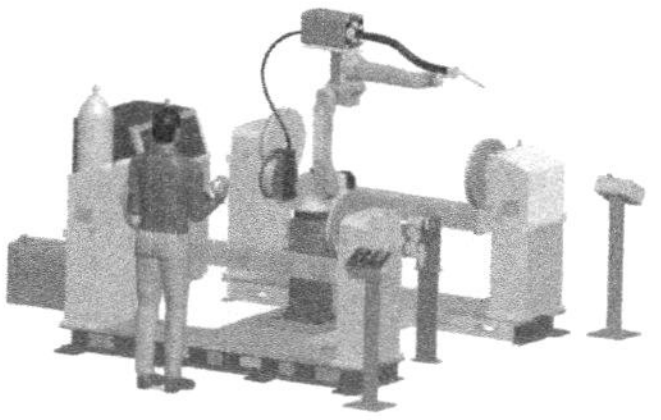

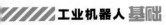

（续）

布局类型		布局特点	适用场合	布局图示
工位布局形式	双工位单轴回转式	机器人本体安装在单轴回转式两工位的一侧,结构紧凑,占地面积小	适合于小型结构件产品的自动化焊接,如汽车零部件、摩托车及其部件、家具、电器等行业	
	双工位三轴翻转式	机器人本体安装在单轴回转式的两旋转工位的一侧,工件可以360°旋转,无论是直线、曲线、圆弧焊缝,都能较好的保证焊枪焊接姿态和可达性	适合焊缝分布在多个面的中小型结构件,如汽车零部件、摩托车及其部件、家具、电器等行业	
工位匹配机器人数量	一机一位	将焊接机器人安装在地装或龙门直线导轨上,依靠或不依靠焊接变位机的协助,完成工件的多轴联动自动焊接作业,装卸工件时机器人处于待机状态	产品离散型制造且构件尺寸较大的场合,如工程机械、能源装备等行业	
	一机多位	将焊接机器人安装在工位之间(一般为两个),工作时机器人对一个工位的构件进行自动焊接,另一工位则进行工件装卸,交替作业,保证机器人作业连续性	产品离散型制造且构件尺寸较小的场合,如工程机械、能源装备等行业	
	多机一位	通常是两台焊接机器人采用基本相同的参数,分别从待焊部位两侧同步施焊,利于控制焊接变形,同时也提高了效率	产品离散型制造且焊接变形控制严格的场合,如压力容器、能源装备等行业	

（续）

布局类型		布局特点	适用场合	布局图示
工位匹配机器人数量	多机多位	两台及以上焊接机器人分别对构件的不同部位进行多机联动自动化焊接作业，效率较高	产品离散型或生产线型制造，且构件尺寸较大的场合，如航空航天、能源装备等行业	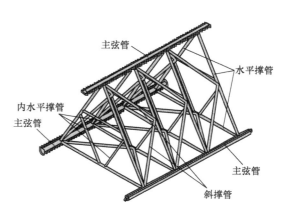

至此，关于焊接机器人单元设备（焊接机器人、焊接系统、周边设备和传感系统）的认知、选型和布局基础知识介绍完毕。下面以国内某企业海洋钻井平台桩腿主弦管（齿条板）接长机器人自动化焊接生产线项目的实施全过程为例，进一步加深对如何正确选型并构建一个经济实用的焊接机器人柔性工作单元的认识和理解，达到触类旁通的目的。

【案例剖析】

随着全球经济的发展，世界各国对能源的需求不断增加，能源危机日趋加剧，相较于日渐枯竭的陆地资源和开发利用尚不尽如人意的新型能源，以海洋油气为代表的海底矿产资源的勘探开发是当今世界各国的重要能源战略。我国"海洋强国"战略将"海洋工程装备和高技术船舶"列为重点发展领域，并指出要大力发展深海探测、资源开发等海洋工程装备来保证国家能源安全。如图 7-14 所示的自升式钻井平台是实施近海（水深 200m 以内）海洋油气勘探的"明星装备"，平台要实现"站得住、升得起、拔得出"，桩腿是关键。

目前，主流的自升式钻井平台拥有三支或四支桩腿，其结构为桁架式倒 K 型，由主弦管、斜撑管、水平撑管和内水平撑管等部件焊接而成，如图 7-15 和图 7-16 所示。由于长度

231

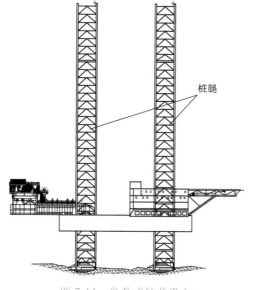

图 7-14　自升式钻井平台　　　　图 7-15　自升式钻井平台桩腿结构

都在百米以上，桩腿的建造施工通常采取分段焊接和分段接长的方式，制造工艺流程如图 7-17 所示。其中，主弦管接长焊接是自升式钻井平台桩腿建造的关键环节。作为桩腿乃至整个平台的核心承载部件，除承受平台的自身重量外，还要经受风浪、海流甚至海洋地震等恶劣海况所带来的侵蚀和破坏，主弦管（齿条板）接长的焊接质量将直接影响钻井平台的升降安全和使用效果。

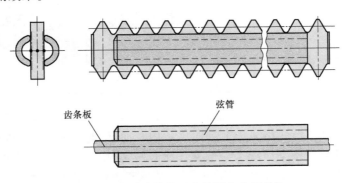

图 7-16　自升式钻井平台桩腿主弦管结构

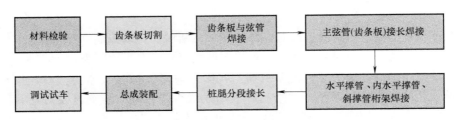

图 7-17　自升式钻井平台桩腿制造工艺流程

1. 客户需求

某企业是我国海洋重型装备制造领域的国际知名企业，在其生产基地，自升式钻井平台桩腿主弦管段虽已实现固定车间集中建造，但现场生产仍依赖"人海战术"确保产能和进度计划，如图 7-18 所示。值得注意的是，从表 7-7 统计的数据看，自升式钻井平台桩腿齿条钢板厚度大（>100mm）、质量重（约 1000kg）、强度高（屈服强度≥690MPa）、韧性好（-40℃低温冲击吸收功≥46J），

图 7-18　自升式钻井平台桩腿主弦管的传统生产现场

此类高强、特厚齿条板的接长焊接极具挑战性。传统工艺采用手工焊条电弧焊，先进行正面坡口焊接、背面碳弧气刨清根、刨槽、打磨、预热后再进行背面焊接，工序多、周期长、效率低、成本高，工人劳动强度大、生产环境恶劣，尤其是高级焊工人才资源极度匮乏，使得产品质量的稳定性难以保证，这样的生产现状严重制约装备的交付时间和市场竞争力，与国家"海洋强国、制造强国和质量强国"战略严重不符。鉴于传统生产模式的诸多劣势，作

为高端海洋工程装备制造的龙头企业，积极探索采用窄间隙焊接[⊖]新工艺，推行机器人自动化、智能化焊接，以期助力企业装备制造升级和提质降本增效。

表 7-7 自升式钻井平台桩腿齿条规格

平台型号	齿条材质	齿条厚度/mm	齿条长度/m	齿条质量/kg
250foot	Q690E/A514 Gr. Q	141	106	596
300foot	Q690E/A514 Gr. Q	152	125	694
350foot	Q690E/A514 Gr. Q	162	147	1143
400foot	Q690E/A514 Gr. Q	178	167	1341
500foot	Q690E/A514 Gr. Q	201	205	2613

由如图 7-16 所示结构可见，自升式钻井平台桩腿主弦管主要由一块齿条板和两根弦管（半圆管）焊接而成，主弦管、齿条板接长结构简单、接缝长度适中（380~650mm），机器人焊接可达性好。从产品制造工艺看，桩腿主弦管（齿条板）接长为直线焊缝，可采用窄间隙熔化极气体保护焊（NG-GMAW），一层一道焊接，适合机器人自动化生产。然而，与第 2 章中的港口起重机吊耳组件机器人批量化焊接不同的是，高强韧、特厚桩腿主弦管（齿条板）接长焊接周期长，产能要远远逊于吊耳组件，而且焊接接头质量（接头"控性"）和部件尺寸精度（接头"控形"）要求严格，详见表 7-8。如何有效发挥机器人的高精度和高可靠性来实现高强韧、特厚齿条板焊接的提质增效，将直接关乎企业投资该机器人焊接生产线项目的成败。

表 7-8 自升式钻井平台桩腿主弦管（齿条板）接长焊接质量要求

技术指标	具体要求	备注
尺寸精度	齿间距 304.8±1.0mm，齿条板平面度 ≤1.5mm/4 齿（或）3.5mm/25 齿，齿条板挠度≤2.25mm/25 齿	满足产品技术要求
焊缝成形	焊缝成形均匀、美观，无表面缺陷，视觉检验(VT)合格率 100%，焊缝余高 ≤3mm	满足 AWS D1.1/D1.1M：2010《钢结构焊接规范》要求
接头探伤	焊后 72h 进行 100%超声波探伤(UT)和 100%磁粉探伤(MT)	满足 AWS D1.1/D1.1M：2010《钢结构焊接规范》要求
力学性能	焊接接头抗拉强度介于 790~940MPa 之间，接头不同部位的-40℃低温冲击吸收功平均值 ≥46J（且每组仅允许一个试样的冲击值低于 32J），显微硬度≤420HV$_{10}$，弯曲试样单条裂纹长度<3mm	满足 ABS《移动式海上钻井平台建造与入级规范》要求

综上分析，自升式钻井平台桩腿主弦管（齿条板）接长焊接具有结构简单、短直焊缝、一层一道的特点，符合机器人自动化焊接的基本条件。然而，也应注意到，桩腿主弦管（齿条板）厚度大、质量重、坡口窄、需立向上焊等，此场景的工业机器人应用面临着较大的挑战，如特厚板深、窄坡口的识别测量，坡口宽度的参数自适应调整，窄坡口双侧壁的稳定熔合以及立焊焊缝跟踪的准确可靠性等。为增强工业机器人对现场工况的适应性，减少或

⊖ 窄间隙焊接具有极高的焊接生产率、更低的焊接生产成本、更小的焊接残余应力和变形、更优良的接头力学性能等显著技术与经济优势，在许多大型钢结构、桥梁、舰船以及核反应堆等要求采用大厚度、高强度钢板连接领域备受青睐。

避免作业过程中的人为干预，需要给机器人赋予类人的"视觉、触觉"功能，通过感知、识别、决策、执行、反馈的闭环工作流程，实现自升式钻井平台桩腿主弦管（齿条板）接长的智能化焊接。

2. 方案设计

经反复调研、沟通与论证，自升式钻井平台桩腿主弦管（齿条板）接长采取"先小组立、再大组立"的接长方式。机器人自动化生产线将先完成两根齿条分段（约 8.5m/根）的接长作业，再将"小组立"后的齿条分段（约 17.0m/根）进行"大组立"，如图 7-19 所示。无论小组立还是大组立，高强韧、特厚齿条板的接长焊接都至关重要。从接头"控形"出发，方案将传承传统工艺所采用的双面对称焊接；从接头"控性"考虑，方案将采用一层一道的窄间隙熔化极气体保护焊（NG-GMAW）替代一层多道的手工焊条电弧焊（SMAW）。同时，为减少焊接过程的人为干预，方案将传统制作工艺中的人工测温、手工焊接、碳弧气刨清根、手工打磨和人工敲渣等工序升级为自动测温、自动焊接、自动清根、自动清渣等，优化后的工艺流程如图 7-20 所示。根据优化后的工艺流程，重新规划的桩腿主弦管（齿条板）接长机器人智能化焊接生产线布局如图 7-21 所示。生产线各工位（区域）的详细功能说明见表 7-9。

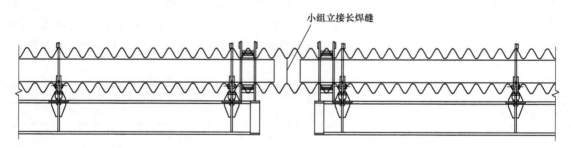

a)"小组立"

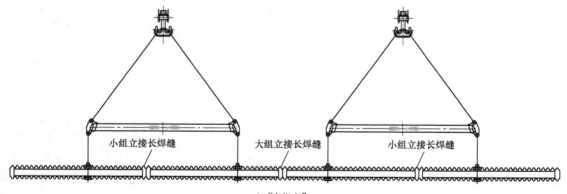

b)"大组立"

图 7-19　自升式钻井平台桩腿主弦管（齿条板）接长方式

由图 7-21 不难看出，该自升式钻井平台桩腿主弦管（齿条板）接长机器人智能化焊接生产线采用的是双机一位并列布局，即位于主弦管两侧的两台（套）焊接机器人将以同步或异步对称方式完成某一小组立工位焊接，如先在小组立接长焊接工位 3 完成主弦管分段 2、5 的接长，然后通过移动平台（地装行走轴）运动至另一小组立工位焊接，即到小组立接长焊接工件 8，完成主弦管分段 6、7 的接长，最后移至大组立接长焊接工位 9 完成小组立接长后的主弦管分段焊接。整条生产线主要由具备红外、视觉、电弧、位移等感知功能的智能焊接机器人和用于满足焊前组对需求的柔性装配单元构成，如图 7-22 所示。

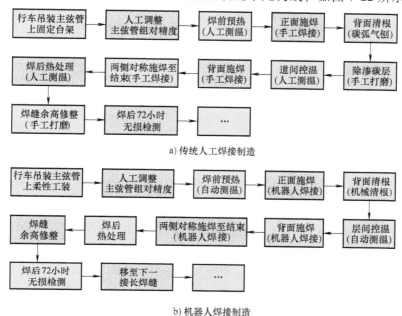

a) 传统人工焊接制造

b) 机器人焊接制造

图 7-20　自升式钻井平台桩腿主弦管（齿条板）接长工艺流程优化

　　一方面针对长、厚、重型部件的柔性组对需求，生产线设计由 8 套装配定位夹具组成的主弦管分段接长柔性装配单元，其中每 2 套工装夹具装夹一根主弦管，如图 7-23 所示。所述柔性工装夹具为蜗杆减速器、螺纹顶杆手动顶紧形式，其两侧及上部顶杆作用于齿条板上，下部高度调整机构为楔形顶块，可以实现 250～500ft 自升式钻井平台桩腿主弦管接长小组立、大组立装配，彻底改变传统固定台架方式（图 7-19a），并省去工装点固定，提高组对效率 5 倍以上；另一方面智能焊接机器人系统由工业机器人携带窄间隙熔化极气体保护焊机头（图 7-24），焊前通过激光视觉传感检测坡口宽度和焊接起始（结束点）位置，规划机器人焊接路径和工艺参数，焊接过程中辅以红外测温监测层间温度，并基于电弧传感器实时跟踪路径，实现高强韧、特厚齿条板一层一道机器人智能化焊接。

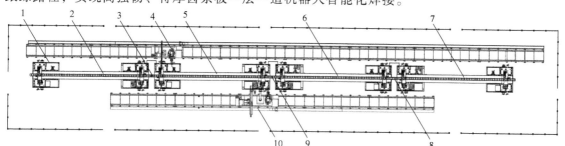

图 7-21　自升式钻井平台桩腿主弦管（齿条板）接长机器人智能化焊接生产线布局

1—柔性工装夹具　2、5～7—主弦管分段　3、8—小组立接长焊接工位　4、10—地装行走
轴式机器人窄间隙熔化极气体保护焊系统　9—大组立接长焊接工位

表 7-9　自升式钻井平台桩腿主弦管（齿条板）接长机器人智能化
焊接生产线工位（区域）配置及功能描述

工位（区域）名称	工位（区域）功能描述
小组立接长工位	利用行车将主弦管分段吊装上接长柔性工装,操作员可以通过夹具来调整主弦管拱度、平面度,以及对接处预留间隙大小,由地装行走轴式机器人携带窄间隙熔化极气体保护焊机实现高强、特厚齿条板双面双弧高效焊接。
大组立接长工位	用于小组立接长焊接后的主弦管分段再次接长作业,同小组立工位相似,操作员可以通过夹具来调整主弦管拱度、平面度,以及对接处预留间隙大小,由地装行走轴式机器人携带窄间隙熔化极气体保护焊机实现高强、特厚齿条板双面双弧高效焊接。

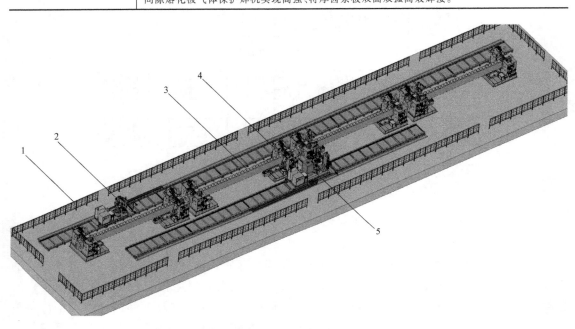

图 7-22　自升式钻井平台桩腿主弦管（齿条板）接长机器人智能化焊接生产线构成三维示意图
1—护栏　2—长行程侧移动平台（焊接电源+冷却装置+焊渣除锈装置+精度检测装置+操作机+窄间隙熔化极气体保护
焊机+送丝装置+机器人控制器+周边设备控制柜）　3—工件（主弦管）　4—柔性工装夹具　5—短行程侧
移动平台（焊接电源+冷却装置+坡口清根装置+焊接烟尘净化器+焊渣除锈装置+精度检测装置+
操作机+窄间隙熔化极气体保护焊机+送丝装置+机器人控制器+周边设备控制柜）

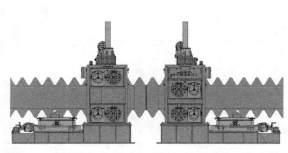

图 7-23　桩腿主弦管（齿条板）接长柔性工装夹具

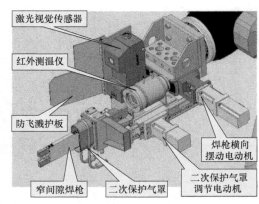

图 7-24　窄间隙熔化极气体保护焊机

表 7-10 列出了自升式钻井平台桩腿主弦管（齿条板）接长机器人智能化焊接生产线的主要设备明细。生产线采用双智能工业机器人系统，配备红外、视觉、电弧、位移等传感器感知周边环境变化，并通过地装行走轴扩大机器人的工作空间。当机器人来回穿梭小组立、大组立工位（区域）时，伴随机器人移动的设备包括整套焊接系统、剪丝装置、焊渣除锈装置、坡口清根装置和焊接烟尘净化器。为实现上述设备的互联互通，控制系统采用分层控制策略，硬件架构如图 7-25 所示。工业控制计算机（IPC）用于存放高强韧、特厚齿条板机器人窄间隙熔化极气体保护焊（NG-GMAW）自主决策所需的多个支持数据库，如视觉算法库、几何模型库、焊接知识库、材料属性库、参数规范库和跟踪策略库等，以及对接收的激光视觉传感器和人机交互界面发送的数据进行自主决策，通过 RS232、RS422、RS485 等串口与激光视觉传感器和液晶触摸显示屏连接；可编程逻辑控制器（PLC）与 IPC 形成局域网连接，包括主控 PLC 和从控 PLC，主控 PLC 用于执行齿条板机器人 NG-GMAW 的工作流程，读取红外测温仪和周边辅助设备发送的数据，并通过串口与红外测温仪连接，通过 I/O 方式与周边辅助设备连接；从控 PLC 用于接收机器人 NG-GMAW 焊接过程中焊缝跟踪控制器发送的焊枪高度或水平自适应坡口宽度变化的纠偏信号和主控 PLC 发送的跟踪策略数据，并发送焊枪纠偏信号和焊枪位置信息，通过串口与焊缝跟踪控制器连接；机器人控制器（RC）用于存放高强韧、特厚齿条板机器人 NG-GMAW 任务程序库，以及接收从控 PLC 发送的数据，通过总线与从控 PLC 连接。

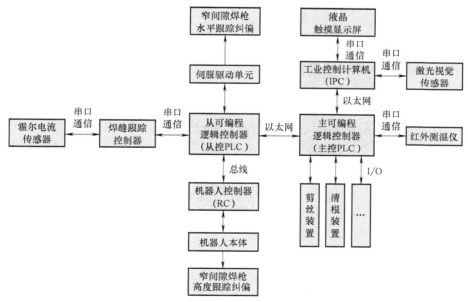

图 7-25　桩腿主弦管（齿条板）接长机器人智能化焊接生产线的硬件架构

237

表 7-10　自升式钻井平台桩腿主弦管（齿条板）接长机器人智能化焊接生产线主要设备清单

设备类别	设备名称	生产厂家	型号规格	设备数量/台（套）
工业机器人	操作机	KUKA	KR30-3	2
	控制器	KUKA	KR C2	2
	移动平台	唐山开元	定制	2

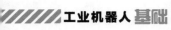

（续）

设备类别	设备名称	生产厂家	型号规格	设备数量/台（套）
传感系统	红外测温仪	德国 Optris	CTlaser 3MHSF	2
	激光视觉传感器	日本 Keyence	LJ-V7000	2
	电弧传感器	唐山开元	KYALC	2
	激光位移传感器	日本 Keyence	LK-G405A	2
焊接系统	焊接电源	唐山松下	YD-500GS4	2
	送丝装置	唐山松下	YW-50DG1HSE	2
	冷却装置	唐山松下	YX-09KGC	2
	气路装置	亚德客	GC300-15-M-F1	2
	窄间隙焊接机	日本 Hitachi	窄间隙熔化极气体保护焊	2
周边设备	护栏	唐山开元	定制	1
	工装夹具	唐山开元	定制	8
	加热装置	需方提供	定制	1
	剪丝装置	德国 Binzel	DAV	2
	焊渣除锈装置	美国 PUMA	AT-2500	2
	坡口清根装置	唐山开元	定制	1
	焊接烟尘净化器	德国 Nederman	C20	1

基于"再造"工艺流程，自升式钻井平台桩腿主弦管（齿条板）接长机器人智能化焊接生产线提质增效的关键在于工作流程梳理和配套工业软件开发。如图 7-26 所示是生产线小组立或大组立接长的标准工作流程，详细描述如下。

（1）**系统开始**　由人工接通电源，起动桩腿主弦管接长机器人智能化焊接生产线。

（2）**工件就位**　将检验合格的主弦管分段由拖车送入来料缓冲区。

（3）**吊装组对**　采用辅助吊装设备（如行车）将主弦管分段安放在接长柔性工装上，由人工通过夹具调整主弦管拱度、平面度及对接处的预留间隙大小等。

（4）**精度测量**　启动传感检测装置对组装精度进行检测，确认是否满足组对精度要求，若不满足要求，调整夹具定位块直至达标为止。

（5）**图像采集与处理**　由工业机器人携带激光视觉传感器采集待焊工件的坡口图像，IPC 对坡口图像依次进行图像降噪、二值化、拐点识别和平滑处理，获得待焊接工件的坡口宽度、焊接起始点和结束点位置等信息。

（6）**坡口识别**　将待焊工件的坡口宽度与标准工件几何模型库进行匹配，若匹配成功，则 IPC 将基于存储数据库自主规划焊接任务、焊接路径和规范参数，启动预热步骤（7）；否则，停止作业，选取下一根接长主弦管，返回执行步骤（3）。

（7）**工件预热**　由人工安放加热装置，对工件待焊区域进行局部预热。

（8）**温度检测**　由机器人携带红外测温仪连续监测工件温度，主控 PLC 比较采集温度和预设温度，若达到预设温度，则启动剪丝程序；否则，继续等待，直至工件加热至预设温度。

（9）**层间自动剪丝**　为保证起弧成功率，每层焊接前，由机器人携带窄间隙熔化极气

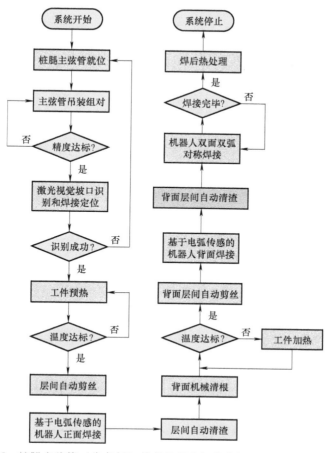

图 7-26　桩腿主弦管（齿条板）接长机器人智能化焊接生产线的工作流程

体保护焊机自动完成剪丝动作。

（10）**机器人正面焊接**　机器人携带窄间隙熔化极气体保护焊机按照规划的焊接路径和规范参数执行焊接任务，在焊接稳定状态下实时采集焊接电流均值，以获取焊枪高度纠偏信号和水平纠偏信号。

（11）**层间自动清渣**　每当机器人焊接 2~3 层后，启动清渣程序，采用气动针束锤击焊缝表面 1~2 次，同时启用激光位移传感器测量工件变形数据。

（12）**背面机械清根**　当正面坡口焊接 4 层时，累计填充厚度 12~14mm，启动背面机械清根程序，由坡口清根装置实现坡口根部和打底层焊缝的铣削。

（13）**层间温度检测**　类似步骤（8），由另一侧机器人携带红外测温仪监测工件温度，主控 PLC 比较采集温度和预设层间温度，若达到要求温度，则启动剪丝程序；否则，重复步骤（7），直至工件温度满足要求。

（14）**背面剪丝、焊接、清渣**　类似步骤（9）~步骤（11），由另一侧机器人携带窄间隙熔化极气体保护焊机完成层间自动剪丝、自动焊接和自动清渣任务，直至两侧坡口填充厚度基本相同。

（15）**机器人双面双弧对称焊接**　采取双侧机器人同步窄间隙熔化极气体保护焊，直至坡口填满为止。

（16）焊后热处理　待焊接完毕，由人工安放工件加热装置进行后热消氢处理。

从工艺"再造"到生产线布局，从工位设置到流程细化，从硬件选型到系统集成，上述机器人智能化焊接生产线方案可满足 250～500ft 自升式钻井平台桩腿主弦管接长需求。在整套方案设计过程中，以生产线稳定连续运行和减少人为干预次数为目标，选择技术可靠、性能稳定、经济实用的功能设备尤为关键。不妨以工业机器人选型为例，考虑因素如下：①主弦管（齿条板）接长焊缝较短，长度介于 380～650mm；②日立（Hitachi）窄间隙熔化极气体保护焊机质量约 20kg；③窄间隙坡口双侧壁熔合质量的精度保障为 ±0.3mm，最终选择的是工作半径适中（2033mm）、负载能力强（30kg）、位姿重复性高（±0.06mm）的 KU-KA KR30-3 型 6 轴垂直关节型机器人。有关桩腿主弦管接长机器人智能化焊接生产线主要设备的功能及其选型依据见表 7-11。

表 7-11　自升式钻井平台桩腿主弦管（齿条板）接长机器人智能化焊接生产线主要设备选型

工艺流程	关联设备	设备功能	结构图示	选型（定制）依据
工件装夹	工装夹具	完成工件上下、左右及前后相对位置的精细调整与刚性固定，确保焊接过程中工件的相对位置不变	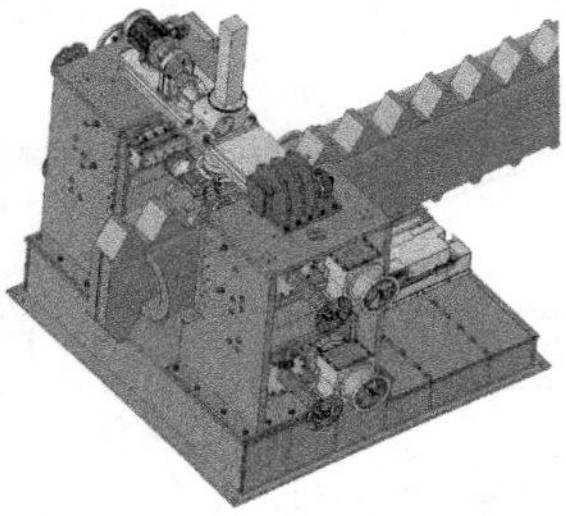	①最大负载 ②适用工件尺度
组装精度检测	激光位移传感器	完成工件上设定点的初始位置标定和焊接过程中的对应设定点位的变形量监测，并及时将设定点位的变形情况传递给控制系统进行监控		①品牌 ②测程 ③测距精度 ④测距重复精度
工件预热	工件加热装置	加热器可以弯曲、折叠，可以与工件良好接触进行加热，完成待焊处的预热与后热处理	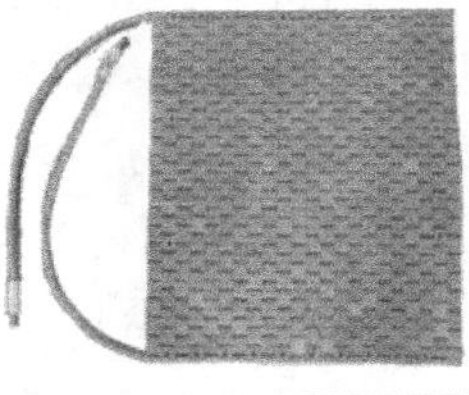	①发热尺寸 ②电源电压 ③额定功率
	红外测温仪	监测工件温度是否合理，记录焊前、焊中、焊后全流程温度信息，若温度超过预设温度，装置会发出报警提示	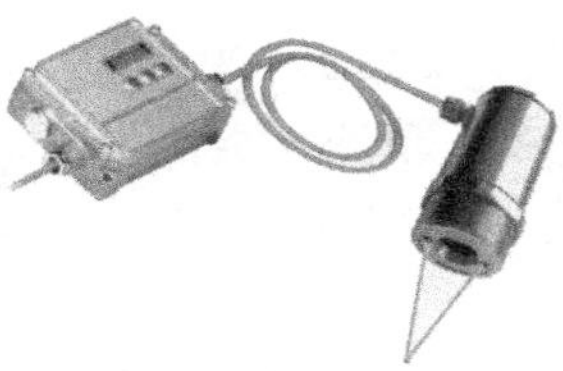	①品牌 ②测量范围 ③测温精度 ④重复精度

（续）

工艺流程	关联设备	设备功能	结构图示	选型（定制）依据
坡口检测及寻位	激光视觉传感器	完成焊缝位置偏离检测与纠正，保证焊接机或清根刀具准确到达焊缝位置，顺利完成焊接或清根		①品牌 ②焊接方法 ③接头形式 ④工作空间 ⑤视场、景深或分辨率
自动剪丝	剪丝装置	完成焊丝修剪作业，去除焊丝末端熔球，保证焊丝伸出长度恒定，提高引弧性能，避免焊缝中产生氧化物夹杂等焊接缺陷		①品牌 ②最大剪切能力 ③耐用性
窄间隙立焊	焊接电源	全数字脉冲 MIG/MAG 电源，能够抑制咬边、降低飞溅，实现不锈钢和碳钢的高品质焊接		①品牌 ②输出特性 ③额定输出电流/电压 ④额定负载持续率 ⑤焊接模式及飞溅率
	冷却装置	主要保证焊接机焊接时能够及时冷却，延长机头与易损件的寿命		①冷却液容量 ②冷却液最大扬程 ③冷却液最大流量
	窄间隙焊接机	完成焊丝的预弯和电弧与侧壁之间距离的调节，保证侧壁分时熔合良好，实现一层一道高品质、高效率、稳定的焊接	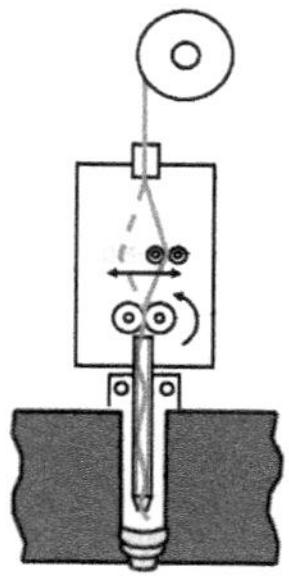	①品牌 ②适用工件最大厚度 ③坡口尺寸 ④侧壁熔合方式

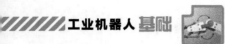

（续）

工艺流程	关联设备	设备功能	结构图示	选型(定制)依据
窄间隙立焊	工业机器人	用于实现焊接机头等装置的 Z 向(焊道方向)和 X 向(坡口深度方向)运动,完成工件两侧焊缝的焊接		①品牌 ②轴数 ③额定负载 ④工作空间 ⑤位姿重复性
	移动平台	焊接时,工件不动,机器人通过移动平台实现自动行走,完成海洋平台桩腿齿条对接的小组立或大组立焊接作业		①移动范围 ②移动速度 ③负载
	电弧传感器	能够通过实时电弧监测,完成对焊缝两侧及底部的跟踪与纠偏,确保焊接过程中熔池的稳定,实现高质量的焊接	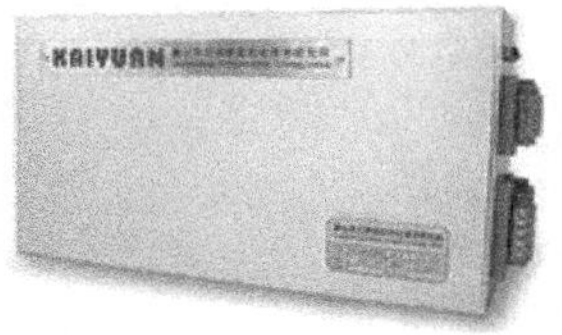	①传感精度 ②跟踪速度 ③最大纠偏能力 ④坡口适应性
	焊接烟尘净化器	能够靠近烟气源头捕获烟气,经济高效地解决焊接烟气抽排问题		①净化效率 ②处理风量 ③漏风率 ④稳态噪声
焊缝清根	坡口清根装置	通过机头上合金盘铣刀的旋转进给完成坡口根部的铣削作业,确保背面侧焊缝无缺陷		①坡口适应性 ②清根效果 ③单次进给量 ④机械振动

（续）

工艺流程	关联设备	设备功能	结构图示	选型（定制）依据
层间清渣	焊渣除锈装置	完成焊缝表面焊渣及飞溅的清除作业	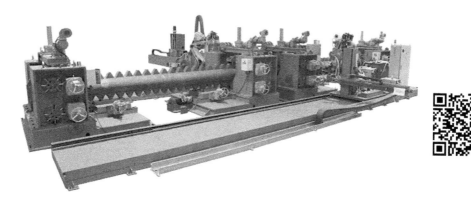	①坡口适应性 ②清渣效果 ③经济性

在初步完成自动化生产线的设备选型后，为规避投资风险和缩短制造周期，系统集成商一般会采用商业通用或专业离线仿真软件构建设计方案的设备模型和生产布局，编制机器人任务程序和离线图形动画仿真，检验生产线尤其是机器人动作的可达性、运动过程中是否存在奇异姿态或与周边设备发生碰撞等，以达到设计并优化整个生产线布局的目的。在此过程中，进一步确认前期所选设备参数的合理性。如图 7-27 所示是经优化后建成的自升式钻井平台桩腿主弦管（齿条板）接长机器人智能化焊接生产线。

图 7-27 建成后的自升式钻井平台桩腿主弦管（齿条板）接长机器人智能化焊接生产线

3. 实施效果

自升式钻井平台桩腿主弦管（齿条板）接长机器人智能化焊接生产线投产后，操作人员只需要点按按键，生产线即可实现工件的自动测温、自动焊接、自动清根（清渣），颠覆了传统（特）厚壁（厚板）结构件大坡口手工焊接制造模式。从产线运行效果看，企业的生产效率更高、产品质量更精、生产环境更优，表明上述机器人自动化生产线基本满足终端客户需求。

（1）**效率更高** DSNG-GMAW 工艺采用双 U 形坡口替代传统的双 V 形（X 形）坡口，桩腿主弦管（齿条板）接长的坡口填充面积减少 42%，焊材消耗较传统工艺降低 81%，生产周期缩短 1/2，详细的人工焊接和机器人焊接制造模式的效率对比数据见表 7-12。

（2）**质量更精** 与传统人工焊接相比，机器人一层一道焊接，工艺参数稳定，焊缝表面成形美观，如图 7-28 所示。焊后 72h 进行超声波探伤（UT）和磁粉探伤（MT），检测结果显示焊接接头无内部焊接缺陷和表面焊接裂纹。切取多组接头宏观试样经刨光、磨平和侵

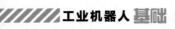
蚀后进行宏观检查，所有断面均未发现缺陷。如图 7-29 所示，窄间隙熔化极气体保护焊（NG-GMAW）焊层清晰，焊层宽度和厚度均匀，侧壁熔合良好，尤其是接头热影响区（HAZ）窄，对母材性能损伤小。同时，接头力学性能测试结果满足 ABS 船级社的技术指标。

表 7-12　自升式钻井平台桩腿主弦管（齿条板）接长焊接效率对比

焊接方法	人工焊接	机器人焊接
接头形式	双 V 形坡口	双 U 形坡口
填充面积	约 6100mm²	约 3500mm²
材料消耗	焊条约 95kg	焊丝约 18kg，保护气体 240~300L
焊接道数	50~52 层，200~230 道（多层多道）	48~50 层/道（一层一道）
生产周期	坡口加工：8h	坡口加工：8h
	焊前预热：3h	焊前预热：3h
	焊接总时：20h	焊接总时：4h
	道间停留总时：4h	道间停留总时：1h
	清根预热：3h	清根预热：1h
	后热缓冷：3h	后热缓冷：3h
	余高打磨：2h	余高打磨：0.5h
	合计：43h	合计：20.5h

a) 传统人工焊接

b) 机器人焊接

图 7-28　自升式钻井平台桩腿主弦管（齿条板）接长焊接质量对比

（3）环境更优　桩腿主弦管（齿条板）接长传统工艺需要碳弧气刨清根、道间手工敲渣和焊缝余高打磨，而且特厚齿条板焊接层（道）间温度控制介于 120~150℃ 之间，长时

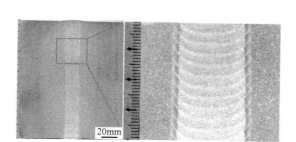

图 7-29　高强韧、特厚齿条板双机器人双面窄间隙熔化极气体保护焊接头形貌

间工作在高温、粉尘等恶劣环境中，易引发工人患尘肺、电光性眼炎等职业疾病。相比之下，新工艺采用机器人焊接、机械清根、层间自动清渣和测温等先进技术，如图 7-30 所示，操作人员远离焊接现场，并且生产现场配备焊接烟尘净化器，焊接烟尘得以及时抽排，工人的工作环境得到改善，健康得到保证。

a) 传统人工焊接

b) 机器人焊接

c) 传统人工打磨

d) 机械清根

图 7-30　自升式钻井平台桩腿主弦管（齿条板）接长生产环境对比

　　通过对海洋钻井平台桩腿主弦管接长机器人自动化焊接生产线实施过程的较为详实的介绍，相信读者对焊接机器人生产线（或单元）的选型与构建有了更为深刻的认识。焊接机器人的选型需要根据产品焊接工艺，综合考虑机器人的末端（手腕）负载、运动轴数、工作空间、位姿重复精度等技术指标，同时为保证作业精度和提高工况适应性还需选配传感器件及附加的功能软件包；焊接系统和周边设备也要根据焊接工艺需求进行选取，同时兼顾设备集成端口问题。此外，焊接机器人单元和生产线布局需要综合考虑产品特点、工艺要求、生产效率及后期维护等因素。当然，企业使用焊接机器人替代工人作业，可提高生产效率、提升产品质量、降低运营成本、减轻劳动强度和改善作业环境。

【本章小结】

　　焊接机器人是在工业机器人基础上发展起来的先进自动化焊接设备，是专门从事焊接的机器人生产单元。目前最为常见的有点焊（压焊的一种）机器人、弧焊（熔焊的一种）机器人和烙铁（钎焊）机器人，其本体广泛采用关节型机器人，属6轴机器人本体（操作机）占据市场主导地位，但在额定负载、工作半径、位姿重复性等技术指标方面存在较大的差异，如钎焊机器人的位姿重复精度最高（±0.01~±0.02mm），熔焊机器人次之（±0.02~±0.08mm），压焊机器人相对最低（±0.07~±0.3mm）。

　　机器人焊接单元是集焊接机器人、焊接系统、传感系统、周边设备及相关安全保护装置于一体的柔性自动化焊接系统。焊接电源作为焊接系统的关键部件之一，其性能和选型直接影响到焊点或焊缝质量，需依据被焊工件的材料和工艺而定。在某些场合，可采用复合热源以提高焊接效率。焊接机器人的辅助周边设备随工艺方法、应用领域的不同而不同，不可一概而论，选型依据视工艺需求而定。若想进一步增加机器人焊接作业的工况适应性，可选配焊接起始点寻位和焊缝自动跟踪的相关产品及功能软件包。

　　焊接机器人生产线（或单元）是由执行相同或不同功能的多个机器人单元（或系统）和相关设备组成，主要用于实现结构件的自动化焊接生产，其布局需要综合考虑产品特点、工艺要求、生产效率、占地面积、投资成本等因素，以期达到质量最优化、效率最高化、投资最小化、效益最大化等目的。

 【思考练习】

　　1. 填空

　　（1）随着汽车产业对汽车的产量、质量以及车型换代的时效性要求越来越高，在淘汰人工作业并以自动化生产线取而代之的过程中，汽车制造企业广泛引入如图7-31所示的_____机器人，这已成为汽车制造的大势所趋。

　　（2）如图7-32所示为工业生产中常见的_____机器人标准系统组成，主要包括焊接机器人（2_____、7_____）、焊接系统（4_____、5_____、8_____）和周边设备（3_____、6_____、10_____）三部分。

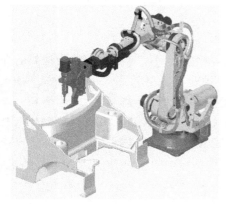

图7-31　题1（1）图

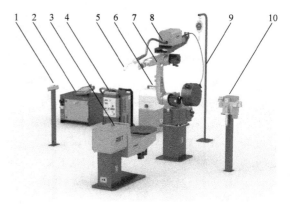

图7-32　题1（2）图

（3）如图 7-33 所示，在实际的自动化焊接过程中，受热及散热的不均将会导致被焊工件变形，使焊炬（枪）与焊缝偏离，此时可采用图示_____传感技术辅助焊接机器人在线及时纠正焊炬（枪）的行走轨迹，实现焊缝在线自动跟踪控制，保证焊接质量。

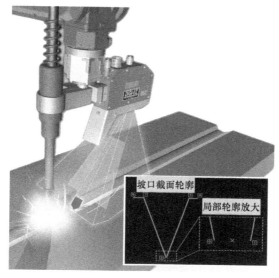

图 7-33　题 1（3）图

2. 选择

（1）如图 7-34 所示的焊接机器人单元工位布局采用的是_____。

①一字串行　②一字并行　③一机多位　④多机一位　⑤多机多位　⑥双工位单轴 A 式　⑦双工位单轴 H 式

能正确填空的选项是（　　）。

A.①④⑦　　B.①⑤⑦　　C.②④⑥　　D.②⑤⑦

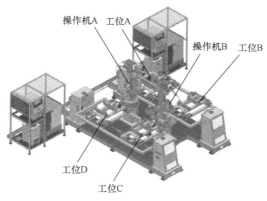

图 7-34　题 2（1）图

（2）如图 7-35 所示为多工位一字形机器人行走焊接工作站，机器人安放在单轴移动装置上。试问图中焊接电缆采用的何种布置形式？焊接系统包括哪些设备？

①焊接电缆外置式　②焊接电缆内藏式　③焊接电缆分离式　④焊接电源　⑤送丝装置

⑥焊炬（枪）　⑦冷却装置　⑧气路装置

正确的选项是（　　）。

A.①，④⑤⑥⑦⑧　B.②，④⑤⑥⑧　C.③，④⑤⑥⑧　D.①，④⑤⑥⑧

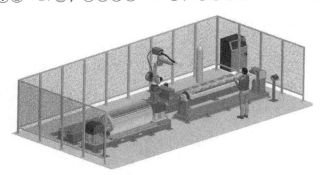

图 7-35　题 2（2）图

3. 判断

如图 7-36 所示为封闭"岛"式双工位双弧焊机器人工作站，看图判断以下说法的正误。

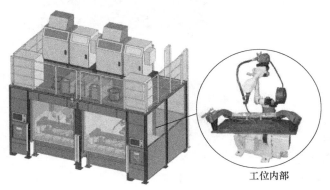

工位内部

图 7-36　题 3 图

（1）为满足末端焊炬（枪）姿态调整的需求，图示弧焊机器人本体是 6 轴垂直串联关节型机器人。　　　　　　　　　　　　　　　　　　　　　　　　　　　（　　）

（2）图示机器人属于焊接电缆外置式焊接机器人，与焊接电缆内藏布局相比，此种方式在机器人运动过程中不易发生电缆与工件、夹具的干涉。　　　　　　　　　　（　　）

（3）从提高机器人利用率角度来看，上述工作站采用的是一机一位布局，可实现机器人（焊接）与工人（上下料）同步进行。　　　　　　　　　　　　　　　　　　（　　）

（4）当待焊接工件量较大时，可采用桶装焊丝替代盘装焊丝，减少辅助焊接用时。

（　　）

4. 综合练习

如图 7-37 所示是国内某煤机装备企业生产的前连杆产品。由于结构件尺寸较大（约 2765mm×422mm×360mm）、质量较重（单件约 800kg）和焊接作业量大（焊缝总长近 25000mm），传统手工焊接生产周期长，质量一致性差，已无法满足产品的严格要求和市场竞争的需要，所以企业决定采用机器人实现连杆的自动化焊接生产。

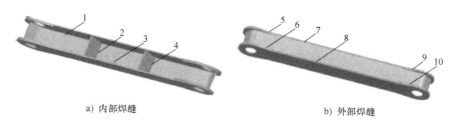

a) 内部焊缝　　　　　　　　　　　　　b) 外部焊缝

图 7-37　煤机前连杆结构示意图

根据工件特点和焊缝布局，国内某机器人系统集成商拟定出一套 9 轴煤机前连杆机器人自动化焊接方案，如图 7-38 所示。方案设计为 6 轴垂直关节型机器人本体（操作机）侧挂在单轴行走装置上，机器人焊接过程中，由双轴回转倾翻式 U 型变位机将工件待焊部位调整至水平或近水平位置，从而实现高质量焊接。系统工作时，先由工人完成前连杆的组对定位焊，然后将其吊装至焊接变位机上装夹牢固，之后机器人与变位机协作完成前连杆内部焊缝（图 7-37a 中标号 1~4）和外部焊缝（图 7-37b 中标号 5~10）。表 7-13 列出了煤机前连杆机器人自动化焊接单元主要设备清单。

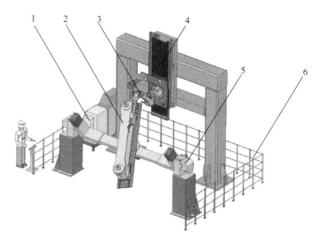

图 7-38　煤机前连杆机器人自动化焊接单元

1—控制器+焊接电源+冷却装置等　2—工件　3—操作机　4—单轴行走装置　5—双轴回转倾翻式 U 型变位机　6—安全护栏

表 7-13　煤机前连杆机器人自动化焊接单元主要设备清单

类别	名称	品牌	型号	数量/台（套）
焊接机器人	操作机	日本 KOBELCO	ARCMAN-XL	1
	控制器		CA-MP10100	1
	移动平台	唐山开元	定制	1
焊接系统	焊接电源	日本 KOBELCO	SENSARC-UC500	1
	送丝装置		RFW652	1
	焊炬（枪）		RTW502-LL-S220	1
	冷却装置		MP-250B-FL	1
周边设备	变位机	唐山开元	R2-2500EL	1
	工装夹具		定制	1
	安全护栏		定制	1
	清枪剪丝装置	德国 Binzel	ARS-77	1

说明：ARCMAN-XL 操作机手腕额定负载为 10kg，最大工作半径为 3198mm，位姿重复性为±0.10mm。

请结合上述系统设计方案，回答下列问题。

（1）结合工件尺寸信息判断表 7-13 中选用的操作机型号是否合理并说明理由。若不合理，请在表 7-14 所列型号中选择一款适用煤机前连杆焊接的 KOBELCO 机器人操作机。

（2）若客户指定采用 ABB 机器人本体及控制器，请根据表 7-14 设计选型方案。

（3）简述还可采用哪些方案或优化措施来进一步提高焊接生产效率。

表 7-14 机器人本体（操作机）一览表

序号	品牌	型号	轴数	额定负载 /kg	动作半径 /mm	位姿重复性 /mm
1	KOBELCO	ARCMAN-SR	6	6	1740	±0.10
2		ARCMAN-MP	6	10	2141	±0.10
3		ARCMAN-GS	6	10	2256	±0.10
4	ABB	IRB 1410	6	5	1444	±0.05
5		IRB 4600-20/2.50	6	20	2513	±0.06
6		IRB 360-8/1130	4	8	1130	±0.10
7		IRB 5500	6	13	2975	±0.15
8		IRB 6650S-200/3.0	6	200	3484	±0.11

【知识拓展】

焊接机器人新技术与应用

焊接机器人早已不是一种简单的产品或技术工具，它推动着制造业在生产模式、技术理念等多个层面的深层次变革，各大机器人厂商围绕不同领域的焊接应用推出了一系列新型焊接机器人。下面着重从自冲铆接机器人、便携式焊接机器人、电源融合型焊接机器人以及多机器人协作焊接技术四个方面介绍焊接机器人及其应用技术的新进展。

（1）**自冲铆接机器人** 随着汽车工业领域内技术的迅速发展和竞争的日趋激烈，汽车车身逐渐朝着减轻自重、降低成本的方向发展。车身结构中大量使用轻型材料，轻型材料之间的连接以及轻型材料与传统钢材之间的连接为车身制造带来了很多新问题。由于异种材料的熔点各不相同，因此像电阻点焊、弧焊等传统车身连接技术在异种材料的连接上存在一定的局限性。英国 Henrob 公司研究的自冲铆接技术（Self Piercing Riveting，SPR）可以实现多层、多种类型板材的连接。相对于电阻点焊而言，自冲铆接过程快捷、噪声小、无污染，易于实现自动化操作，并且连接过程中没有热量传导，从而在车身制造中得到越来越广泛的应用，如广州本田、武汉神龙、海南马自达、重庆长安等均已建成机器人自冲铆接工作单元。自冲铆接机器人如图 7-39 所示，主要由机器人本体、控制器及相应的铆枪、铆接系统等组成。同使用其他焊接机器人一样，使用自冲铆接机器人能够提高铆接质量和生产效率，降低工人劳动强度。国内主要系统集成商有北京斐力泰克、上海冀晟和武汉埃瑞特等。

（2）**便携式焊接机器人** 在大型建筑钢结构、桥梁钢结构、船舶、海洋工程、通用机械等行业，许多焊接作业需要在户外流动焊接工位进行，有些还需要在狭小的作业空间内完成，生产环境恶劣，作业条件十分苛刻。若采用通用垂直关节型焊接机器人，不仅本体结构庞大（不便于灵活移动），而且控制软件开发方式复杂（机器人利用率低），在户外自动焊接中的应用受到极大限制。这就要求所设计的焊接机器人结构紧凑，移动灵活，操作方便并性能可靠。例如，日本 KOBELCO 所研制的 MICROBO 正是一款易搬运、易安装、易操作的便携式全自动焊接机器人，如图 7-40 所示。它主要由机器人本体（4 自由度）、控制器、磁性导轨、电磁开闭器、防干扰变压器、焊接电源、送丝装置及焊炬（枪）等部分组成，可实现平焊、横焊、立焊 3 种位置近 10 种坡口形式焊缝的自动规划焊接。操作人员只需在软件界面中选择实际工件的坡口形式，机器人系统即可通过焊丝接触传感装置自动检测和获取工件的板厚、坡口角度、根部间隙、焊缝长度、位置偏移量等焊缝信息，并自动算出最适合的电流电压、焊接速度、焊接时间、摆动幅度、焊接层数等参数规范，最终完成高智能、高品质、高效率的焊接。

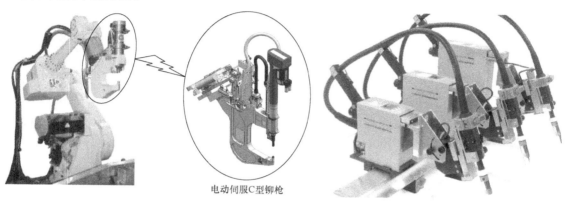

电动伺服C型铆枪

图 7-39　自冲铆接机器人　　　　　图 7-40　4 轴便携式焊接机器人 MICROBO

（3）**电源融合型焊接机器人**　在标准弧焊机器人系统中，机器人和焊接电源是焊接单元组成中不同类别的两种设备，两者之间可通过模拟或数字接口进行通信，数据交换量有限。为满足用户对低成本、高效率、易维护、高品质的焊接要求，日本 Panasonic 率先打破机器人控制器与焊接电源之间的壁垒，先后推出电源融合型和智能融合型焊接专用机器人。如图 7-41 所示的 FG3 控制器实现了机器人控制器与高性能焊接电源的"完美"结合，在机器人控制器下部内置了焊接电源模块，进行波形控制的"大脑"安装在机器人控制器上部。同时，控制器采用了 250 倍速总线内存通信单元和全软件高速波形控制技术，可实现 10ms 级的电流波形控制。该控制器集多种焊接方法于一身，能实现碳钢、不锈钢薄板及中厚板的低飞溅高品质焊接，是焊接机器人发展史上一个里程碑式的产品。

（4）**多机器人协调焊接技术**　在生产效率和产品质量并举的今天，单一机器人已不能完全满足现代制造业的需求，如何实现多机器人的协调运动控制就成为焊接机器人柔性加工的研究重点之一。多机器人协调焊接技术可以有效地提高生产力并增强应对复杂任务的通用性。一般而言，多机器人工作环境包括两类协调操作，即紧协调操作和松协调操作。松协调操作是指在同一工作空间里，每个机器人独立地完成各自任务；紧协调操作则与此相反，是多机器人共同处理同一对象，如图 7-42 所示。在工业应用中，多机器人协调系统多采用集中式控制，由一个中央控制单元对整个系统进行规划和决策，单个机器人只拥有很少的自主性或无自主性，可从工序上避免其发生运动干涉或相互碰撞，提高生产的安全性，降低设备发生故障的概率。

图 7-41　电源融合型焊接机器人控制器

图 7-42　多机器人协调焊接作业

【参考文献】

［1］　International Federation of Robotics.　History of Industria Robots online brochure by IFR2012［OL］.　［2012］. http：//www.　ifr.　org/news/ifr-press-release/50-years-industria 1-robots-410/.

［2］　International Federation of Robotics. Industrial breakthrough with robots 2011：The most successful year for industrial robots since 1961［OL］.　［2012］.　http：//www. ifr. org/news/ifr-press-release/industrial-breakthorugh-with-robots-381/.

［3］　兰虎. 工业机器人技术及应用［M］. 北京：机械工业出版社，2014.

［4］　兰虎. 焊接机器人技术及应用［M］. 北京：机械工业出版社，2013.

［5］　小笠原隆明. 中厚板焊接机器人系统的技术应用［J］. 金属加工，2009：78-84.

［6］　严飞，成军，张志伟. 弧焊机器人系统的组成及应用［J］. 现代焊接，2012，07：18-20.

第8章

Chapter

涂装机器人的认知与选型

　　涂装机器人（Painting Robot）是能够自动喷漆、涂釉或喷涂其他涂料的工业机器人，是综合材料、机械、电气、电子信息和计算机等学科技术于一体的柔性自动化涂装设备。目前涂装机器人已被广泛应用于汽车制造业，并加快向家具、搪瓷等一般工业领域延伸。

　　1969 年，挪威 Trallfa 公司推出全球首台涂装机器人。

　　1991 年，瑞士 ABB 公司率先在涂装机器人中采用中空手腕，使机器人手部运动速度更快、更灵活。

　　1996 年，德国 Dürr 公司推出 Ecopaint 涂装机器人，它在灵活性、质量和环境相容性等方面树立了新标准。

　　2001 年，日本 Fanuc 公司推出汽车行业用涂装机器人 P-200E，该款紧凑型的涂装机器人采用伺服电动机驱动，适合在危险环境中使用。

　　2002 年，日本 Fanuc 公司推出第十代汽车行业用涂装机器人 P-500，该机器人最大突破之处是可用于水性静电旋转喷涂。

　　2006 年，日本 Fanuc 公司推出第十一代汽车行业和一般行业用涂装机器人 P-250iA，该

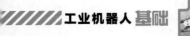

机器人是中等尺寸的涂装机器人，在业内的同规格产品中，拥有最大的工作区域和最佳的运动性能。

2012 年，日本 YASKAWA 公司推出 Motoman-HP20D 施釉机器人，该施釉机器人采用某新型交流伺服电动机，具有结构紧凑、输出高、响应快、可靠性高等特点，同时较同类机器人，该机器人本体更紧凑、更灵活，具有更大的运动空间和更好的稳定性。

2015 年，德国 Dürr 公司对 EcoGun 进行了改进，将适用于粘结剂和高黏度涂料的新款涂装器命名为 EcoGun2 3D，该产品比前代产品更紧凑，重量更轻，且喷头压力损失降低了 80%。

涂装术语

基体材料（Basis Materials）　需要涂覆或保护的成形构件的主体材料，又叫底材。若此材料为金属，则叫金属基体；若为非金属材料，则叫非金属基体。

涂料（Coating）　涂于工件表面能形成具有腐蚀保护、装饰等功能或特殊性能（如标识、绝缘、耐磨等）的连续固态涂膜的一类液态或固态材料的总称。

涂装（Painting）　将涂料涂覆于基体表面，形成具有防护、装饰或特定功能的涂层的过程。

机器人涂装（Robot Painting）　利用机器人或机械手取代人工进行的自动涂装。

有机涂料（Organic Coating）　由有机物组成的涂料。

溶剂型涂料（Solvent Based Coating）　以有机物作为溶剂的涂料。

水性涂料（Water-bone Coating）　完全或主要以水为介质的涂料。

粉末涂料（Powder Coating）　不含溶剂的粉末状涂料。

表面预处理（Surface Pretreatment）　在涂覆涂料前，除去基体表面的附着物或生成的异物，以提高基体表面与涂层的附着力或赋予表面以一定的耐蚀性能的过程。

喷（抛）丸室（Cabinet for Shot Blasting）　能阻止弹丸飞出，并设置有防止粉尘外逸的通风除尘净化系统，专用于喷（抛）丸作业的密闭和有封隔装置的室体或围护结构体。

调漆（Paint Mixing）　涂装前将涂料原液调配到符合施工要求的黏度或颜色的过程。

调漆室（Mixing Chamber）　符合安全卫生规定的专用于调配涂料的房间。

喷枪（Spray Gun）　将涂料雾化和喷射到基体表面的一种工具。

空气喷涂（Air Spraying）　利用压缩空气将涂料雾化并射向基体表面进行涂装的方法。

静电喷涂（Electrostatic Spraying）　利用电晕放电原理使雾化涂料在高压直流电场作用下带负电荷，并吸附于带正电荷的基体表面而放电的涂装方法。

换色（Colour Changing）　涂装过程中从涂装一种颜色的涂料变换为涂装另一种颜色的涂料的过程。

漆雾（Paint Mist）　弥散在空间的雾状涂料。

漆渣（Paint Slag）　未附着于工件表面的涂料残存物。

喷漆室（Spray Booth）　一个完全封闭或半封闭的，设有良好机械通风和照明设备的，专用于喷涂涂料的室体或围护结构体。

对流干燥（Convection Drying）　利用热空气进行对流干燥和固化湿涂层的过程。

红外干燥（Infra-red Drying）　利用红外辐射源干燥和固化湿涂层的过程。

涂层烘干室（Paint Drying Oven）　利用加热的方式使涂层进行干燥和固化的操作间。

空气循环系统（Air Recirculation System）　有组织地将烘干室工作空间的空气抽出并送回的整套装置，用以满足工件对流加热的要求和避免室内空气中的可燃物聚集。

涂装废气（Waste Gas of Painting）　涂装作业过程中产生的含有有害和易燃易爆物质的气体，包括有机废气和无机废气。

净化装置（Purification Equipment）　除去有机废气的装置，主要包括净化设备、辅助设备、过滤器，温度、浓度、压力等的检测仪器和报警设备，阻火防爆及安全联锁等器件。

 【导入案例】

杜尔机器人助力汽车涂装新高度，实现精确快速内涂装

经过 100 多年的发展，汽车工业已成为世界经济的重要支柱，而中国的汽车工业经过 70 年的发展，也名副其实成为中国国民经济的支柱产业之一。2019 年，中国汽车产销分别完成 2572.1 万辆和 2576.9 万辆，产销量继续蝉联全球第一。涂装是汽车生产过程中的一个重要环节，主要为汽车提供外观装饰性和长期的防腐蚀性能。如何在实现汽车高效涂装的同时又能够保证安全生产和环保生产，成为企业可持续发展的重中之重的任务。

模块化设计作为提升涂装车间生产过程可扩展性和灵活性的核心要素，可以提供适合各种应用的涂装设备及工艺解决方案，甚至可针对不同的车型实现不同的涂装应用，以开拓汽车制造的新潜力。为此，重庆金康新能源汽车有限公司为其新落成的电动汽车涂装车间引入德国 Dürr 先进技术，这也是中国市场首次引用 Dürr 新一代模块化设计的 7 轴涂装机器人 EcoRP E043i（图 8-1）。通过与 6 轴 EcoRP E/L033i 开盖机器人协作，EcoRP E043i 可以在无附加行走轨道的情况下，灵活涂装不同型号的全电动 SUV 车身，尤其是内表面涂装。上述 6 轴和 7 轴两种型号的机器人之间的唯一区别是主臂上的附加旋转轴，它们具有相同的组件配置，因此可以简化备件管理，节省仓储成本，同时也简化维护工作。

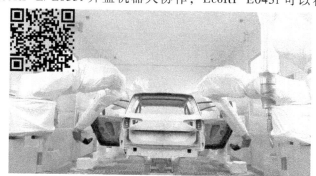

图 8-1　汽车车身内表面机器人涂装

此外，整个涂装车间可看作是一套机电一体化系统，为提升车间的总体设备效率（OEE），在使用先进的硬件产品的同时，企业也要选择高品质的软件解决方案与之配合。从软件角度来讲，影响 OEE 的主要是三个方面的因素，即系统性能、生产质量和系统可用性。Dürr DXQoperate、DXQanalyze 和 DXQcontrol 等系列产品正是针对这些方面为工厂运营、分析和控制（MES）量身定制的软件解决方案。

——资料来源：德国 Dürr 公司官网，http://www.Dürr.com

 【案例点评】

随着汽车市场竞争日趋激烈以及气候变化议题不断升温，国际知名品牌的汽车制造商们主要采取两种途径提升绿色涂装能力：一是改造或更新涂装生产线，采用新型环保涂装材

料，汽车用涂料向水性涂料、高固体分涂料和粉末涂料方向发展；二是采用自动化程度更高、涂覆效果更好的涂装设备及工艺，以提高涂料利用率，最大限度地降低涂装污染物的排放，从而实现涂装绿色化和环保化。在此过程中，涂装机器人可用于替代人力在潜在有毒和爆炸性的环境下从事涂装作业，保障人体健康。机器人涂装具有涂装效率高，生产过程可扩展性和灵活性强等优势，适用于多品种混合生产和中、小产量的车身涂装。

【知识讲解】

第1节　涂装机器人的常见分类

对汽车产品而言，多数人认为动力系统和内部配置是判断一辆车优劣的主导因素。然而实际上，车身油漆也是最直接和能够借以快速判断车辆品质的关键要素。不论是买车时外观漆质的光洁度，还是用车时对风吹、日晒、雨打、低温的耐候性，车身涂装的油漆的品质、厚度和防腐能力等都至关重要。由车身油漆可以联想到从门窗、家用电器到轮胎、飞机等表面涂覆有油漆的各种工业制品，可见，涂装是现代产品制造工艺中不可忽视的重要一环。它是将涂料涂覆于金属或非金属基体表面，形成具有防护、装饰或特定功能涂层的工艺过程。涂装质量的好坏直接影响着产品的外观质量和产品价值。自20世纪50年代开始，通过对合资引进的技术的消化、吸收和再创新，我国的涂装工业取得了长足进步，从手工涂装到机械化涂装生产（以往复机为代表），发展到自动化涂装生产（以涂装机器人为代表），这些涂装模式的比较见表8-1。如今，涂装行业正在向低碳、节能、环保和减排方向转型发展，实施绿色涂装，谋求环保和效益"双升级"。

表 8-1　涂装模式比较

涂装模式	技术特点	应用场合	应用图例
人工涂装	灵活性高,但涂装质量和生产效率受人力限制,且危害工人健康	一般用于部件或产品外观质量要求不高场合	
往复机涂装	往复机可看作一种单轴机械手,结构相对简单,功能相对单一,可与空气喷枪、静电喷枪（旋转雾化器）等涂装设备集成应用	适用于小型部件及平整外表面的涂装	

（续）

涂装模式	技术特点	应用场合	应用图例
机器人涂装	可配置用于单（双）组分、高（低）压以及水性（溶剂）涂料的多类型组件，生产过程的可扩展性和灵活性强，能最大限度地提高涂料利用率和降低挥发性有机化合物（VOCs）的排放量	主要用于部件或产品外观质量要求高，复杂曲面及狭小空间内表面和外表面的涂装	

　　正如第 2 章中所述，工业机器人最成功的应用领域是汽车制造业。全球机器人大军中的 30% 以上效力于汽车整车及零部件制造，而我国与此对应的数值为近 50%。面对日益严峻的环境保护问题和国内外汽车市场的激烈竞争，越来越多的汽车制造商开始使用高科技自动化涂装生产设备。从前后灯罩、前后保险杠的喷漆，到车身内部、车底板及车顶的焊缝密封，再到发动机（变速箱）盖、前后风窗玻璃和左右侧围的涂胶，如图 8-2 所示，涂装机器人几乎能够适用于各种汽车制造涂装工序，并以其高效、安全、环保的生产方式给企业产品带来质的飞越。在诸如导入案例所述的数字化涂装车间里，仅见机器人"苦力们"挥舞手臂，"张牙舞爪"地扑向车身内外，数十秒后"身披外衣"的崭新车身便在此诞生，整个工作场面看起来错落有致而又富于美感。

a) 灯罩喷漆　　　　　　　　　　　b) 侧围涂胶

图 8-2　机器人喷漆作业和涂胶作业

　　综上，参照 JB/T 8430—2014《机器人　分类及型号编制方法》和 JB/T 9182—2014《喷漆机器人　通用技术条件》，按应用领域不同，涂装机器人可以分为喷漆、涂釉机器人，密封、粘结材料或类似材料的作业机器人（粘结/密封机器人）和其他涂装机器人等三类；按驱动方式划分，涂装机器人又可分为液压式涂装机器人和电动式涂装机器人。限于篇幅，本章着重介绍市场应用较多的喷漆/涂釉机器人和粘结/密封机器人。值得指出的是，综合被涂物属性和涂装工艺需求等，涂装机器人的应用形式亦可分为工件型涂装机器人和工具型涂装机器人两种，如图 8-3 所示。工件型涂装机器人与第 3 章介绍的搬运机器人功能相似，即机器人负责抓取工件并移至涂装设备（如涂胶机）处，与涂装设备进行协同作业；工具型涂装机器人则负责携带工具沿着指令路径运动，并利用其完成涂装作业，涂装时需不断调整工具姿态使之与涂覆表面保持一定的距离和角度，以获得均匀的漆膜厚度和高质量的表面涂层。

a) 工件型涂装机器人　　　　　　　　　　　b) 工具型涂装机器人

图 8-3　涂装机器人分类

第 2 节　涂装机器人的单元组成

在了解了涂装机器人的分类及适用场合后，要想合理选型并构建一个实用的机器人自动化涂装单元或生产线，还需掌握涂装机器人工作单元的基本组成。以导入案例所述的汽车内表面机器人自动化涂装为例，涂装机器人单元是包括涂装机器人（含操作机、控制器和移动平台等）、涂装系统（含涂料供给系统、计量装置、喷枪、胶枪、喷漆室等）、传感系统（主要指视觉传感）、周边设备（如电泳工艺槽、涂层烘干室和喷枪清理装置等）及相关附属通风净化装置（空气循环系统和燃烧净化装置）在内的柔性涂装系统。鉴于涂装机器人种类较多，上述喷漆、涂釉机器人和粘结、密封机器人单元组成也因涂装工艺方法不同而存在差异。为便于理解，本章将以如图 8-4 所示的省略传感系统和周边设备的标准喷漆、涂釉机器人单元为依托，重点阐述喷漆、涂釉机器人和粘结、密封机器人的单元组成。

2.1　涂装机器人

同前面章节介绍的搬运、装配等机器人一样，涂装机器人在工业机器人市场中具有举足轻重的地位，主要由操作机和控制器（含示教盒）两部分构成。

作为涂装工具的载体（一般将喷枪或胶枪等固定于机器人手腕末端），机器人涂装作业时应保证：①涂装工具的轴线始终垂直于工件表面；②涂装工具的端面与工件表面的距离保持稳定（一般在 250~300mm 范围内）；③涂装大型工件时，机器人能够在水平（竖直）方向跟踪工件的运动；④机器人附带的气动元件、涂装元件、管线等不能与工件接触；⑤涂装工具具有全空间位姿可达性。根据上述作业要求，涂装机器人本体应具有六自由度且手腕末端具有约 20kg 的额定负载，以保证其携带涂装工具时能实现全空间姿态的移动和操作。值得强调的是，有机涂料和粉末涂料属于易燃易爆类材料，如何在满足安全生产防护等级的情况下，提升机器人涂装质量，实现涂料控制（输送）元器件及管线与涂装机器人（尤以喷漆、涂釉机器人为代表）的深度融合成为关键，因此，涂装机器人在通用工业机器人的基础上增加了独特的适应性设计，包括中空手臂、非球形手腕、本体密封防护和 7 轴本体及附加轴设计。

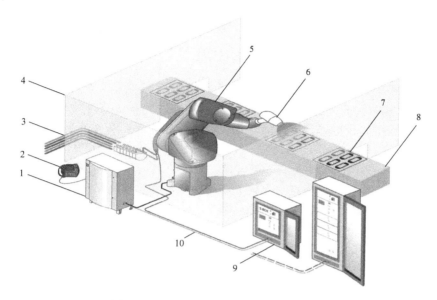

图 8-4　喷漆、涂釉机器人单元基本组成

1—控制器（含防爆吹扫监测模块）　2—示教盒　3—涂料供给管线　4—喷漆室　5—操作机　6—喷枪
7—涂装工件　8—工件输送机　9—涂料供给系统控制器　10—连接电缆

（1）**中空手臂**　为保证喷漆室内整洁，所有的油漆管、溶剂管、成型空气管、空气驱动管、空气制动管、测速光纤及电缆等均需要从喷漆机器人的手臂内部穿过，直接连接到手腕末端的静电喷枪（旋转雾化器）的后端，这要求喷漆机器人的手臂应具有中空的结构，如图 8-5 所示。通过将换色阀和计量装置等涂料输送器件搭载或内藏于机器人手臂，并由机器人控制器直接控制，可缩短更换涂料颜色需要的清洗时间，减少涂料损失、溶剂消耗和VOCs 排放，从而降低运行成本，提高生产效率。

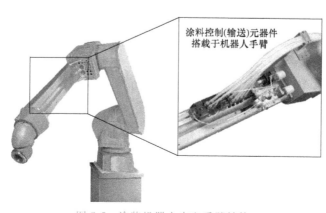

涂料控制(输送)元器件
搭载于机器人手臂

图 8-5　涂装机器人中空手臂结构

（2）**非球形手腕** 在工业机器人的发展过程中产生过很多不同种类的手腕，按构型和相似性可以大致归纳为两类，即球形手腕和非球形手腕。六自由度商用工业机器人的手腕多具有三个自由度，绝大部分机器人手腕的三条关节轴线相交于一点，所构成的手腕属于球形手腕，如图 8-6a 所示。由于受到机械结构的限制，球形手腕第二个关节绕回转轴线的旋转角度小于 360°（一般在 260° 左右），手腕工作空间较小；而且，此种结构的手腕即使做成中空结构，也容易发生从中穿过的油漆管、溶剂管、成型空气管等打结或折断的状况，所以球形手腕不适合狭窄空间的涂装作业。

与球形手腕相比，非球形手腕的三条关节轴线不是相交于一点，而是相交于两点，如图 8-6b 所示。此种结构的手腕克服了机械结构的局限性，每个关节均可实现 360° 周转，手腕的灵活性和工作空间得以增大，特别适于复杂曲面及狭小空间内的涂装作业。非球形手腕按其相邻关节轴线夹角又可分为正交非球形手腕（相邻轴线夹角为 90°）和斜交非球形手腕（如相邻轴线夹角为 60°）。为避免在手腕转动过程中，其内部气路、液路、电路等管线打结和折断，需要设计一种结构紧凑且具有较大姿态灵活度和足够高精度的中空结构的非球形手腕（内径 70mm 左右）。安装中空手腕后，各种管线可以从机器人手臂、手腕内部穿过与静电喷枪（旋转雾化器）连接，机器人变得整洁且易于维护。但对于正交非球形手腕而言，由于手腕两相邻轴线相互垂直，从中穿过的管线受手腕结构的限制必须弯成接近 90° 的角，这会致使管路中的涂料流动不畅，发生堵塞，甚至管路折断，因而具有中空结构的斜交非球形手腕最适合于涂装机器人。

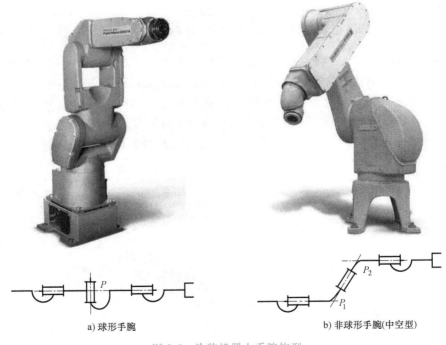

a) 球形手腕　　　　　　　　　　b) 非球形手腕(中空型)

图 8-6　涂装机器人手腕构型

（3）**本体密封防护** 喷漆、涂釉机器人通常工作在封闭的喷漆室内，由于漆雾和溶剂蒸汽中含有易燃易爆的有机溶剂，如果机器人的某一部位产生火花或温度过高，容易引燃喷漆室内的易燃物质，甚至发生爆炸。因此，工作在潜在爆炸性环境里的喷漆、涂釉机器人必须采用防爆机身并通过专业防爆认证。例如，日本 Fanuc 喷漆、涂釉机器人的本体外壳与可卸部件之间的结合面全都采用"平面+密封"式或"止口+密封"式的结合方式，如图 8-7 所示，防护等级达 IP67；臂部采用铸铝材料，涂装作业时"身穿"防护服，如图 8-8 所示，以避免碰撞火花，简化维护工作；腕部可采用尼龙和高强度环氧纤维玻璃等绝缘材料，实现机身和涂装系统的高压绝缘；机身采用内部微正压防爆系统（防爆吹扫系统），如图 8-9 所

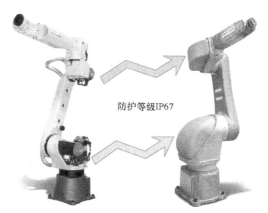

图 8-7　涂装机器人本体密封

示，向所有外壳空腔和机器人手臂持续吹拂空气，以在腔内维持一个非常弱（一般高于外界气压 $0.6 \sim 8\mathrm{kg/cm^2}$）的正压力，进而防止爆炸性溶剂与空气混合物的形成，起到微正压防爆作用。

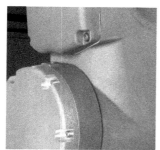

a) 铸铝机身

b) 防护服

图 8-8　涂装机器人本体防护

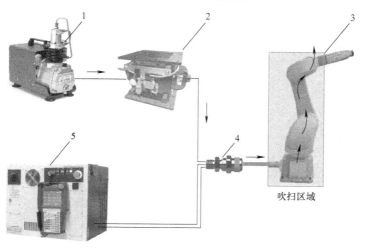

图 8-9　涂装机器人防爆吹扫系统

1—气源发生器　2—吹扫阀组件　3—操作机　4—吹扫流量开关及电缆连接件　5—机器人控制器（含吹扫监测模块）

（4）7轴本体及附加轴　现代汽车涂装车间的效率无疑是出色的，大型工厂每年在保持高质量的同时可实现30万辆汽车车身的涂装，这得益于高度自动化的涂装工艺与装备。在轿车、商用车等车身涂装生产线上，为适应生产节拍，通常色漆（面漆）和清漆的内、外表面喷涂需要4台以上喷漆机器人和开门机器人协同作业。通过将第7轴直接集成到涂装机器人的本体运动机构中，如图8-10a所示，机器人的动作灵活性和工作空间得以增大，这使机器人在能够满足高密度摆放的同时避免发生碰撞，而且便于机器人到达车身内部难以接近的许多区域。此外，涂装汽车车身等大型工件时，需要机器人进行涂装作业的同时保持水平方向跟踪工件的运动，此时一般将机器人安装在线性轨道（附加轴）上，如图8-10b所示，拓展机器人的工作空间，实现跟踪模式下的高质量涂装。

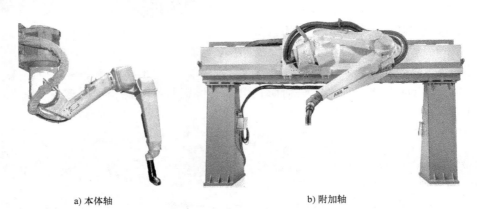

a) 本体轴　　　　　　　　　　　　b) 附加轴

图 8-10　7轴涂装机器人

除上述喷漆、涂釉机器人外，涂装机器人的另一类典型应用——粘结和密封用机器人，与机器人焊接极为相似，基本都是6轴垂直关节型机器人，无需采用防爆机身。关于汽车制造业涂装机器人机械结构主要特征参数见表8-2。

表 8-2　涂装机器人的机械结构主要特征参数（汽车制造业）

机器人类型	技术指标	参考数据
喷漆、涂釉机器人	结构形式	垂直关节型
	轴数(关节数)	6~9轴
	自由度	6自由度
	额定负载	5~20kg
	工作半径	355~2900mm
	位姿重复性	±0.02~±0.2mm
	基本动作控制方式	PTP(点位)控制和CP(连续路径)控制
	安装方式	固定式(落地式、悬挂式)，移动式(地轨式、龙门式)
	典型厂商	国外有德国 Dürr，瑞士 ABB、Stäubli，日本 Fanuc、Kawasaki 和 Yaskawa，韩国 Hyundai 等；国内有沈阳新松、广州数控、深圳荣德、南京埃斯顿、华数机器人和钱江机器人、KUKA 等

（续）

机器人类型	技术指标	参考数据
粘结和密封机器人	结构形式	垂直关节型
	轴数（关节数）	6~7 轴
	自由度	6 自由度
	额定负载	15~25kg
	工作半径	355~2900mm
	位姿重复性	±0.03~±0.05mm
	基本动作控制方式	PTP（点位）控制和 CP（连续路径）控制
	安装方式	固定式（落地式、悬挂式），移动式（地轨式、龙门式）
	典型厂商	国外有德国 Dürr，瑞士 ABB、Stäubli，日本 Fanuc、Kawasaki 和 Yaskawa，韩国 Hyundai 等；国内有沈阳新松、广州数控、深圳荣德、南京埃斯顿、华数机器人和钱江机器人、KUKA 等

机器人的机械结构决定其完成涂装作业时的腕部额定负载、工作空间、动作灵活性和位姿重复性等，而控制器则是机器人完成涂装作业时机构运动控制和工艺过程控制的核心。鉴于喷漆和涂釉作业环境的潜在危险性，目前主流的涂装机器人制造商均为其喷漆、涂釉机器人配置了防爆控制器（含防爆示教盒）。控制系统采用封闭式分布系统架构，除具备轨迹规划、运动学和动力学计算外，还安装有简化用户任务编程的功能软件包和涂装数据库。例如，日本 Fanuc R-30iB Mate Plus 机器人控制器不仅包含机器人控制主板和伺服控制系统，而且集成机器人防爆监测模块和 Fanuc 涂装机器人专用的 LR PaintTool 软件包，能够实现对周边工艺设备的快速响应和精准控制，具体功能有模拟量参数设置、自动换色、双分供漆齿轮泵控制、闭环流量控制和在线同步跟踪等。表 8-3 列出了世界著名涂装机器人制造商开发的涂装工艺软件包。

表 8-3　涂装机器人工艺软件包

机器人制造商	涂装工艺软件包
Dürr	DXQoperate，DXQanalyze，DXQcontrol，DXQsupport，EcoScreen 3D-OnSite
ABB	RobotWare Paint，DispensePac
KUKA	ready2_spray
Fanuc	PaintTool，Dispense Plug-in，AutoFlowChecker

2.2　涂装系统

涂装系统是完成（机器人自动化）涂装作业的核心装备。首先，作为一个涉及机械、电子、化工等多领域的综合性系统工程，涂装作业需要多方面的保障才能生产出高品质的涂装产品，其中高洁净的涂装环境是持续影响产品质量和制造成本的重要环节。作为涂料调配和涂覆的专用场所，调漆室和喷漆室是涂装车间必备的基础性环境设施。它们能满足涂装作业对环境的温度、湿度、照度和洁净度等的需求，创造相对舒适、安全的工作环境，处理涂装作业产生的漆雾和溶剂蒸汽，保护涂装产品免遭二次污染。换言之，调漆室和喷漆室的主要功能是防尘和换气，在保障涂装质量的同时，实现安全涂装和环保涂装。按场地布局形式，调漆室和喷漆室既可独立分开设计，也可两者一体化设计，需视厂区占地面积情况而定，如图 8-11 所示。

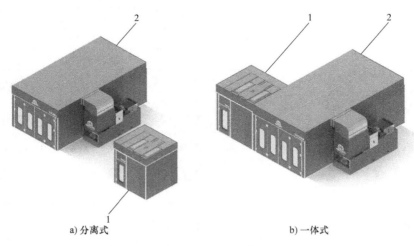

a) 分离式　　　　　　　　　　　　b) 一体式

图 8-11　调漆室和喷漆室

1—调漆室　2—喷漆室

其次，涂装作业常常是一个连续的生产过程，这需要一套将调漆室调配好的水性、溶剂型和防腐等类别的涂料（单组分和双组分）源源不断输送至喷漆室的系统，即涂料供给系统。德国 Dürr、Wagner，瑞士 GEMA、ABB 和法国 SAMES 等世界著名涂装系统公司均可提供自主生产的涂料供给模块，不同品牌的涂料供给系统虽然配套的控制器不尽相同，但硬件组成大同小异，包括泵、换色阀，以及高效涂料供应所需的储罐、搅拌器、阀门、过滤器、压力表和软管等组件。不过，对不同类别、不同组分和不同黏度的涂料（如漆料和胶料），一般配置不同的涂料供给系统（如非加热型和加热型/调温型），方可实现精确的涂层厚度和保证很高的涂装重复精度。相关典型的机器人涂料供给系统设备见表 8-4。近年来，不单是汽车涂装中的颜色数量成倍增加，商用车制造商和塑料油漆车间所使用的颜色数量也已远超 100 种。大量的颜色种类需要灵活、可清管的特殊涂料供给系统。例如，Dürr 公司研制的 EcoSupply P 是一种高效的模块化涂料供给系统，如图 8-12 所示，它采用清管技术，不仅可用于水性和溶剂型涂料输送，而且还可输送小批量特殊定

图 8-12　涂料供给系统

制的涂料。

表 8-4　典型的机器人涂装系统设备

工艺方法	关联设备	设备功能	结构图示	典型厂商
喷涂、涂釉	输调漆系统	用于水性和溶剂型涂料、清漆、陶瓷涂层和亮漆等涂料输送,其构成包括泵和换色阀,以及高效涂料供应所需的各类组件,如储罐、搅拌器、压力控制器、阀门、过滤器、压力表和软管等		德国 Dürr、Wagner,瑞士 GEMA,瑞士 ABB,法国 SAMES 等
	泵	用于水性和溶剂型涂料、清漆、陶瓷涂层和亮漆等涂料供应和涂料输送系统	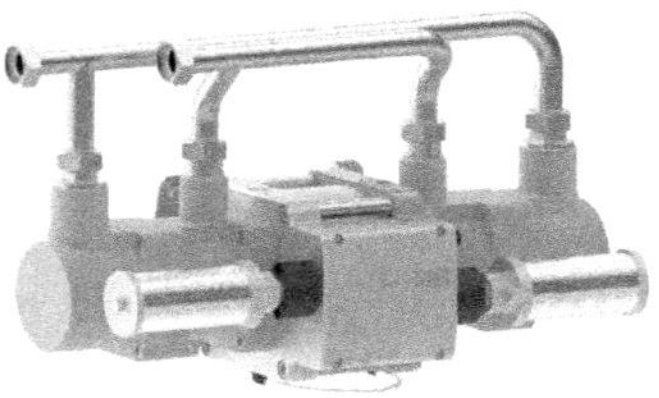	德国 Dürr、Wagner,瑞士 GEMA,瑞士 ABB,法国 SAMES 等
	换色阀	用于单组分和双组分水性或溶剂型涂料快速换色,其结构紧凑,可集成到机器人手臂中	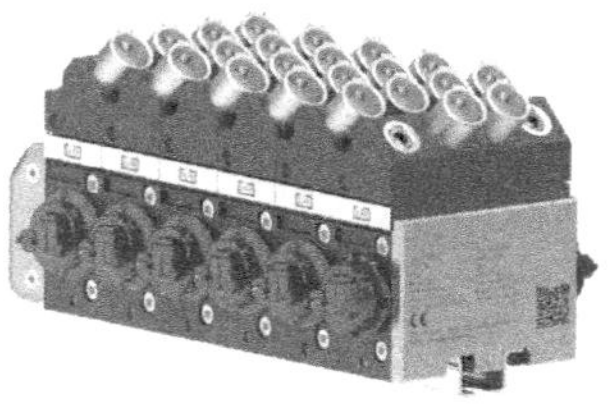	德国 Dürr、Wagner,瑞士 GEMA,瑞士 ABB,法国 SAMES 等
	计量装置	凑型计量泵结构,集成有输漆压力调节器,以保证不变的高计量精确度,通常与换色阀一起集成到机器人手臂中	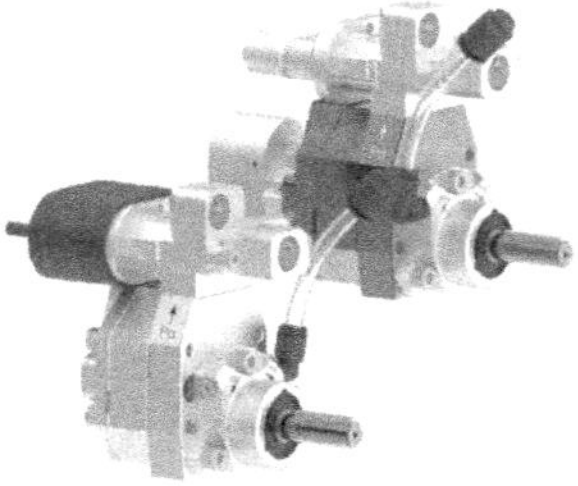	德国 Dürr、Wagner,瑞士 GEMA,瑞士 ABB,法国 SAMES 等
	喷枪(雾化器)	采用直接上电或外部上电技术,用于单组分、双组分水性和溶剂型涂料、清漆、陶瓷涂层和亮漆等涂料雾化,以获取最佳的漆膜厚度、色彩均匀度和油漆流量	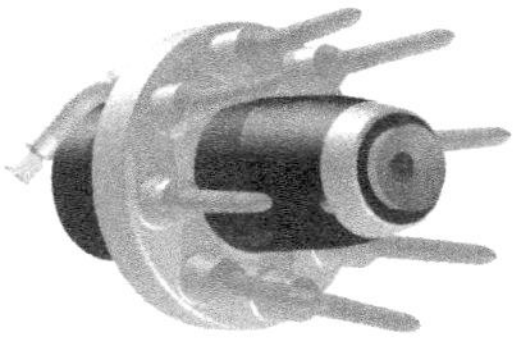	德国 Dürr、Wagner,瑞士 GEMA,瑞士 ABB,法国 SAMES 等

（续）

工艺方法	关联设备	设备功能	结构图示	典型厂商
粘结、密封	胶料供给系统	将胶料从供料容器（如胶桶）抽进胶料管路，可通过控制器调节和监控胶料涂覆。当涂覆低黏度的粘结、绝缘或密封材料时，选择非加热型胶料供给系统；当涂覆高黏度胶料时，选择加热型胶料供给系统，配备一个或多个温度调节器，以便对传输胶料的组件加热	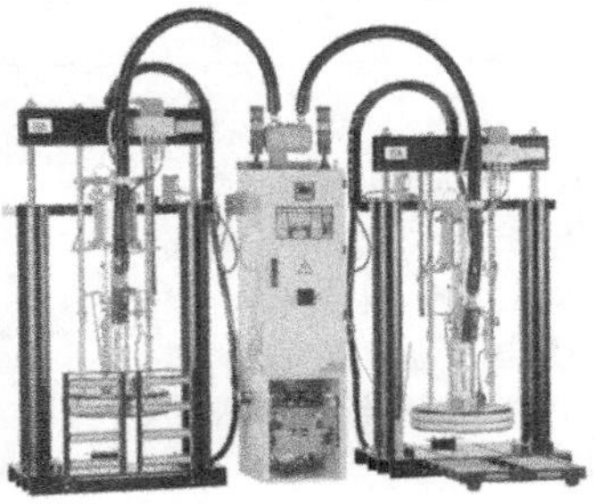	德国 Dürr、Wagner、SCA，瑞士 GEMA，瑞士 ABB，法国 SAMES 等
	计量装置	相当于一个临时"存储器"，用于确保胶料涂覆量为定量值，对系统中的压力峰值进行平衡，保证输出端的条件不发生改变		德国 Dürr、Wagner、SCA，瑞士 GEMA，瑞士 ABB，法国 SAMES 等
	胶枪（涂覆器）	直接安装在机器人手腕末端或计量装置末端，实现高、低黏度胶料的高质量涂覆作业	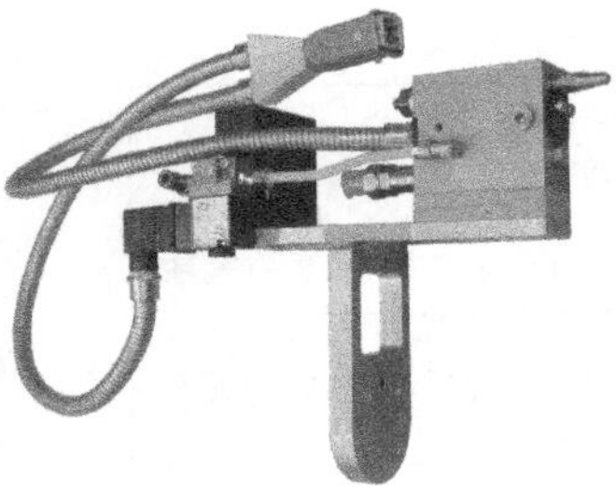	德国 Dürr、Wagner、SCA，瑞士 GEMA，瑞士 ABB，法国 SAMES 等
	喷嘴	用于满足多样化涂胶和密封工艺要求，喷嘴类型如无空气、平流、圆形、螺旋、挤压、折边法兰和立焊缝涂胶喷嘴等		德国 Dürr、Wagner、SCA，瑞士 GEMA，瑞士 ABB，法国 SAMES 等

最后，在国家强力推进污染治理及着力发展节能环保产业大背景下，实施"油转水、气转电"是绿色涂装的关键举措之一，即采用水性涂料替代溶剂型涂料、静电喷涂替代空气喷涂。一方面，传统涂装工艺原料以油性漆（溶剂型涂料）为主，油性漆中含有大量VOCs，影响人体健康，也易造成大气污染，而水性涂料环保、健康、安全、减排，涂料水性化进程势不可挡；另一方面，与空气喷涂（图 8-13a）相比，静电喷涂（图 8-13b）通过静电引力增强涂料的导向性和附着力，有效减少过喷，提高涂装效率，节约生产成本。作为工业涂装设备的核心部件，喷枪是在压缩空气和（或）电场等作用下，将涂料雾化并无接触式喷涂或接触式涂覆至被涂物表面的工具。尤其针对高黏度涂料（如粘结剂），气动胶枪一般适用于宽口喷涂、平涂和串珠喷涂，电动胶枪则用于螺旋涂胶和短串珠涂胶，如图 8-14所示。为追求涂装效率和提高喷枪作业适应性，机器人末端可安装多枪（喷）头喷枪，以按需选择合适的喷涂角度，如 0°、45°和 90°等，如图 8-15 所示。

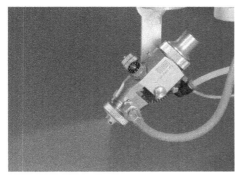
a) 空气喷枪

b) 静电喷枪

图 8-13　漆料/釉料涂装工具

a) 气动胶枪

b) 电动胶枪

图 8-14　高黏度胶料涂装工具

需特别指出的是，"定制让生活更美好"这一理念正影响着越来越多的采购决策。在汽车颜色方面，双色车定制的数量逐年攀升，尤其是小型汽车的购买者，越来越多地订制对比色和强调色车身，以期在茫茫车海中脱颖而出。对于汽车制造来说，套色意味着更高的成本和更长的周期。若采用传统工艺技术，则需要在涂装车间新增一条完整的面漆涂装生产线，或者让每辆双色车经过两遍现有的面漆涂装生产线，并辅以繁琐的人工遮蔽和卸遮蔽工作，这将大大降低涂装车间的产能。为迎接这一挑战，经过多年的努力研发，Dürr 公司成功研制出 EcoPaintJet 无过喷喷枪，如图 8-16 所示。它适用于喷涂边界分明的装饰性和对比性涂层，且全过程无需遮蔽。EcoPaintJet 喷枪前端配备有一个矩形喷嘴板，板上有约 50 个几乎不可见的小孔（直径约为 0.1mm）。通过这些小孔，EcoPaintJet 可以在距离车身表面 30mm 左右实施非常精确的平行涂装，且不会出现过喷。

图 8-15　多枪（喷）头喷枪

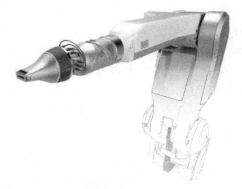

图 8-16　无过喷喷枪

2.3　周边设备

产品或部件涂装是一个系统工程，一般包括涂装前处理、涂料涂覆、涂层固化和漆膜检测四个基本工序，以及设计合理的涂层系统，选择适宜的涂料，搭建良好的作业环境和周边设备等。以导入案例阐述的汽车车身涂装为例，整个车身涂层系统由底层、中间层和面层组成，如图 8-17 所示的电泳→烘干→中涂→色漆→清漆→烘干工艺流程正是针对这三层而言。底层是覆盖基底（需要涂覆的基体材料的表面）金属的磷化底漆或防锈底漆，其作用是提高基底的抗腐蚀能力和涂膜的附着能力；中间层是覆盖底层的腻子、二道底漆和衬漆，其作用是改善车身的平整度，为面层创造良好的基础，提高整个外表涂层的结构性和装饰性；面

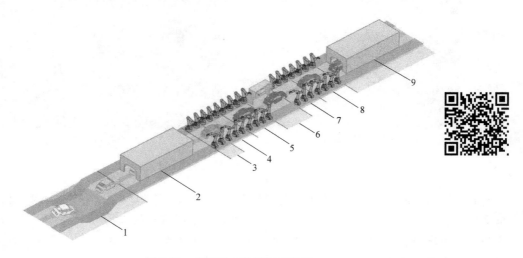

图 8-17　汽车车身涂装工艺流程

1—前处理（电泳）　2—烘干　3—二道底漆喷涂（中涂）　4—色漆（面漆）内表面喷涂　5—色漆（面漆）外表面喷涂　6—闪干固化　7—清漆内表面喷涂　8—清漆外表面喷涂　9—烘干

层是覆盖中间层的有色面漆，或者有色金属漆与罩光清漆，作为汽车涂装的最外一层，其作用是实现和保证汽车的装饰美观性、耐候性、耐潮湿性及抗污染性等。涂装作业时，汽车车身通常置于定位架上，由牵引链输送机按间歇模式、流动模式或跟踪模式[⊖]输送通过涂装工作站，如图 8-18 所示。表 8-5 列出了汽车涂装前处理、涂料涂覆、涂层干燥固化和漆膜检测四个工序中涉及的典型周边设备。当然，由于被涂物的涂层系统和涂装工艺存在差异，因此不同的机器人涂装单元或生产线，所配置的周边设备通常不尽相同，需依据实际情况予以综合考虑。

图 8-18　车身前处理电泳牵引链输送机

表 8-5　典型的涂装机器人周边设备（以汽车涂装为例）

工艺流程	关联设备	设备功能	结构图示	典型厂商
涂装前处理	清洁工艺槽	作为前处理的清洁阶段，将车身缓慢输送通过盛有清洁液的浸槽，清除焊装车身的油脂和金属屑，并进行磷化处理为后续涂层做准备		德国 Dürr、瑞士 ABB、法国 SAMES 等
	电泳工艺槽	在底漆环节，电泳是关键的一步。将车身浸入稀释的油漆槽中，使其产生电位场，待通电进行电解时，油漆会牢固地附着在带正电的车身上		德国 Dürr、瑞士 ABB、法国 SAMES 等

⊖　间歇模式　在间歇模式下，被涂物由输送机输送至喷漆室，之后输送机停止运动，涂装机器人采取固定或移动方式开始喷涂，直至完成该物件的涂装作业。

流动模式　在流动模式下，被涂物由输送机匀速输送通过喷漆室，涂装机器人在固定位置完成运动物件的涂装作业。

跟踪模式　在跟踪模式下，被涂物由输送机匀速输送通过喷漆室，涂装机器人跟随物件运送的同时完成对其的涂装作业。

（续）

工艺流程	关联设备	设备功能	结构图示	典型厂商
涂装前处理	水分烘干室	利用热空气对流或红外辐射等方式干燥前处理、电泳后的车身，确保水分蒸发，为下一工艺阶段做好准备		德国 Dürr、瑞士 ABB、法国 SAMES 等
	车身清洁装置	用于在下一次涂装前清除散灰和污垢颗粒，通常选择羽毛和剑刷等柔软材料，以提高首次通过率	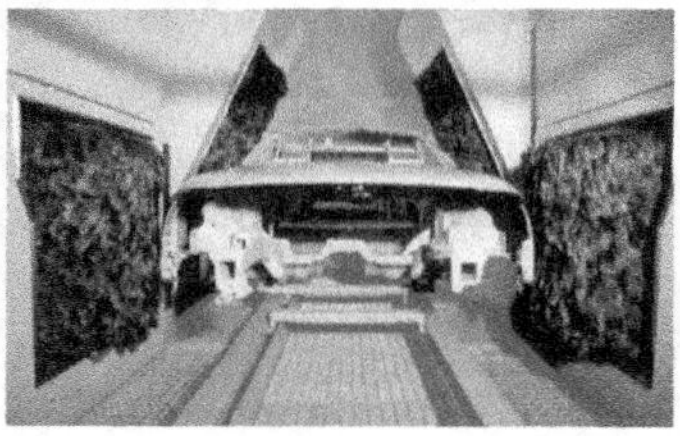	德国 Dürr、瑞士 ABB、法国 SAMES 等
涂料涂覆	过喷漆渣分离系统	针对涂装作业中产生的过喷漆雾，采用多级干式油漆分离等方法有效地过滤喷漆室内的工艺空气，以便直接再循环工艺空气，节省能源的同时避免室内空气中可燃物的集聚		德国 Dürr、瑞士 ABB、法国 SAMES 等
	喷枪清洗装置	一般安装在涂装机器人的工作空间内，用于对机器人手腕末端的静电喷枪（旋转雾化器）进行外部清洗，去除喷枪表面漆渣，同时完成干燥，确保在较短时间内开始下一个喷涂作业循环		德国 Dürr、瑞士 ABB、法国 SAMES 等

（续）

工艺流程	关联设备	设备功能	结构图示	典型厂商
涂层干燥固化	涂层烘干室	作为获得"完美"表面的关键设施,主要用于干燥和固化湿涂层,可以以中央热交换器为基础,通过内部加热方式将热量传递到各部件(区域),改善面漆分布效果和表面质量		德国 Dürr、瑞士 ABB、法国 SAMES 等
	空气循环系统	用于将烘干室工作空间的空气抽走并送回实现循环,以满足工件对流加热的需要,并避免室内空气中可燃物的集聚		德国 Dürr、法国 SAMES 等
	燃烧净化装置	主要用于净化涂层烘干过程中释放出的含有机溶剂和不良气味的废气,可采用热力燃烧净化和催化燃烧净化等方法		德国 Dürr、法国 SAMES 等
漆膜检测	面漆检查室	主要用于涂装后的车身漆膜人工目视检测,一般采用弧形照明通道设计,配置竖直连续对比线以防止出现视觉盲区		德国 Dürr、法国 SAMES 等

2.4　传感系统

　　无数工程师畅想过这一美好场景,待工业机器人部署到位,接通电源,机器人即可按照生产(线)指令自主实时完成从识别到在线路径规划的全部过程。但就目前科技发展水平而言,此场景是工业机器人领域的"天方夜谭",涂装机器人也不例外。究其原因,早期机器人绝大多数不拥有任何感官,它们既不会看,也不会听,更没有类人的智能。这使得只会"蒙眼干活"的机器人无法适应企业非定型涂装作业带来的自动化挑战。庆幸的是,伴随新一代传感技术、计算机技术和通信技术的不断更新迭代,基于机器视觉的可感知复杂作业环境并自主纠偏作业的智能型涂装机器人陆续研发面世,应运而生的智能型机器人传感系统有在线定位检测系统、在线测量路径规划系统和漆膜缺陷检测系统等,见表 8-6。

表 8-6　典型的涂装机器人传感系统（以汽车涂装为例）

工艺流程	并联设备	设备功能	结构图示	典型厂商
涂料涂覆	在线定位检测系统	通过手眼一体式视觉检测方法，检测不同作业对象（如汽车风窗玻璃安装窗户边框）的空间位置误差，然后根据作业对象的空间位置自动修改机器人的终点坐标值，实现机器人和视觉系统之间的通信，以及机器人动作误差的补偿	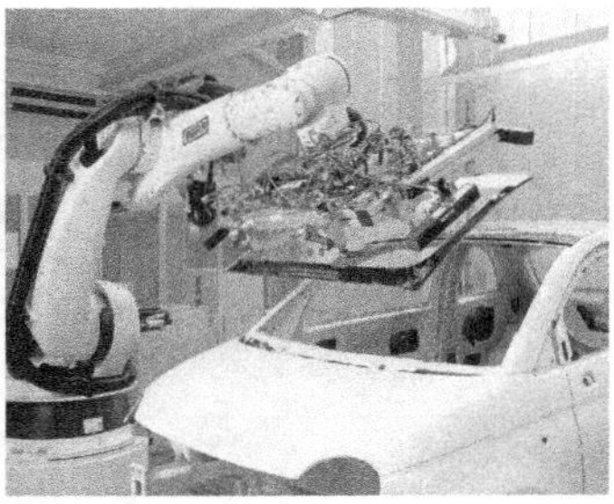	美国 Perceptron、瑞典 Hexagon、德国 SICK、日本 Nikon 等
	在线测量路径规划系统	由机器人携带三维测量系统测量选定的表面区域，然后将数据发送到控制软件，再由软件精确计算喷枪应如何在表面上移动（自动路径生成），以及精确计算涂覆定量油漆所需的速度，实现机器人系统、测量系统和涂装系统之间的"完美"协作	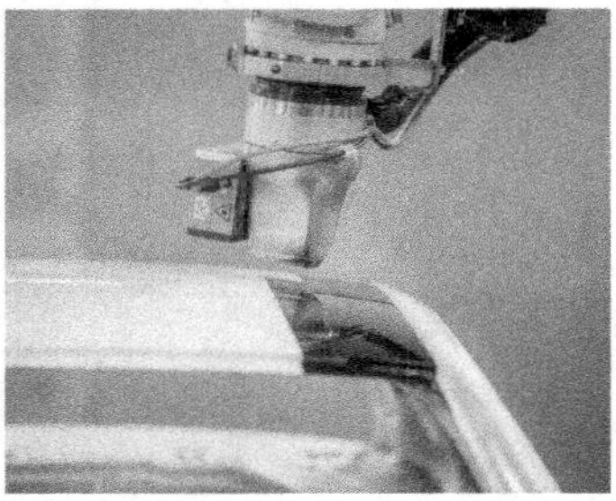	德国 Dürr、美国 Perceptron、瑞典 Hexagon 等
漆膜检测	漆膜缺陷检测系统	将特定光源和摄像机集成到布置在车身两侧的机器人手臂上，拍摄车身外表面的检测区域，然后将图像传送给图像处理单元（微处理器），利用算法提取针孔、气泡、色差等漆膜缺陷 2D(3D) 特征，与数据库比对之后，获得缺陷位置、分类和尺寸等信息	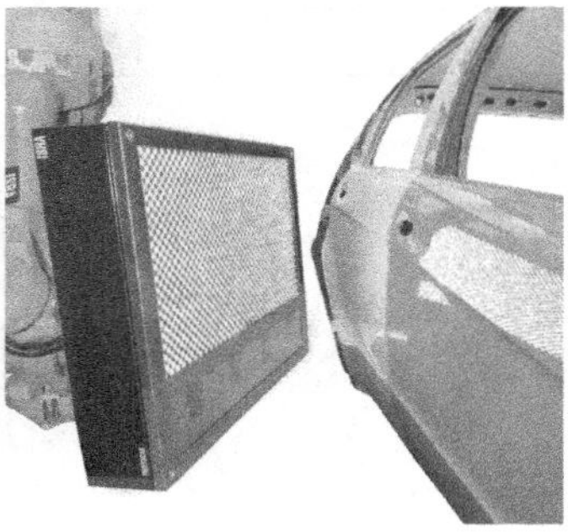	德国 Micro-Epsilon、IS-RA VISION 等

　　周知，人从外界获取的信息中 80% 以上是视觉信息。人的眼睛是一个光学系统，外界的信息作为影像投射到视网膜上，经处理后传至大脑。也就是说，人看见物体，是由人的眼睛和大脑通过辨认图形来完成的。机器人"看"东西的原理与人类相似，只是机器人的视觉系统一般由摄像机和微处理器构成。摄像机在机器人视觉系统中充当"眼睛"的角色，采取从左到右、从上到下扫描的方式，摄取外界物体的图像，并将图像各点亮度的强弱转换成相应大小的模拟图像信号加以输出。机器人要识别这些图像信号，必须有"大脑"参与。当然，在识别物体前，工程师应把待识别对象的各种样品逐个放在摄像机前，让摄像机从不同角度观察样品的形状，而后，机器人的视觉系统（微处理器）自行提取它们的形状和颜

色等特征并贮存在数据库中。识别时，机器人的视觉系统提取对象物的特征，并与事先贮存在数据库内的特征数据逐一比较，进而获得检测对象的位置、分类和尺寸等信息。

综上所述，企业构建一个较为经济实用的机器人自动化涂装单元（或生产线），通常需要综合工艺要求、车间产能和预期投资等多方面因素，本着"不在落后工艺基础上搞自动化"原则，合理进行涂装机器人、涂装系统、周边设备、传感系统及相关安全防护装置选型，避免一味追求"高、大、上"。

第 3 节　涂装机器人的生产布局

一般来讲，涂装处于现代产品制造工艺的末端，主要以流水线连续作业方式进行。因涂装机器人单元或生产线组成比较庞杂，涉及涂装机器人、涂装系统、周边设备、传感系统和相关安全防护装置，因此需要正确搭建设备布局关系以合理安排空间利用、车间产能和安全生产等。与搬运、分拣、装配和焊接机器人相似，涂装机器人单元或生产线的空间布局同样遵循节约场地占用面积、保证机器人动作可达性和安全性的原则。例如，导入案例描述的汽车白车身机器人自动化涂装生产线采用的是一线多机的线性布局，即数台垂直关节型机器人对称安装在喷漆室两侧，待牵引链输送机将车身运输至涂装开始位置，两侧机器人协同作业，高效执行任务程序规划的漆料喷涂。在实际生产中，涂装机器人单元或生产线布局形式多种多样，常见的布局类型可按机器人空间布局和生产线匹配机器人数量分类。有关各生产布局类型、特点及适用场合见表 8-7。

表 8-7　涂装机器人的生产布局

布局类型		布局特点	适用场合	布局图示
机器人空间布局	线性布局	一台或数台涂装机器人安装在输送流水线的一侧或两侧，对按间歇或流动模式输送的物件实施喷涂作业，布局简单，但占用面积较大	企业场地面积宽裕场合	
	环形布局	一台涂装机器人安装在环形挂具中央，或三台以上涂装机器人呈环形布局，对按间歇或流动模式输送的物件实施喷涂作业，场地空间和设备利用高	企业场地面积受限场合	

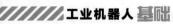

（续）

布局类型		布局特点	适用场合	布局图示
生产线匹配机器人数量	一线一机	一台涂装机器人安装在线形或环形输送流水线的一侧或上方，对按间歇或流动模式输送的物件实施喷涂作业，布局简单，投资成本低	被涂物尺寸较小且产能要求不高的场合	
	一线多机	两台以上涂装机器人安装在输送流水线的一侧或两侧，对按间歇或流动模式输送的物件共同实施喷涂作业，生产效率高，但投资成本也高	被涂物尺寸较大且产能要求较高的场合	

至此，关于涂装机器人单元设备（包括涂装机器人、涂装系统、周边设备和传感系统）的认知、选型和布局基础知识介绍完毕。下面以儿童学习座椅椅套机器人智能化涂胶单元项目的实施全过程为例，进一步加深对如何正确选型并构建一个经济实用的涂装机器人柔性工作单元的认识和理解，以达到触类旁通的目的。

 【案例剖析】

作为儿童日常学习和生活中长时间使用的必备家具之一，适合儿童身心特征的学习座椅（图 8-19）有助于孩子养成良好的学习坐姿。随着国家、社会和家庭对孩子健康成长的关注日渐加深，市场对高端儿童学习座椅的需求与日俱增。与此同时，消费者对儿童学习座椅的品质（如安全性、成长性、艺术性、益智性等）和多元化也提出了更高的要求。面对瞬息万变的市场格局，儿童家具制造企业该如何快速响应客户的个性化需求以及由此带来的大规模定制生产变革？打造全新的儿童学习座椅现代化绿色智能工厂，将是企业保持市场竞争力和可持续发展的有效途径。

1. 客户需求

满足使用者的需求，优化使用者的体验，是所有产品的"天职"。作为儿童学习桌椅领导品牌和多项国家行业标准的起草单位，国内某龙头企业十余年来始终坚持对产品品质的极致把控和对消费者痛点的精准洞察。如图 8-19 所示的两款座椅就是其自主创新设计的儿童单背时尚座椅和双背自然矫姿座椅，它们都是基于人体工程学设计的。其中，如图 8-19a 所示座椅采用马鞍分压造型座垫，利于缓解腿部压力，久坐不累；如图 8-19b 所示座椅，则通

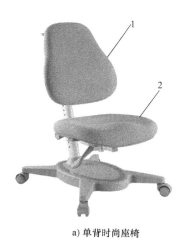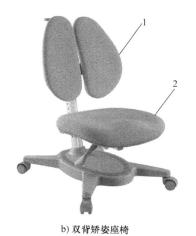

a) 单背时尚座椅   b) 双背矫姿座椅

图 8-19   高端儿童学习座椅

1—靠背   2—座垫

过双靠背稳稳托住腰椎，呵护儿童脊椎健康。这两款儿童学习座椅（座垫和靠背）的椅套均采用高密度定型海绵和全涤鱼鳞布面，如图 8-20 所示。座椅制造过程中需要将椅套的两种材料粘结在一起，在消费和制造"双升"大背景下，采用绿色柔性自动化涂胶替代传统人工涂胶模式是企业实现儿童学习座椅生产提质降本、减工增效和环保安全的最佳措施。

从产品结构来看，一套儿童学习座椅的椅套一般包括一块座垫和一至两块靠背，而座垫和靠背主要由一块高回弹力定型海绵及其外裹布面粘结而成，海绵座垫、靠背多为马鞍型或曲面造型，几何尺寸范围在 600mm×600mm 以内，大小适中，可达性好，利于机器人完成涂胶任务。从产品制造工艺分析，海绵座垫、靠背曲面涂胶以适量为佳，涂胶量少易造成海绵与布面粘结力不够，而涂胶量多则易造成布面胶水渗漏，影响透气性，人工涂胶无法保证质量稳定性，该涂胶粘结作业适合机器人动作灵活性和位姿重复性高的特点。从产能需求来说，目前企业订单逐年攀升，适合机器人批量化生产。

综上分析，该儿童学习座椅的椅套生产具有产能适中、结构近似、工艺成熟和尺寸合理

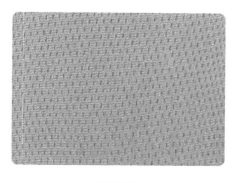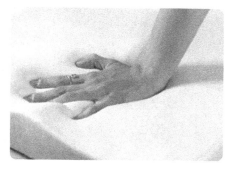

a) 全涤鱼鳞布面   b) 高密度定型海绵

图 8-20   儿童学习座椅椅套材料

等特点，基本符合投资涂装机器人的必要条件。需要指出的是，因产品持续迭代更新，不同批次海绵座垫和靠背的几何形状和几何尺寸等存在一定的差异，采用机器人替代人来完成此类曲面产品的涂胶作业仍面临较大的挑战。倘若仍以第一代"示教-再现型"涂装机器人为执行载具，往往需要繁琐的示教编程，同时，人工曲面编程费时较多，不仅影响产能，而且难以保证胶枪与椅套座面、靠背表面的高度一致性，影响涂胶质量稳定性。为此，需引入机器视觉在线测量路径规划系统，为涂装机器人配上"火眼金睛"，通过自感知、自识别、自规划、自反馈和自执行，实现儿童学习座椅椅套的免示教智能化涂胶。

2. 方案设计

如上所述，儿童学习座椅的座垫和靠背主要由高密度定型海绵及其外裹布面粘结而成。在涂胶粘结前，高密度定型海绵已在定型模具中自动发泡成型，并以料垛形式堆垛在来料暂存区。传统人工涂胶的儿童学习座椅椅套的制作工艺流程如图8-21a所示，大致分为海绵座垫、靠背人工上料、人工涂胶和人工裹包。传统模式下人工涂胶工作环境比较恶劣，质量不够稳定，生产效率也不高，尤其在当下人力成本不断攀升和环保压力日渐苛刻的情况下，涂胶效率的提升和制造成本的降低是企业亟待解决的痛点。

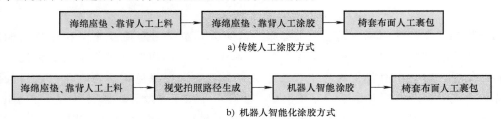

图 8-21 儿童学习座椅椅套制作工艺流程优化

为满足多规格儿童学习座椅椅套机器人智能化涂胶的优质、高效和环保的生产要求，经多次深入调研和沟通，国内某机器人系统集成商为上述企业拟定出一套一线一机的机器人智能化涂胶方案，即采用机器视觉在线导引机器人自主进行涂胶作业，并辅以物料输送机输送海绵座垫、靠背，优化后的工艺流程如图8-21b所示。结合企业场地建设规划，绿色柔性智能化机器人涂胶单元的工位（区域）设置和生产布局如图8-22所示。该机器人涂胶方案以生产物流的线性流向为主线，可划分为来料暂存区、人工上料区、视觉拍照涂胶区和裹包缓存区共四个区域，各工位（区域）的详细功能见表8-8。

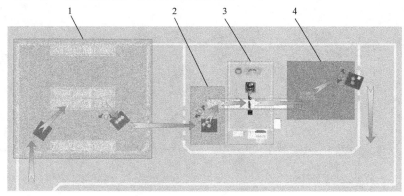

图 8-22 儿童学习座椅椅套机器人智能化涂胶单元布局

1—来料暂存区 2—人工上料区 3—视觉拍照涂胶区 4—裹包缓存区

表 8-8　儿童学习座椅椅套机器人智能化涂胶单元工位（区域）配置及功能描述

工位（区域）名称	工位（区域）功能描述
来料暂存区	用于存放海绵座垫和靠背，来料按规格摆放在指定区域，便于人工搬运上料
人工上料区	由一名工人从海绵座垫、靠背料垛拾取半成品，放置在物流输送机输入端
视觉拍照涂胶区	3D 视觉系统对输送至指定区域的海绵座垫、靠背进行拍照、识别，同时进行路径规划，然后导引机器人沿规划路径自主进行涂胶作业
裹包缓存区	用于存放输送机运送来的已涂胶海绵座垫、靠背，等待后续人工裹包座垫、靠背布料

儿童学习座椅椅套机器人智能化涂胶单元简略方案如图 8-23 所示，采用一进一出的线性布局形式。该机器人智能化涂胶单元主要由涂装（涂胶）机器人、胶料供给系统、工业相机、物料输送机和电气控制柜等构成，其设备明细见表 8-9。实际工作时，由工人将上料区的海绵座垫、靠背逐一搬至输送机上，之后物料被自动输送至视觉拍照区，3D 工业相机拍照检测、识别出海绵座垫、靠背的表面轮廓，同时自主规划机器人运动路径，机器人携带胶枪实施涂胶作业。

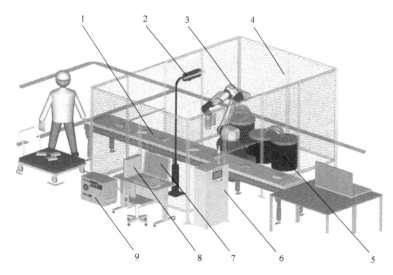

图 8-23　儿童学习座椅椅套机器人智能化涂胶单元方案示意图

1—电气控制柜　2—涂胶机器人　3—机器人控制器　4—胶料供给系统　5—工业相机
6—工业控制计算机　7—液晶显示器　8—物料输送机　9—护栏

表 8-9　儿童学习座椅椅套机器人智能化涂胶单元主要设备明细表

设备类别	设备名称	生产厂家	型号规格	设备数量/台（套）
控制系统	电气控制柜	浙江 MOKE	定制	1
工业机器人	操作机	日本 Fanuc	M-10iD/12	1
	控制器	日本 Fanuc	R-30iB Mate	1
涂装系统	胶料供给系统	佛山荣志	50L	1
	胶枪	日本 ANEST IWATA	WA-101	1

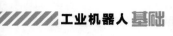
（续）

设备类别	设备名称	生产厂家	型号规格	设备数量/台（套）
视觉系统	工业相机	日本 Keyence	IV-500CA	1
	工业控制计算机	深圳 EVOC	IPC-520S	1
	液晶显示器	武汉 VOC	21 英寸	1
周边设备	物料输送机	浙江 MOKE	定制	1
	护栏	浙江 MOKE	定制	1

　　该儿童学习座椅椅套机器人智能化涂胶单元的硬件架构选择工业控制计算机（IPC）作为主控制器，并通过局域网与机器人控制器联网通信，如图 8-24 所示。3D 工业相机及其辅助光源通过图像采集卡和 I/O 板卡进行信息交互。

　　基于优化后的儿童学习座椅椅套制作工艺流程，在如图 8-24 所示的机器人智能化涂胶单元的硬件架构的基础上，系统集成商开发出满足多规格儿童学习座椅椅套的机器人智能化涂胶单元的工作流程，如图 8-25 所示。一个标准的儿童学习座椅椅套机器人智能化涂胶单元的工作循环描述如下。

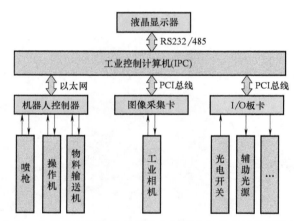

图 8-24　儿童学习座椅椅套机器人智能化涂胶单元的硬件架构

　　1）利用叉车等物料运输设备将海绵座垫、靠背料垛输送至来料暂存区，等待人工搬运上料。

　　2）由一名工人从人工上料区将海绵座垫、靠背逐一拆垛，按要求（通常正面朝上）放置在物料输送机上的入料端。

　　3）物料输送机将放置在皮带上的海绵座垫、靠背匀速运送至视觉拍照区，等待拍照检测。

　　4）一旦放置在物料输送机上的海绵座垫、靠背被检测到，物料输送机就减速停止，工业控制计算机通过内置算法提取海绵座垫、靠背轮廓。若提取成功，则进入机器人涂胶工序；否则，系统报警。

　　5）基于步骤 4）提取的几何轮廓，工业控制计算机将曲面关键点的位置数据通过局域网发送至机器人控制器，待位置数据接收完毕，机器人准备涂胶。

　　6）机器人携带气动胶枪按照规划的路径节点自主完成检出的海绵座垫、靠背的涂胶任务。

7) 对于儿童学习座椅椅套涂胶的批量作业，需要判断是否进行多批次的涂胶，如需要，则机器人进入下一个涂胶周期；否则，系统停止工作。

本儿童学习座椅椅套机器人智能化涂胶方案从工艺优化到生产布局，从单元配置到设备硬件选型，始终围绕解决企业需求展开。在硬件设备选型方面，以保证智能化机器人绿色柔性、涂胶技术方案先进、工作稳定可靠和设备经济实用为基本原则。有关儿童学习座椅椅套机器人智能化涂胶单元的主要设备功能及其选型依据见表 8-10。

完成上述硬件设备选型后，系统集成商一般会采用离线编程手段，构建儿童学习座椅椅套机器人智能化涂胶单元的几何模型，编制机器人涂胶任务程序，离线仿真验证设计方案的可行性、机器人动作的可达性和是否存在干涉，以及工作流程的可靠性等内容。通过离线仿真手段，优化单元布局并评估工作节拍，这利于系统集成商和企业规避投资风险，缩短设备调试时间。实际建成的儿童学习座椅椅套机器人智能化涂胶单元如图 8-26 所示。在系统就绪的情况下，待工人将海绵座垫、靠背放置在带式输送机上后，3D 工业相机拍照检测，工业控制计算机轮廓提取、路径规划，机器人自主涂胶，全流程一气呵成，能够适应多规格海绵座垫、靠背的涂胶作业需求，满足企业优质、高效和环保生产要求。

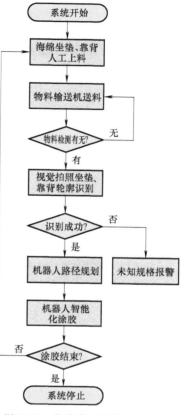

图 8-25　儿童学习座椅椅套机器人智能化涂胶单元的工作流程

表 8-10　儿童学习座椅椅套机器人智能化涂胶单元设备选型

工艺流程	关联设备	设备功能	结构图示	选型（定制）依据
人工上料	物料输送机	负责输送人工放置在输送带上的儿童座椅椅套		①产品质量 ②产品几何尺寸
视觉拍照	工业相机	用于对放置在输送带上的儿童座椅椅套拍照，并将图像回传至工业控制计算机，完成检测识别、轮廓提取和路径规划		①品牌 ②测量对象属性 ③接口通信方式 ④视场、景深、分辨率、工作距离

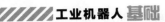

（续）

工艺流程	关联设备	设备功能	结构图示	选型（定制）依据
机器人涂胶	工业机器人	用于携带胶枪按照规划路径完成儿童座椅椅套涂胶作业		①品牌 ②轴数 ③额定负载 ④工作空间 ⑤位姿重复精度
	胶枪	在压缩空气作用下，将胶料雾化并无接触地喷涂在儿童座椅椅套表面		①品牌 ②输送方式 ③喷嘴直径 ④胶料吐出量 ⑤喷幅大小
	胶料供给系统	负责将胶料连续稳定地从储罐输送至胶枪		①品牌 ②储罐容积 ③搅拌功能 ④温控功能

3. 实施效果

该儿童学习座椅椅套机器人智能化涂胶单元的投入使用，从物料输送到物料检测，再到机器人智能涂胶，全流程自动化生产，将工人从危害人体健康的工作环境中解放出来，改善了企业的生产环境，提升了儿童学习座椅椅套的涂胶效率和质量稳定性。同时，依靠 3D 视觉感知、决策和反馈技术，涂装单元的柔性制造水平得以提高，可以适应 50 余种规格的椅套的智能涂装作业需求。与传统人工涂胶方式相比较，机器人智能化涂胶具有如下优势。

图 8-26　实际建成的儿童学习座椅椅套
机器人智能化涂胶单元

1）增效减人。应用传统人工涂

胶方式时，在工人技术娴熟的条件下，每小时大约涂装 50 套左右的海绵座垫和靠背；采用机器人替代人工涂胶后，椅套生产线的产能可以提升至 100 套左右，生产效率提高一倍。同时，涂装机器人可以 24h 连续生产，减少了企业涂胶作业所需工人数量。

2）安全环保。健康防护是采用机器人涂装的一个重要理由。当涂胶作业由工人完成时，工人往往会接触胶料，吸入其挥发出来的异味气体，易出现头晕、头痛、咽喉疼痛等不良症状，长期接触会引起呼吸系统严重损害、再生障碍性贫血、癌症和白血病等。使用机器人涂胶后，工人们便无此后顾之忧，职业安全性得以提高。另外，机器人涂胶利于废气集中治理，提高企业的环境保护防治水平。

3）降本提质。利用机器人对儿童学习座椅椅套涂胶，胶膜厚度一致性高，且胶料的利用率大大提高，即自动化生产降低了废品率和废料量，加之工人的减少，企业生产成本得到降低。

通过对儿童学习座椅椅套机器人智能化涂胶单元实施过程的学习，相信对涂装机器人单元或生产线的选型与构建有了更为深刻的认识。涂装机器人的选型需要根据产品涂装工艺综合考虑机器人的末端（手腕）负载、运动轴数、工作空间、位置重复性等技术指标，同时为保证作业环境适应性还需选配传感器件及功能软件包；涂装系统和周边设备也应根据涂装工艺需求进行选取，同时需兼顾设备集成的外部接口。此外，涂装机器人单元或生产线的布局需要综合考虑产品规格、涂装工艺及车间产能等因素。

【本章小结】

作为一种在通用型工业机器人基础上发展起来的柔性自动化涂装设备，涂装机器人是专门从事漆料、釉料及胶料等不同黏度涂料喷涂的生产工具。目前最为常见的有喷漆、涂釉机器人和粘结、密封机器人，其本体广泛采用拟人手臂的垂直关节型串联结构。由于作业环境具有潜在危险性，喷漆、涂釉机器人一般采用防爆机身和中空结构的斜交非球型手腕。

涂装机器人单元是集涂装机器人、涂装系统、传感系统、周边设备及相关安全保护装置于一体的柔性生产单元。涂装系统及配套周边设备的选型通常视被涂物涂层系统和涂装工艺要求而定，传感检测系统主要用于提高机器人应对非定型涂装任务的环境适应能力和涂装自动化程度。

涂装机器人生产线是由执行相同或不同功能的多个涂装机器人单元和相关设备组成，其布局需要遵循节约场地占用面积、保证机器人动作可达性和安全性等原则，以期达到投资最小化、效率最高化、效益最大化和生产绿色化的效果。

【思考练习】

1. 填空

（1）伴随着涂装工业的发展，涂装设备经历了从手动喷枪到自动往复机，再发展到如图 8-27 所示的_____机器人，其本体结构形式为_____。

（2）某种用于家具行业的涂装机器人如图 8-28a 所示，其手腕的三条关节轴线相交于一点，属于_____手腕，不适合狭窄空间的涂装作业；相比之下，如图 8-28b 所示的具有中空结构的_____手腕克服了机械结构的局限性，手腕的每个关节均可实现 360°周转，手腕的灵活性和工作空间增大，特别适于复杂曲面及狭小空间内的涂装作业。

图 8-27　题 1（1）图

a)

b)

图 8-28　题 1（2）图

（3）在实际的机器人涂装任务中，因为零部件加工和装配等往往存在误差，所以密封涂胶路径易发生偏移，此时可采用如图 8-29 所示的_____传感技术导引涂装机器人在线纠偏，实现部件定位误差补偿，以确保涂装质量。

（4）与空气喷枪相比，如图 8-30 所示的_____喷枪可以通过静电引力增强涂料的导向性和附着力，有效减少过喷，提高涂装效率，节约生产成本。

图 8-29　题 1（3）图

图 8-30　题 1（4）图

2. 选择

（1）图 8-31 展示的涂装机器人生产布局是_____。

①线性布局；②环形布局；③一线一机；④一线多机。

能够正确填空的选项是（　　）。

A.①③　B.①④　C.②③　D.②④

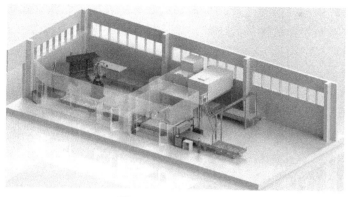

图 8-31　题 2（1）图

（2）涂装作业是一个连续的生产过程，由涂料供给系统负责将调漆室调配好的单组分或（和）双组分涂料源源不断地输送至喷漆室，如图 8-32 所示。涂料供给系统主要包括哪些设备或组件？

①泵；②换色阀；③储罐；④搅拌器；⑤阀门；⑥过滤器；⑦压力表；⑧软管。

正确的答案是（　　）。

A.①②③④　B.①②③④⑤⑥⑦⑧　C.③④⑤⑥⑦⑧　D.②④⑥⑧

图 8-32　题 2（2）图

3. 判断

某型高级轿车车身机器人涂装单元如图 8-33 所示，看图判断以下说法的正误。

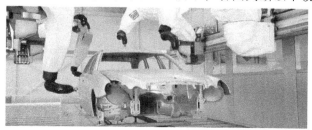

图 8-33　题 3 图

（1）为保证喷漆室内整洁，消除气路、液路和电路管线暴露于机身外面带来的安全隐患，涂装机器人的手臂多为中空结构。（　　）

（2）图示涂装机器人"身穿"防护服的目的是避免碰撞火花和简化维护工作。（　　）

（3）与搬运、码垛和焊接机器人一样，涂装机器人本体无需防爆吹扫系统和专业防爆认证。（　　）

4. 综合练习

国内某汽车前保险杠产品如图 8-34 所示。由于该结构件尺寸较大（约 1799mm×325mm×420mm）、单件质量约 15kg，传统手工涂装生产周期长、质量稳定性差，已无法满足产品的严格要求和市场竞争的需要，所以企业决定采用机器人实现前保险杠的自动化涂装作业。

根据工件特点及场地要求，国内某机器人系统集成商拟定出一套 6 轴机器人自动化涂装方案。如图 8-35 所示，该方案采用流动模式进行涂装作业，即将 1 台涂装机器人固定在工件输送机一侧，输送机的每个挂具上安放一件汽车前保险杠，由涂装机器人对匀速前进的工件进行涂装作业。表 8-11 列出了汽车前保险杠机器人自动化涂装单元的主要设备清单。

图 8-34　某汽车前保险杠

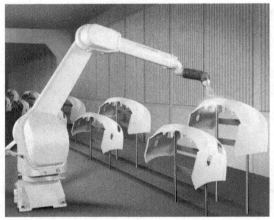

图 8-35　汽车前保险杠机器人涂装作业

表 8-11　汽车前保险杠机器人自动化涂装单元主要设备清单

类别	名称	品牌	型号	数量/台(套)
涂装机器人	操作机	日本 Fanuc	P-250iA/15	1
	控制器	日本 Fanuc	R-30iB	1
涂装系统	喷漆室	深圳荣德	定制	1
	涂料供给系统	德国 Dürr	EcoSupply	1
	喷枪	德国 Dürr	EcoBell3	1
周边设备	工件输送机	深圳荣德	定制	1
	除尘装置	深圳荣德	定制	1
	涂层烘干室	深圳荣德	定制	1

说明：P-250iA/15 操作机手腕额定负载为 15kg，最大工作半径为 2800mm，位姿重复性为±0.2mm。

请结合上述系统设计方案，完成下列问题：

（1）结合所学知识，判断该涂装生产线布局有无可提升涂装效率的改进措施。

（2）若客户指定采用跟踪模式进行涂装作业，请设计涂装生产线，并简述其优缺点。

（3）结合汽车前保险杠尺寸，判断上述机器人单元配置中选用的操作机是否合理？可否用表 8-12 中所列型号替代？说明理由。

表 8-12 机器人本体（操作机）一览表

序列	品牌	型号	轴数	额定负载/kg	工作半径/mm	位姿重复性/mm
1	ABB	IRB 6650S-90	6	90	3900	±0.13
2		IRB 2600-20	6	20	1650	±0.04
3	KUKA	KR 120 R3500 press C	6	120	3455	±0.06
4		KR 600 FORTEC	6	600	2826	±0.08
5	anuc	M-430iA/2F	5	2	900	±0.50
6		P-250iA/10s	6	10	2000	±0.2

【知识拓展】

涂装机器人新技术与应用

涂装机器人早已不是一种简单的技术工具或装备，它推动涂装行业向快速、绿色、健康、安全等多个层面发展，机器人制造商和系统集成商正围绕不同涂装细分领域开展新技术及其产业化研究，如与涂装作业密切相关的物流机器人、去污机器人、清洁机器人、开门机器人和热喷涂机器人等。这里不妨从机器人物流、去污、除尘和热喷涂等新技术的研发一窥涂装机器人领域的新进展。

（1）**物流机器人** 无论是小型车还是SUV，电动车还是燃油车，在一个车间内涂装的车型种类在不断增加。汽车制造商希望能够轻松地将新车型的涂装集成到现有生产过程中。这种对灵活性和可扩展性的渴望使得线性生产的局限性凸显出来，向模块化生产转变迫在眉睫。在转换过程中，灵活的自动导向车辆（AGV）是重要设备之一。Eco ProFleet 是德国 Dürr 公司专为智能涂装车间设计的一款 AGV，高度为 335mm，自重为 850kg，最大载重能力为 1000kg，如图 8-36 所示。

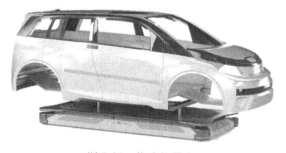

图 8-36 物流机器人

不同于传统的严格固定在地面或悬挂于空中的车身输送技术，Eco ProFleet 可以进入所有典型的工作站和输送系统，方便地将车身送入工作站、对车身进行传递或转接等，从而在各接口处完美地协同工作。尽管车身不同，处理时间不一，却不再会有等待时间。因此，车身构造和车漆种类的差异越大，应用 Eco ProFleet 实施模块化生产带来的成本效益越高。

（2）**去污机器人** 核能作为一种清洁、安全、经济的新型能源迅猛发展，随之而来的核设施退役与核废处置工作也越来越多。由于环境恶劣，工作人员若直接处置将会受到大量辐射，同时设备繁多、作业环境复杂也增加人工处置的工作量，甚至加大人因事故的发生概率。因此，研发可通过远程操控完成对核设施的维修、检测、清洗、处理等任务，具备高可靠性和灵活性的核工业机器人变得尤为关键。由原子能院辐射安全研究所联合库柏特研制的核工业去污机器人如图 8-37 所示。它是由操作员远程遥控移动机器人（AGV）运动至指定工作区域，利用 COMATRIX 3D 相机和视频监控实时获取视频画面，搜索核污染区域或待清洗区域，并借助智能机器人操作系统（COBOTSYS 3.0）自主规划机器人运动轨迹，对目标墙面、地面残留的液体或粉末污渍进行自主视觉识别和自主去污作业，利于减少工作人员与核环境的接触，保障员工安全。

（3）**清洁机器人**　充分而彻底的准备工作是高质量涂装作业的重要保障，如涂装作业前清除车身散灰和污垢颗粒。如图 8-38 所示的 ABB FeatherDuster 清洁机器人系统以连续式和走停式等方式去除车身表面灰尘颗粒，越来越多地取代传统的一维"往复式"除尘机而应用在涂装生产线前端。系统将机器人的高度灵活性与驼毛辊轮的高效清洁性相结合，适用于复杂的车身轮廓和各种不同的车型。FeatherDuster 清洁机器人采用模块化设计，易于快速整合到最新或已有的涂装生产线，并通过简单的用户界面进行控制。作为一款"交钥匙"型解决方案，相比传统方式，FeatherDuster 具备更高的柔性、精度与控制能力。这意味着几乎可以以任意组合和顺序有效且独立地清洁不同的车身形状，以达到与车身尺寸和可用的节拍时间相适应的最佳表面处理水平。

图 8-37　去污机器人

图 8-38　清洁机器人

（4）**开门机器人**　为满足汽车产业涂装工艺的自动化、无人化要求，涂装车间需要配置一种专业设备——开门机器人来执行汽车车门、行李舱盖和引擎盖等的开起动作。平面关节型（SCARA）开门机器人结构紧凑，是安装在喷漆室内的理想选择。德国 Dürr 公司的EcoRP L030i/L130i 是专门针对涂装车间研制的垂直大行程开门机器人，如图 8-39 所示。EcoRP L030i 采取固定立式安装，EcoRP L130i 则安装在具有不同高度的紧凑型内置导轨（EcoRail S）上，以适合涂装车间不同场地及车型的不同需求，并且可以与涂装机器人集成协作，缩短涂装时间，提升生产效率。

（5）**热喷涂机器人**　热喷涂是一项迅速发展的表面强化新工艺，既可以用于产品预防护，又可以用于失效产品的再生修复。通过将金属或陶瓷混合物、碳化物、线材、棒材及各

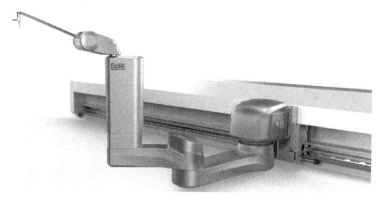

图 8-39 开门机器人

种复合材料沉积在基体材料表面，形成具有独特微观结构的保护性或功能性涂层。目前常见的热喷涂工艺包括传统火焰喷涂、电弧丝材喷涂、等离子喷涂和高速火焰喷涂等。热喷涂的过程通常伴随着高温、高压和有毒气体排放等危害人体健康的恶劣环境，将工业机器人应用于热喷涂作业，不但能够避免恶劣环境对人的危害，而且能够改善涂层效果，减轻劳动强度和提高生产效率，如图 8-40 所示。

图 8-40 热喷涂机器人

【参考文献】

[1] International Federation of Robotics. History of Industrial Robots online brochure by IFR 2012 [OL]. [2012]. http：//www. ifr. org/news/ifr-press-release/50-years-industria l-robots-410.

[2] 兰虎. 工业机器人技术及应用 [M]. 北京：机械工业出版社，2014.

[3] 兰虎. 焊接机器人技术及应用 [M]. 北京：机械工业出版社，2013.

[4] 石建坤. 汽车涂装机器人涂装的发展现状 [J]. 科技资讯，2016：68-70.

[5] 牛光昆. 涂装机器人系统工艺调试过程简介 [J]. 汽车工艺与材料，2015：28-72.

[6] 梅雪川，葛光军，林粤科. 涂胶机器人技术现状与发展趋势 [J]. 现代制造技术与装备，2016：159-160.

[7] 羡浩博，虞澎澎. 陶瓷施釉机器人及其研究进展 [J]. 江苏陶瓷，2014，05：1-4.

后　记

　　通过全书章节的介绍，相信读者已对工业机器人的产业现状、系统组成、机械结构、运动（学）分析、路径（轨迹）规划、设备选型及布局等共性基础知识有了较为深入的了解。同时，详实的案例剖析想必也让读者掌握了机器人搬运、分拣、码垛、装配、焊接、涂装等典型单一应用领域的系统集成要领。随着数字经济、共享经济、平台经济等新兴经济模式的崛起，尤其科技发展等因素正加速世界经贸格局深度调整，有力助推制造业转型升级的浪潮持续高涨，以工业机器人为代表的智能装备所发挥的关键支撑作用越发明显，其行业覆盖广度和领域应用深度仍将继续深化。

　　作为制造业中技术含量、智能化程度和产业集中度较高的代表，汽车制造业一直是全球最受关注的工业领域之一，正迎来电动化、智能化和共享化的重大变革。在新材料的使用、节能驱动系统的开发以及主要汽车市场间的激烈竞争等要素驱动下，新能源汽车的生产制造工艺及装备发生了很大变化，如新能源汽车锂电池生产制造（图 1）。不论是如图 2a 所示方形电池模组装配生产，还是如图 2b 所示圆柱电池模组装配生产，均采用机器人（高速）搬运上下料、涂装（胶）、装配（螺栓拧紧）及视觉导引技术，涵盖多机型（构型）、多功能的集成设计以及多机器人协调的运动控制。通过将机器人技术与锂电池生产技术融合，可以大幅度提升锂电池生产线的自动化和智能化程度，提高生产效率和产品质量，带动锂电池生产企业的技术升级。

电池模组　　　　　　　　电池框架　　　　　　　　电池托盘

图 1　新能源汽车锂电池制造流程

　　除锂电池生产外，电池托盘的装配工艺对新能源汽车的性能同样具有重要影响。如图 3 所示的是电池托盘机器人自动化装配，包括框架焊接、水冷板装配、水冷板涂胶、电池模组装盘、冷却管（支架）压装、构架螺柱焊接、框架涂胶、盖板装配、盖板锁螺母等。显然，整条流水生产线集成了焊接、搬运、涂装、装配等多种类型机器人，在 AGV 自动物流配合下，能够实现各工位（工序）的无缝衔接。同时，借助视觉、力觉等环境（状态）感知技术，实现各部件的精准组装；通过人机协作技术，机器人可以协助操作员完成更复杂的作业，如冷却管（支架）压装，使生产线的柔性和企业的敏捷制造能力得到进一步提升。

　　上述新能源汽车自动化生产制造工艺及装备的迭代升级仅是新科技革命和产业变革迅猛发展的一个缩影，构建以工业机器人为核心的自动化、智能化生产单元或生产线，已成为重压下中国制造业突围和重塑产业竞争新优势的先导阵地。面对产业发展带来的高新技术与工科专业的知识、能力、素质要求深度融合的需求，构建适应新工科人才培养要求的节点化、关联化课程体系，以及建设与之配套的专业教育和通识教育教材体系意义重大。

a) 方形电池

b) 圆柱电池

图 2　锂电池模组机器人自动化装配

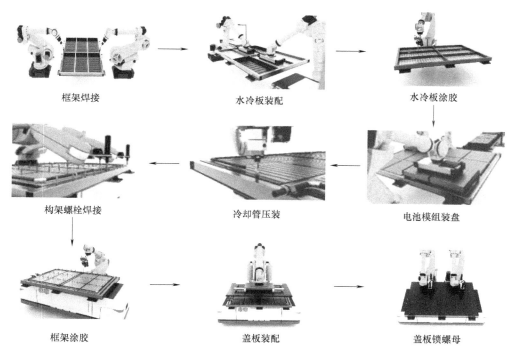

框架焊接　　　　　　水冷板装配　　　　　　水冷板涂胶

构架螺栓焊接　　　　冷却管压装　　　　　　电池模组装盘

框架涂胶　　　　　　盖板装配　　　　　　　盖板锁螺母

图 3　电池托盘机器人自动化装配

　　本教材作为机器人工程和智能制造工程等新工科专业教育系列教材之一，大量吸纳了工业机器人相关领域的理论知识与实践成果，着力凸显了教材内容的前沿性、交叉性与综合性，以期探索适应现代化教育教学手段的数字化、富媒体化新形态教材。读者若想更加深入地学习工业机器人应用系统集成设计和生产线调试等相关知识，可以参考作者即将出版的《工业机器人编程》《工业机器人视觉》《工业机器人系统集成》以及《智能工业机器人》等相关教材或同类教材。

　　最后，希望读者在今后的学习工作中能够积极探索机器人技术与新一代信息技术的融通发展，开启智能生产、智慧生活新篇章！

国家虚拟仿真实验教学课程共享平台

大型钢结构多机器人协同焊接控制虚拟仿真实验网址：http://www.ilab-x.com/details/2020？id=5670&isView=true

    大型钢结构多机器人协同焊接控制虚拟仿真实验是面向工业机器人及应用、工业机器人制造系统集成等课程的综合性设计实验，主要培养学生的高端装备数字化车间智能制造系统集成技术和创新应用能力。

    本平台针对大型起重机箱梁构件尺寸大（80m×3m×3m）、质量重（60t），焊接高危、高污染和系统参数调控复杂等问题，聚焦大型钢结构多机器人协同焊接运动控制、安全控制和质量控制等共性关键技术，与港机行业龙头企业上海振华重工深度合作，设计单、双、多机器人协同焊接三层递进模块架构，打造了大型起重机箱梁多机器人协同焊接孪生版。并构建以学生中心的多元评价与持续改进机制，着力提升学生的工程意识、创新思维及综合应用专业知识解决复杂工程问题的能力。

    本平台已正式开放，欢迎广大高校师生学习使用（实习报告在机工教育网下载 www.cmpedu.com）。

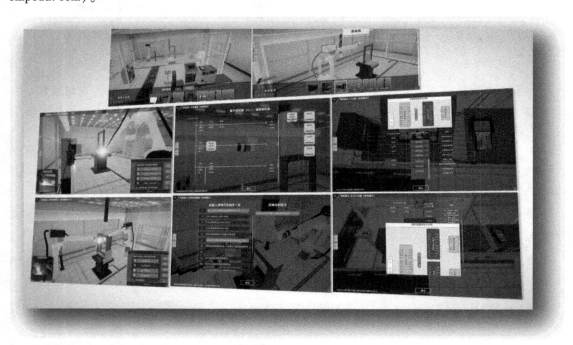